学前儿童发展心理学

主　编　薛俊楠　马　璐
副主编　吕　姝　施玉洁　袁　烽　于晓燕

北京理工大学出版社
BEIJING INSTITUTE OF TECHNOLOGY PRESS

内容简介

学前儿童发展心理学是心理学领域中出现较早、研究较丰富的一个分支。它是一门研究学前期儿童心理发生发展规律的科学,也是从事学前教育工作者必须掌握的一门学科。本教材以 10 章篇幅全面介绍学前儿童发展心理学的内容,主要包括:学前儿童心理发展的基本问题、学前儿童的注意与感知觉、学前儿童的记忆与想象、学前儿童的思维与言语、学前儿童的情绪与情感发展、学前儿童意志的发展、学前儿童社会性的发展、学前儿童个性的发展、学前儿童的身心发展、学前儿童发展理论。

本教材的内容以普通心理学知识为基础,以学前儿童心理学知识为主线,构成一个综合知识理论体系,并与幼儿教师资格考试中关于学前儿童发展的考试大纲紧密结合,适合从事学前教育工作者的实际需要,旨在增加学前教育专业学生或学前教育工作者心理学基础知识储备并使他们运用这些知识解决实际问题。本书非常适合作为高等院校、高等职业技术院校学前教育专业的教材。

版权专有　侵权必究

图书在版编目(CIP)数据

学前儿童发展心理学／薛俊楠,马璐主编． —北京:北京理工大学出版社,2018.8
(2020.10 重印)
　　ISBN 978-7-5682-6133-3

Ⅰ.①学… Ⅱ.①薛… ②马… Ⅲ.①学前儿童-儿童心理学-发展心理学 Ⅳ.①B844.12

中国版本图书馆 CIP 数据核字(2018)第 190278 号

出版发行 ／ 北京理工大学出版社有限责任公司
社　　址 ／ 北京市海淀区中关村南大街 5 号
邮　　编 ／ 100081
电　　话 ／ (010)68914775(总编室)
　　　　　　(010)82562903(教材售后服务热线)
　　　　　　(010)68948351(其他图书服务热线)
网　　址 ／ http://www.bitpress.com.cn
经　　销 ／ 全国各地新华书店
印　　刷 ／ 三河市天利华印刷装订有限公司
开　　本 ／ 787 毫米 × 1092 毫米　1/16
印　　张 ／ 14　　　　　　　　　　　　　　　责任编辑 ／ 李玉昌
字　　数 ／ 329 千字　　　　　　　　　　　　文案编辑 ／ 韩　泽
版　　次 ／ 2018 年 8 月第 1 版　2020 年 10 月第 5 次印刷　责任校对 ／ 周瑞红
定　　价 ／ 48.00 元　　　　　　　　　　　　责任印制 ／ 李　洋

图书出现印装质量问题,请拨打售后服务热线,本社负责调换

前　言

中共十九大标志着中国特色社会主义进入新时代。十九大报告明确提出要"办好学前教育，努力让每个孩子都能享有公平而有质量的教育""完善职业教育和培训体系"。李克强总理代表国务院向十三届全国人大一次会议所作政府工作报告中也强调"要多渠道增加学前教育资源供给，重视对幼儿教师的关心和培养"。

作为新时代中国教育发展最快领域之一，学前教育已然成为当下热点话题，发展学前教育对促进儿童身心健康、构建终身教育体系有重要意义，未来社会对学前教育的重视程度可见一斑。但同时在前所未有的机遇中可以窥见，学前教育也是当前中国教育最大的短板之一。由于教育资源供给不足以及市场化所带来的发展不平衡不充分问题，给学前教育专业也产生了深远影响。

2015 年，教师资格考试改革正式实施，打破教师终身制，改革后的统一国考，考试内容增加、难度加大。随着国家教育改革实施，我们有了重新编写《学前儿童发展心理学》的想法，本教材与幼儿教师资格考试中关于学前儿童发展的考试大纲内容紧密结合，旨在增加学前教育专业学生或学前教育工作者心理学基础知识储备并使他们运用这些知识解决实际问题。

本书具有以下特点：

1. 本书的内容以普通心理学知识为基础，以学前儿童心理学知识为主线，构成一个综合知识理论体系，既保证心理科学自身的系统性，又适合学习者实际需要。

2. 为了让学习者更易理解学习内容，每一章节都有"案例导入"，让学习者以幼儿教育中的实际问题为切入点，带着问题去学习，使学习者能把理论知识与具体实践相结合；每章明确的"学习目标"，让学习者对本章节的内容一目了然，并很快抓住学习重点；每章中的"知识链接"能够拓宽其思路和知识面；"练一练"环节能让学习者对自己的学习成果进行检验。

3. 为了丰富本书的实用功能，提高学习者的学习兴趣，我们在教材中加入了互联网技术,每章节后附加该章节的教学视频,让学习者"扫一扫"即获得本章节的微课视频,大大提高了学习者的学习效果。

本书由辽阳职业技术学院薛俊楠、马璐任主编,拟定具体编写提纲,主持本书的编写工作,并负责统稿和修改。辽阳职业技术学院吕姝、施玉洁、湖北省随州职业技术学院袁烽、辽东学院于晓燕任副主编。本书由辽阳职业技术学院学前教育学院刘立民院长进行审定,提出了许多指导性建议和具体的修改意见,在此致谢。

由于本书编写十分仓促,错漏在所难免,希望广大师生在教学和学习实践中提出宝贵意见,以利于我们的修订、再版。

薛俊楠
2018 年 6 月

目 录

绪 论 ·· 1

第一章 学前儿童心理发展的基本问题 ·· 10
第一节 心理的实质 ·· 10
第二节 制约学前儿童心理发展的因素 ··· 15
第三节 学前儿童心理发展的年龄特征 ··· 20
第四节 学前儿童心理发展的趋势与特点 ··· 23

第二章 学前儿童的注意与感知觉 ·· 25
第一节 注意概述 ·· 25
第二节 学前儿童注意的发展 ··· 29
第三节 感知觉概述 ·· 33
第四节 学前儿童感觉和知觉的发展 ·· 40

第三章 学前儿童的记忆与想象 ··· 47
第一节 记忆概述 ·· 47
第二节 学前儿童的记忆 ·· 51
第三节 想象概述 ·· 56
第四节 学前儿童的想象 ·· 58

第四章 学前儿童的思维与言语 ··· 62
第一节 思维概述 ·· 62
第二节 学前儿童的思维 ·· 66
第三节 言语概述 ·· 71

第四节　学前儿童的言语 …………………………………………… 73

第五章　学前儿童的情绪与情感发展 ……………………………………… 83
　　　第一节　情绪与情感概述 …………………………………………… 83
　　　第二节　学前儿童的情绪与情感 …………………………………… 89

第六章　学前儿童意志的发展 …………………………………………… 104
　　　第一节　动机的概述 ……………………………………………… 104
　　　第二节　意志的概述 ……………………………………………… 108
　　　第三节　学前儿童意志的发展 …………………………………… 115

第七章　学前儿童社会性的发展 ………………………………………… 121
　　　第一节　学前儿童社会性发展概述 ……………………………… 121
　　　第二节　学前儿童人际关系的发展 ……………………………… 125
　　　第三节　学前儿童性别角色的发展 ……………………………… 130
　　　第四节　学前儿童社会性行为的发展 …………………………… 134
　　　第五节　学前儿童社会道德的发展 ……………………………… 138

第八章　学前儿童个性的发展 …………………………………………… 142
　　　第一节　个性的概述 ……………………………………………… 142
　　　第二节　学前儿童气质的发展 …………………………………… 146
　　　第三节　学前儿童性格的发展 …………………………………… 149
　　　第四节　学前儿童能力的发展 …………………………………… 152
　　　第五节　学前儿童自我意识的发展 ……………………………… 156
　　　第六节　学前儿童的个体差异 …………………………………… 161

第九章　学前儿童的身心发展 …………………………………………… 167
　　　第一节　学前儿童心理发展的年龄特征和一般趋势 …………… 167
　　　第二节　学前儿童身体发育与动作发展的规律和特点 ………… 174
　　　第三节　学前儿童身心发展中易出现的问题 …………………… 180

第十章　学前儿童发展理论 ……………………………………………… 189
　　　第一节　皮亚杰的认知发展理论 ………………………………… 189
　　　第二节　维果茨基的心理发展理论 ……………………………… 194
　　　第三节　柯尔伯格的道德发展理论 ……………………………… 197
　　　第四节　精神分析学派的心理发展理论 ………………………… 200
　　　第五节　行为主义学派的心理发展理论 ………………………… 206

参考文献 …………………………………………………………………… 212

绪 论

【学习目标】

1. 掌握心理现象、心理学、学前儿童发展心理学等相关概念。
2. 了解学前儿童发展心理学的研究任务。
3. 明确学习学前儿童发展心理学的意义。
4. 掌握观察法、实验法、调查法、个案法等心理学的研究方法。

案例引入

蓉蓉三个月了,有天爸爸想逗她玩儿,就挠她的脚底,可是她不但没有笑,反而将她可爱的小脚趾张开成扇形,这是为什么呢?

晶晶七个多月了,总想让大人抱着玩,要是没人哄着她就不高兴,就会哭闹个不停。妈妈不明白,怎么这么小的孩子就这么"黏人"呢?

飞飞已经两岁了,跟爷爷感情特别好。后来爷爷回乡下住了半年,回来后,爷爷一抱他就哭。飞飞为什么不认识爷爷了呢?

小红是幼儿园的老师,她发现幼儿园的小朋友特别喜欢告状,芝麻大的事情都要告诉老师。小红跟朋友抱怨,这群孩子怎么这么难教呢?

五岁的小宝独自在爸爸的房间里玩得起劲,爸爸进来了,看到小宝把自己桌子上的书扔得乱七八糟的。爸爸有点生气,对小宝说:"你可真能干,把我的书扔得到处都是。"没想到小宝听了以后,扔得更起劲了。爸爸纳闷了,这孩子怎么不听话呢?

类似的情形在生活中还有很多,这给人们带来了许多困惑。其实,如果你懂得学前儿童发展心理学,就不会有那么多的困惑了。学习学前儿童发展心理学能让我们更了解幼儿的心理特点,从而用更科学的教育方式去教育幼儿。

一、学前儿童发展心理学研究的对象

(一) 什么是心理学

1. 心理现象

心理现象即心理活动的表现形式,是人类最普遍、最熟悉,也是宇宙最复杂、最深奥的现象。事实上,一个人只要活着,只要醒着(有时甚至在睡眠中),心理活动时时刻刻都伴随着,在人的生活中发生作用。

一般把心理现象分为两类,即心理过程与个性。

心理过程一般是指个人在社会活动中通过亲身经历和体验表现出的认识、情感和意志。

认识过程是人脑反映客观现实的过程,它包括感觉、知觉、记忆、想象和思维等过程,这些过程总称为认识过程。例如,人可以辨别物体的颜色、形状,通过触摸可以感受物体的粗细、软硬、轻重、冷热等。人对物体个别属性的认识是感觉,对物体各种属性的总体认识称为知觉,在头脑中可以记住事物的形象并在需要时回忆起来,这是记忆。在日常生活和艺术、科学活动中,人还能根据感知、记忆提供的材料创造出新的形象,这就是想象。我们发现事物的本质属性、事物之间的关系,而且还能够发现问题、解决问题,这些都是思维的作用。

情感过程是指在认识事物时产生的各种内心体验。人并不是漠然、无动于衷地来认识事物或操作事物的;反之,人在认识事物或操作事物的过程中,总会体验到自我对于这些事物所持有的态度。自我对于所认识的或所操作的事物所持的态度的体验,就叫做情感。例如,我们经常会体验到喜爱、高兴、憎恶、惧怕、愤怒等,都属于情感的范畴。

意志过程是指为了实现目的而进行的选择方法、执行计划的心理过程。人不仅能认识客观事物,对它们采取一定的态度,而且还要能通过行动有目的地改变事物。在这些行动中,有时还会遇到各种各样的困难,如我们在学习、体育锻炼、科学研究、技术革新等活动中都有明确的目的,并努力地克服困难。

此外,在各种心理过程中,我们还可以观察到一种普遍性的心理特征——注意。要保证认识过程、情感过程、意志过程等心理过程的顺利进行,注意是不可缺少的。它是各种心理过程的共同特征,是心理活动的方向性和集中性。注意也是心理现象的重要内容之一。心理过程是人们共同具有的心理活动。但是,由于每个人的先天素质和后天环境不同,心理过程在产生时总是带有个人的特征,从而形成了不同的个性。个性心理结构主要包括个性倾向性和个性心理特征两个方面。

个性倾向性是指一个人所具有的意识倾向,也就是人对客观事物的稳定的态度。它是一个人从事活动的基本动力,决定着一个人行为的方向。个性倾向性主要包括需要、动机、兴趣、理想、信念和世界观。世界观在个性倾向性诸多成分中居于最高层次,决定着人的总的意识倾向。个性心理特征是一个人身上经常表现出来的本质的、稳定的心理特点。例如,有的人有数学才能,有的人有写作才能,有的人有音乐才能,因此,在各科成绩上就有高低之分,这是能力方面的差异。在行为表现方面,有的人活泼好动,有的人沉默寡言,有的人热情友善,有的人冷漠无情,这些都是气质和性格方面的差异。能力、气质和性格统称为个性心理特征。

2. 心理学

心理学是一门涵盖多种专业领域的科学，但就其根本而言，心理学是一种研究人类行为和心理活动的科学。它既是一门理论学科，也是应用学科，包括理论心理学与应用心理学两大领域。因此，心理学是研究人的心理现象及其发生发展规律的科学。

数千年前，人类就对自身的心理现象产生兴趣，古代许多思想家发表过不少有关心理现象的见解。然而作为一门科学，心理学的历史却十分短暂。19世纪中期以后，自然科学的迅猛发展为心理学成为独立的科学创造了条件。1879年，德国心理学家冯特在莱比锡大学设立第一个心理实验室，标志着科学心理学的诞生。

(二) 什么是学前儿童发展心理学

"发展"一词是指个体身体、生理、心理、行为方面的发育、成长、分化、成熟、变化的过程。发展心理学是研究人类毕生（从生命诞生开始一直到死亡）的心理活动特点与发展规律的科学。发展心理学包括动物心理学、儿童（0~17岁）心理学、青年心理学、中年心理学和老年心理学等。儿童心理学是发展心理学的主体，学前儿童发展心理学是儿童心理学的前端。

学前儿童发展心理学是专门研究从出生到6、7岁儿童心理特点和心理发展规律的科学。如果从发展的阶段来看，广义的学前儿童大致可分为三个时期，即婴儿期（1~12月）、先学前期（1~3岁）、学前期（3~6、7岁）。狭义的学前儿童指3~6、7岁的儿童。

研究学前儿童发展心理学离不开普通心理学。普通心理学研究的是最一般的心理规律，即研究人的心理现象及其发生发展规律的科学。学前儿童发展心理学以普通心理学为依据，对学前儿童心理发展的规律和年龄特征进行专门的研究。同时，学前儿童发展心理学的研究也丰富了普通心理学的内容。

二、学前儿童发展心理学的研究任务

(一) 描述幼儿心理发展的年龄特征

幼儿心理发展的年龄特征是在一定社会和教育条件下，在幼儿心理发展的各个阶段中所形成的一般的（带有普遍性）、典型的（具有代表性）、本质的（表示有特定的性质）特征。这是和年龄有联系的，因为年龄是时间的标志，代表一定的时期和阶段，一切发展都是和时间相联系的。

幼儿心理发展一般要经历三个阶段：幼儿初期、幼儿中期、幼儿晚期。目前，主要从两个方面来探讨幼儿心理发展的年龄特征：一是幼儿认知过程（智力活动）发展的年龄特征，包括感觉、知觉、记忆、思维、言语、想象等，思维发展的年龄特征是其中最主要的一环。例如，在思维发展中，其年龄特征表现为：在幼儿初期，思维仍以直觉动作思维为主，具体形象思维开始萌芽；到了幼儿中期，具体形象思维开始占据思维的主导地位；而到了幼儿晚期，虽然以具体形象思维为主，但抽象逻辑思维已开始萌芽。二是幼儿社会性发展的年龄特征，包括兴趣、动机、情绪、自我意识、能力、性格等，其中自我意识发展的年龄特征是最主要的环节。例如，幼儿自我意识发展的年龄特征表现为：在自我概念方面，幼儿对自己的描绘大多限于身体特征、年龄、性别和喜爱的活动等，几乎不会描述自己的心理特征，如性格；在自我评价方面，3岁幼儿的自我评价还不明显，自我评价开始发生的转折年龄在

3.5~4岁，5岁幼儿绝大多数已能进行自我评价，但还不能独立进行自我评价，并且评价带有极大的情绪性和笼统性；在自我体验方面，幼儿的转折年龄为4岁，5~6岁幼儿大多数已表现出自我情绪体验，主要特点是幼儿自我情绪体验由与生理需要相联系的情绪体验（如愉快、愤怒）向与社会性需要相联系的情感体验（如委屈、自尊、羞愧感）不断深化、发展，同时又表现出易受暗示性。

在探讨幼儿心理发展年龄特征中，还有一个重要概念——关键期或敏感期。心理发展有一个从量变到质变的过程，而这一过程又与心理发展的一定时期紧密联系。心理学家研究发现，人的某些心理能力与行为的发展有一定的最佳时间，若在此时个体受到相应的良性刺激，会促使其心理能力与行为的更好发展；反之，则会阻碍其发展，甚至导致心理能力与行为的缺失。

（二）探究个体差异与影响幼儿心理发展的因素

对幼儿心理发展年龄特征的描述，为我们建构了幼儿心理发展的整体框架。对每个幼儿来说，尽管心理发展遵循着相同的模式，但还必须注意到心理发展的个体差异：不仅发展的速度、最终达到的水平可能各不相同，而且各种认知能力和个性心理特征可能也有很大差异。个体差异在孩子出生时就明显地表现出来，有的孩子安静沉稳、动作缓慢，有的孩子大哭大叫、动作迅速。心理学家认为，幼儿带着先天气质特征降临于世，这些先天气质特征更多地受幼儿神经系统活动类型的影响，也部分地反映了胎儿期受到胎内环境的影响。在幼儿的智力发展领域，个体差异可表现为：有的幼儿早慧，有的幼儿智力发展滞后；有的幼儿智力发展超常，有的幼儿智力发展低下，甚至有智力缺陷；有的幼儿擅长言语，有的幼儿则在操作、推理方面具有优势。在幼儿的个性发展领域，个体差异表现得更加明显：有的幼儿活泼、开朗、热情、喜欢交往，表现为外向性格；有的幼儿沉静、孤僻、冷淡、不太合群，表现为内向性格。幼儿的个体差异是如何造成的？这些个体差异怎样才能得到准确的评估？如何科学解释幼儿之间的个体差异？幼儿心理学要对这些问题做出恰当的解答。

探究影响幼儿心理发展的因素也是幼儿心理学研究的一个重要内容。目前，主流观点认为，决定个体心理发展的因素主要是遗传与环境的交互作用。就智力发展领域而言，一般认为遗传提供了智力发展的可能性，而环境则是将这种可能性发展转化为现实性。遗传的作用主要在行为遗传学、神经心理学、认知神经科学等学科中探讨，而幼儿心理学主要研究环境的作用。环境可分为胎内环境和出生后环境，出生后环境又可分为自然环境和社会环境。胎内环境不仅对个体生理发展产生影响，还会对心理发展造成影响，这种影响将会反映在出生后的各发展阶段。

（三）揭示幼儿心理发展的原因和机制

研究幼儿心理发展的年龄特征、个体差异及影响因素，其目的之一是要揭示幼儿心理发展的原因和机制，解决心理发生发展的一般理论问题，从而建构心理发展的理论体系。要揭示幼儿心理发展的原因和机制就需要探讨以下三个问题。

（1）关于遗传和环境（含教育）在心理发展中的作用问题。先天遗传给心理发展提供了可能性，后天的环境将这种可能性变为现实性。两者相辅相成，缺一不可。本书着重探讨先天遗传和后天环境（含教育）的交互作用。

(2) 关于心理发展的外因与内因问题。在人类心理发展上，既要重视其外因，又要重视内因。人类身心发展是主动的，所以外因要通过内因起作用。我们既要关注发展，又要强调内外因之间的关系和作用。

(3) 关于心理不断发展和发展阶段的关系问题。人类的心理一方面是不断发展的量变，但另一方面又有阶段性的质变，应该将心理发展的连续性和发展的阶段性统一起来，才能既科学地解释幼儿的心理持续发展趋势，又探讨不同年龄阶段心理发展的特征。

知识链接

心理学的重要性

我国著名心理专家郝滨先生曾说："二百年前的人类尚未拥有科学心理学这一探索内在世界的途径，但是人类探知精神世界的旅程却早已扬帆起航！二百年后的人类将以何种形式继续这个旅途尚未可知，但是我无比地坚信，只要我们存在一天，这个脚步就绝不会停止。"科学心理学的发展经历了一百多年的时间。在发展的过程中，一方面，人们对心理学的研究对象与理论体系进行了数十年的争鸣，形成了各种不同的理论流派，最终在20世纪50年代达成基本的共识，使心理学不断走向繁荣。国内心理学和催眠学研究工作者曹剑韩提出大脑运作理论，为心理展现逻辑带来较好的理论模式。另一方面，随着心理学研究的深入和拓展，心理学自身不断分化，衍生出了众多的心理学分支学科，使心理学的地位越来越重要。

三、学习学前儿童发展心理学的意义

(一) 有利于建立科学的世界观、发展观

学前心理学是心理学的分支。科学的心理学对人的心理现象的研究，证实了辩证唯物主义关于物质第一性、意识第二性的基本命题，证实了世界的物质性，即世界上除了运动的物质之外，再没有其他任何东西，人的心理是高度完善的物质——脑的产物。心理学理论是宣传无神论的有力支柱，是破除唯心偏见和迷信观念的强大武器。学习学前心理学知识，有利于幼教工作者树立正确科学的世界观。

学前心理学为我们展示了学前儿童心理学的规律性。这种发展具有必然性、不可逆性和顺序性，同时又具有不平衡性和个别差异性。通过学习学前心理学，有利于家长和教师树立正确科学的儿童发展观，既要适时适当地对幼儿提出发展的要求和目标，动态地评价幼儿的发展，又要根据不同幼儿的个别差异，因材施教，避免"拔苗助长"，促使每个幼儿在原有的基础上得到最大限度的发展和提高。

(二) 有利于搞好幼儿教育工作，提高幼儿教育的效果

幼儿教师学习幼儿心理学是自身发展提高的需要，是搞好幼儿教育工作的需要。

首先，学前心理学揭示了幼儿认识过程的特点和规律，为教师组织幼儿园的各项活动，选择适当的教学方法提供了心理学依据；为了解幼儿情绪情感和意志提供了行之有效的方法；既为幼儿心理发展的阶段性的特点，又为幼儿教师在对待不同年龄段的幼儿行为问题时提出针对性措施提供了理论依据。

其次，了解了幼儿个性心理形成的规律，可以帮助幼儿教师更好地培养幼儿良好的性

格，从小形成良好的思想品质和行为习惯。对不同能力的幼儿，可以在活动中提出不同的难度要求，调动幼儿学习兴趣和积极性。对不同气质类型的幼儿，更应该有目的地运用不同的方法，有针对性地发展幼儿的心理品质，提高幼儿教育的效果。

最后，学前心理学的知识还可以帮助幼儿教师预见幼儿心理发展的前景，发现心理发育不良的儿童并及时给予适当的教育治疗，从而能有意识地引导幼儿的心理健康地发展。

（三）为今后更好地进行幼教工作和开展幼教研究打好基础

幼儿教育的重要性现在已越来越被人们所认识。《幼儿园工作规程》在"总则"中明确规定："幼儿园是对三周岁以上学龄前幼儿实施保育和教育的机构，是基础教育的有机组成部分，是学校教育制度的基础阶段。"广大幼儿教师站在幼儿教育的第一线，对幼儿教育研究最积极，参与性最高。近年来，由幼儿教师承担的研究课题，撰写的教研、科研论文越来越多，水平也逐步提高，这和广大幼儿教师认真学习心理学知识息息相关。幼儿教师应不断完善自己的知识结构，积极开展幼教科研，为幼儿教育事业做出自己的贡献。

四、心理学的研究方法

心理学研究方法是研究心理学问题所采用的各种具体途径和手段，包括仪器和工具的利用。心理学的研究方法很多，如观察法、实验法、调查法、个案法等。无论研究哪种心理现象或采用哪种具体方法，心理学研究的基本程序都大致相同，一般包括下列步骤：①提出问题；②查阅文献；③形成假设；④制定研究方案；⑤收集数据和资料；⑥数据和资料的统计处理；⑦结果分析；⑧做出结论。

（一）观察法

观察法是在自然情境中或预先设置的情境中，有系统地观察、记录并分析人的行为，以期获得其心理活动产生和发展规律的方法。

案例分析

一个14个月大的孩子被成人抱着时，十分着急地向食物柜子的方向挣扎，嘴里叫着"ta，ta"（音）。成人拿起蛋糕给孩子，孩子又摇头又摆手，仍然着急地向柜子的方向用力，于是成人顺着孩子手指的方向看去，看到了糖罐。成人拿起糖罐，问："是想要这个吗？"孩子用力地说："xi，xi。"成人拿起一颗糖放在孩子的嘴里，孩子的脸上露出了开心的笑容。

虽然孩子的言语发展还未能达到清晰地表达自己的想法，但是成人可以通过观察的方法，明确孩子的意愿。

运用观察法时，观察者进行观察的方式有两种。

1. 参与观察

观察者是被观察者活动中的一个成员。

2. 非参与观察

观察者不参与被观察者的活动。

无论采取哪种方式，原则上是不能被观察者发现自己的活动被他人观察，否则就会影响他们的行为表现。

观察法是对被观察者行为的直接了解，因而能收集到第一手资料。这些收集到的资料必须具有准确性和代表性，因而如何避免观察者的主观想象与偏颇是观察法使用的关键。观察应该是有目的、有计划地观察和记录人在活动中表现的心理特点，以便于科学地解释行为产生的原因。

观察法的优点是，被观察对象的心理和行为能够自然流露并具有客观性，获得的资料比较真实。观察法的缺点是观察者处于被动，只能消极等待被观察者的某些行为表现，是一种缓慢的进程。

（二）实验法

实验法在科学研究中的应用最广泛，也是心理研究的主要方法。

实验法是指人为地、有目的地控制和改变某些条件，使被试者产生所要研究的某种心理现象，然后进行分析研究，以得出心理现象发生的原因或起作用的规律性的结果。

在进行试验研究时，必须考虑三项变量。

1. 自变量

实验者安排的刺激情境或试验情境。

2. 因变量

实验者预定要观察、记录的变量，是实验者要研究的真正对象。

3. 控制变量

试验变量之外的其他可能影响试验结果的变量。

实验法的主要目的是，在控制的情境下探究自变量和因变量之间的内在关系。

实验法有两种，即自然实验法和实验室实验法。

（三）调查法

调查法是指就某一问题要求被调查者回答其想法或做法，以此来分析、推测群体心理倾向的研究方法。实施时虽然以个人为对象，但其目的是借助许多个人的反映来分析和推测社会群体的整体心理趋向。

调查法是一类方法的总称，包括谈话法、问卷法、测验法和作品分析法等。

1. 谈话法

研究者根据一定的研究目的和计划直接询问研究对象的看法、态度，或让他们做一个简单演示，并说明为什么这么做，以了解他们的想法，从中分析心理的特点。

2. 问卷法

问卷法是根据研究目的，以书面形式将要收集的材料列成明确的问题，让被试回答。更为常用的形式是将一个问题各种可能的回答范围都列在问卷上，让被试圈定，研究者根据被试的回答，分析整理结果。

3. 测验法

测验法使用编制好的心理测验作为工具测量被试的某一种行为，然后将测得的数值与心理测验提供的平均值相比较，可以看出被试的个别差异。在心理学中，常用来测量智力和个性特征。

4. 作品分析法

研究者从被试的作业、日记、考卷或艺术作品中分析他们的观察力、想象力、理解力或兴趣、能力、性格等特点。

（四）个案法

个案法是研究者对一个或几个被试在较长的时间内进行跟踪研究，借以发现其心理发展、变化规律的方法。

个案法具有以下特点：

1. 研究对象的个别性与典型性

个案研究的对象是个别的，但不是完全孤立的个体，而是与其他个体相联系的，是某一个整体中的个体。因而，对这些个别对象的研究必然在一定程度上反映其他个体和整体的某些特征和规律。个案研究的目的固然是了解把握某个个体的具体情况，但也要通过一个个案的研究，揭示出一般规律。瑞士著名的幼儿心理学家皮亚杰正是通过对少数幼儿的个案研究法，揭示出幼儿心理发展的普遍规律。当然，我们需要正确处理好个别与一般的关系。个别虽可以反映某些一般的特征，但个别毕竟不等于一般。个案研究取样较少，其研究的结论代表性也就较少，因而，不宜机械地推广到一般中去，需要谨慎地思考和分析，以免犯用个别代表一般的错误。此外，作为个案研究对象的个体，应该具有与众不同的典型特征，不具有典型性的个体，显然没有多少研究价值。

一般来说，作为个案研究对象的个体应该具有以下三个显著特征：

第一，在某方面有显著的行为表现；

第二，与这方面有关的某些测量评价指标与众不同；

第三，教师、家长等主要关系人都有类似的印象和评价。

比如，对某些学生创造能力发展的个案研究，可以看一下他是否经常有些小发明、小创造、小制作；在创造测验上的得分是否高于常人；教师及家长等对该学生在这方面的表现诸如脑子活、常提怪问题等是否有较深的印象，能否举出一些事例等。

2. 研究内容的深入性和全面性

个案研究既可以研究个案的现在，也可以研究个案的过去，还可以跟踪个案的未来发展。个案研究既可以做静态的分析诊断，也可以做动态的调查或跟踪。由于个案研究的对象不多，所以研究时就有较为充裕的时间，进行透彻深入、全面系统的分析与研究。

例如，对一个学习差的学生进行研究，往往需要从多方面加以考察，诸如学生学习的智力因素和非智力因素，原有的知识基础和学习方法，以及教师的教学和家长的辅导情况，还要进行前后左右的对照和比较。这样就可以对该生进行比较全面而深入的了解和认识。

3. 研究方法的多样性和综合性

个案研究有自己的研究方法，如追踪法、追因法、临床法和产品分析法等。但是，个案研究又不是完全独立的研究方法。为了收集到更多的个案资料，从多角度把握研究对象的发展变化，就必须结合教育观察、教育调查、教育实验、教育测量等多种研究方法，综合各种研究手段。例如，我们研究超常幼儿，首先需要对被试进行智力测验，看看其智商是否超常，还要对被试做系统观察，看看其各种智力操作是否杰出，同时要调查其成长环境，必要时还要做一些对照试验。

练一练

一、选择题

1. 为了了解幼儿与同伴交往的特点，研究者深入幼儿所在的班级，详细记录其交往过程的语言和动作等。这一研究方法属于（　　）。

　　A. 访谈法　　　　B. 实验法　　　　C. 观察法　　　　D. 作品分析法

2. 研究者从幼儿的绘画作品中分析他们的观察力、想象力、理解力。这一研究方法属于（　　）。

　　A. 访谈法　　　　B. 实验法　　　　C. 观察法　　　　D. 作品分析法

二、简答题

1. 学习学前儿童发展心理学的意义是什么？
2. 试着说一说学前儿童发展心理学的研究任务包括哪些。

第一章

学前儿童心理发展的基本问题

【学习目标】

1. 了解人的心理实质。
2. 掌握制约学前儿童心理发展的影响因素。
3. 了解学前儿童心理发展的年龄特点。
4. 掌握学前儿童心理发展的趋势及一般特点。

第一节　心理的实质

案例引入

《三国演义》第七十七回描写关公阴魂不散，在空中飘荡，并且骂孙权，杀吕蒙，应答曹操，以后多次显灵帮助他的子侄打仗，在普净长老的指导下，"落户"玉泉山，显圣护民。乡人感其德，乃修关圣帝庙，四时致祭。

人有没有灵魂？人死了以后灵魂会不会消灭？人的心理是什么？影响人心理发展的因素有哪些？这些疑团经常缠绕在我们的脑海里。

一、心理具有物质基础

人的心理到底是由什么器官产生的？

在古代，由于当时科学发展水平的局限，人们往往把心脏当作精神的器官，把精神活动称为心理活动。汉字中，与精神有关的字都有"心"部，如思、念、想、怨、忿等，以及与思考有关的成语如"胸有成竹""满腹经纶""口蜜腹剑""心中有数""心直口快"等，都是和这种观点相联系着的。

知识链接

脑是心理过程的基础

1848年9月13日,铁路监工盖吉发生了人身伤害事故。在一次意外的爆破中,一根3.7英寸长的铁杆刺穿了他的颅骨,可是他的意识还清醒。人们用卡车把他送回旅馆,他自己走上楼。随后的2~3周内,他濒于危亡;到10月中旬他却逐渐恢复。事实上,盖吉的身体伤害并不严重,仅左眼失明,左脸麻痹,运动和语言无恙;在心灵上,他却变了个人。他的医生对此有很清楚的解释:

他的理性和动物性之间的平衡似乎已遭到破坏,他随时发作、放纵,还伴有无理和污秽的语言,这些都不是他过去的习惯。他不听朋友和伙伴的劝阻,特别是当这些劝阻与他的需求冲突时,他表现得很不耐烦。他随时异想天开地提出很多计划,瞬息间又依次否定,反复无常。他的心智和表现像个孩子。他受伤之前虽未受过良好的学校教育,但他具有平衡的心态,受到熟人的尊敬,大家认为他是个机灵、聪明的生意人,精力充沛,毅力不凡,努力实现自己的计划。就这些方面来说他已完全变了。他的朋友和熟人都说他"不是以前的盖吉了"。

这个案例刚好发生在科学家们着手构想脑功能与复杂行为之间的关系之时,虽然没人想把盖吉作为典故,但他的故事却提供了较早的根据,证明脑是心理过程的基础。

现代科学表明,脑是心理的器官,心理是脑的机能。正如肺是呼吸的器官,呼吸是肺的机能一样。

在整个生物圈中,人类本可以说是很平凡的物种,他的许多系统的解剖特征和功能远不如大多数动物。例如,比起狗的嗅觉、鹰的视觉,人只能自叹不如。比起猫的走路,人显得很笨拙。人跑起来远不如梅花鹿的速度,不如美洲狮有气势。到了水里,人往往是海豚救援的对象。直立的姿势导致高血压,腰酸背痛是人类特有的病症。至于空中飞翔……但是,人类却成为地球上的"万物之灵"。这种优势的获得,得益于人有一种特殊化的器官——人脑。

1. 人脑的结构

人脑由高级神经中枢和低级神经中枢构成。高级神经中枢指大脑。大脑位于脑的顶部,分左右两个半球。它的重量占整个脑重的80%。大脑表面覆盖着3~4毫米厚的灰质层,叫大脑半球皮质,简称皮层。它在心理学研究上具有特别的重要性。皮层是控制整个机体活动的最高管理者和调节者。皮层表面凹凸不平,形成沟回,看上去很像核桃仁。灰质下面是白质,白质由脑细胞延伸出来的神经纤维组成。这些纤维上下左右纵横交错,相互联系,组成一个十分复杂的"有线通信网络"。大脑

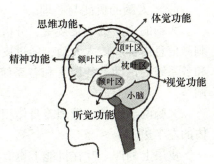

图1-1 大脑半球皮质

半球皮质可分为4个部分:额叶、顶叶、颞叶和枕叶(见图1-1)。其中额叶是进化过程中新发展起来的部位,为四个脑叶中之最大者,约占大脑半球的三分之一。

低级神经中枢指大脑以下的中枢神经各部位,包括延脑、脑桥、间脑和小脑。低级神经

中枢除了有传递和过滤神经信息（又称神经冲动）的功能外，还对维持生命的基本活动起着重要的作用，如维持心跳、血压，发生吞咽、咳嗽、喷嚏反射，平衡和协调身体运动，调节植物性神经活动等。同时，低级神经中枢还具备接收感觉信息、调节情绪和维持机体觉醒状态的功能。低级神经中枢的活动受高级神经中枢的控制。

脑和脊髓构成中枢神经系统，中枢神经系统向全身各部位发出的大量神经纤维则为外周神经系统。外周神经系统与感觉器官及肌肉、骨髓、内脏、腺体等相联系，形成从中枢到外周又从外周到中枢的神经信息环路。神经信息在这个环路中以每小时360千米（即每秒100米）的速度迅速传递，一个信息不需0.1秒便可传遍全身。

2. 大脑的功能

认识大脑的机能比了解大脑的结构要困难得多。事实上，人们既不能从外部直接观察记忆的程序，又不能用手术刀打开头颅来记录思维过程。因而，心理学家把大脑比作一只"黑箱"。关于大脑机能的研究主要靠间接的办法。

（1）高级神经活动学说与心理。

俄国生理学家巴甫洛夫创建的高级神经活动学说是揭示大脑机能最有影响的学说。所谓高级神经活动指的是大脑皮层的活动。神经系统最基本的活动方式是反射。反射是机体的神经系统对刺激做出规律性的应答活动。反射按起源分为两类：无条件反射和条件反射。

无条件反射是先天固有的、不变的反射，由低级神经中枢控制，如新生儿生来就会吸吮，食物进入口中会分泌唾液，就属于无条件反射。

条件反射是后天形成的、易变的反射，是无条件反射与某种无关刺激多次结合后形成的反射。例如，在幼儿园中琴声与许多活动相结合，如起床、上课、吃饭、休息等。于是，琴声对我们产生了信号的意义，变成了条件刺激物。不同曲调的琴声，便会引起不同的行动，这就是条件反射。形成条件反射的信号有两大类：一类是具体信号，包括物理环境中各种视觉的、听觉的、触觉的、味觉的刺激物；另一类是抽象信号，如人类的语词。抽象信号是人的社会活动的产物。

按照巴甫洛夫的观点，条件反射是心理活动的生理基础。有关人脑中心理的东西与神经生理的东西之间的关系，仍是当代科学积极探索的一个重大课题。

（2）大脑的机能与心理。

大脑的主要机能是接受、分析、综合、储藏和发布各种信息。机体的所有感觉器官都把刺激信息由神经传入大脑，经过皮层的加工、整理，做出决策，然后发出信息，控制各器官和各系统的活动。各器官和各系统的活动状况又会通过信息环路报告给大脑，以便进一步调节。

大脑两半球各自管理着身体相对的那一半，即左半球主管身体的右半边，右半球主管身体的左半边。

皮层上的四个叶在机能上也有分工。枕叶与视觉有关，颞叶与听觉有关，顶叶与躯体感觉有关，额叶在人的心理活动中具有特殊的作用，控制着人的有目的、有意识的行为。有研究表明，额叶受伤的病人无法解答算术应用题，智力下降，还会出现性格上的障碍，原本很温和的病人变得暴躁、粗野、不能自制。皮层各部位既分工又合作，在机能上相互联系，相互协调。

人的大脑机能具有不对称性，即心理机能在大脑左右两个半球表现出不同的优势。通常左半球的机能是阅读和计算,保障连贯的分析性的逻辑思维;右半球运用形象信息,保证空间定向、音乐知觉,擅长对情绪、态度的理解。当然,大脑两半球的机能不对称性也是相对的,是一个人在交往过程中逐渐稳定下来的。

脑医学研究发现,一些人脑部受损或发生病变后,他们的心理活动便出现异常,如不能思考、出现痴呆、记不住东西等。脑科学证明,心理活动与大脑有着非常密切的联系。没有大脑便没有心理,大脑出现障碍必然会影响心理活动。

知识链接

大脑半球的分区与联合功能

人类大脑之两半球在功能划分上,大体上是左半球管制右半身,右半球管制左半身。又每一半球之纵面,在功能上也有层次之分,原则上是上层管制下肢,中层管制躯干,下层管制头部。如此形成上下倒置、左右交叉的微妙构造。在每一半球上,又各自区分为数个神经中枢,每一中枢各有其固定的区域,分区专司,形成大脑分化而又统合的复杂功能(见图1-2)。唯在区域的分配上,两半球并不完全相等;其中,布氏语言区与威氏语言区,只分布在左脑半球,其他各区则两半球都有。

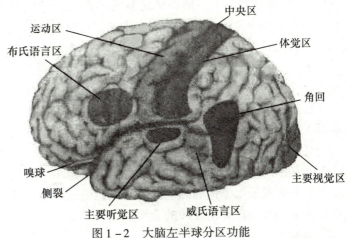

图1-2 大脑左半球分区功能

二、心理具有客观源泉

1920年,在印度加尔各答东北一个名叫米德纳波尔的小城,人们发现有两个用四肢走路的"像人的怪物",尾随在三只大狼后面。后来人们把大狼打死,在狼窝里发现这两个"怪物",原来是两个裸体女孩。其中,大的七八岁,小的只有两岁。后来,她们被送到孤儿院,小的很快死了,大的一直活到十六七岁。这就是著名的"印度狼孩"。

"印度狼孩"的心理结构和躯体生长发育,同一般儿童没有多大差别,但在心理活动方面却相差很远。狼孩不会说话,只能发出单调的声音;不懂人类的衣、食、住、行;不会计算、判断和推理;见人恐惧、紧张;手脚并用、着地爬行,慢走时用膝盖和手着地,快跑时用手、脚掌着地;白天躲起来,夜间活动,每隔3小时左右总要引颈长嚎一阵;怕光、怕火、怕水;不吃素食,吃肉时用牙撕,不用手等。大的狼孩虽然已经七八岁,但智力发展的程度只相当于6个月的婴儿。后经悉心教育和训练,4年才学会6个词,6年才学会直立行走,7年学会了45个词,十六七岁死的时候,只相当于三四岁的幼儿智力。

为什么"狼孩"具有人脑,却没有人类的心理活动呢?

上面已经指出,心理是人脑的机能。这句话说明,心理现象的产生具有物质基础;产生心理现象的器官是人脑。但这并不意味着有了人脑就有心理。人脑并不会自发地产生心理。只有当客观现实作用于人脑时，才会产生心理。客观现实是指在人的心理之外独立存在的一切事物，它们构成了人类赖以生存的环境。人们通常将这些环境划分为物质环境（包括各种自然现象，如天体宇宙、山脉河流、四季变更、飞禽走兽，也包括人造的环境，如城市、乡村、住宅、交通等）和社会环境（如家庭、学校、同伴团体，各种人际关系、社会规范、风俗习惯、文化传统等）。显而易见，这些客观存在的事物及事物之间的关系，是人脑加以反映的对象，没有这些对象也就不可能有人的心理的实际内容。例如，幼儿看到屋旁的一棵柳树，才有树木的知觉；幼儿听过"拔萝卜"的故事，才有这个故事的记忆。即使幼儿在画图时会画出一些现实生活中并不存在的图像；或在讲故事时讲出一些现实中没有的内容（例如，一个幼儿画了一棵长满玩具的冬青树，或讲出冬青树长出玩具的故事），那也不是头脑凭空虚构出来的，而是把现实中的冬青树和玩具在头脑中经过加工改造而成。这种想象的东西仍然是现实的反映。

所以，心理的产生不仅要有反映的器官——人脑，同时也要有心理的源泉——客观现实。

客观现实，无论是物质环境还是社会环境，都是人类心理的源泉。相比较而言，社会环境对人的心理具有特别重要的作用。人的各种心理活动，最终乃至个性的形成和发展，都受到所处社会环境的决定性影响。

幼儿园的活动天地越广阔，接触的事物越多，幼儿心理活动的内容就越丰富。由于幼儿正处于心理发展中，他们的选择和辨别能力还不强，需要成人为幼儿提供良好的客观环境，这是保证幼儿心理健康发展的重要条件。

三、心理具有主观能动性

当你站在一面镜子前面，镜子里便出现你的镜像，这就是一种反映。但这是一种最简单、最直接和被动的反映。那么心理的反映是不是也像人照镜子一样呢？

我们先来看一看图1-3。这是一张两可图，当你把白色的部分作为知觉的主体，那么你看到的是一个艺术花瓶，当你把黑色的部分作为知觉的主体，那么你看到的是两个相对的男人。你自己可以自行选择感知的角度，想从什么角度看就可以从什么角度看。心理一方面反映客观现实的性质和特征；另一方面也反映着个人对现实的关系和态度。也就是说，心理是人脑对客观现实的主观的、能动的反映。

所谓主观能动的反映，是指人脑对现实的反映受个人态度和经验的影响，这就使得反映带有个人主体的特点。例如，一个小黑点，有的孩子看后就说像蚂蚁，而有的孩子则说像芝麻，但在成人看来那只是一个黑点。

图1-3 两可图

人的心理的主观能动性还表现在它能支配和调节人的行为，能反作用于客观现实，改造自然，改造社会，以满足人们的各种需要。

通过以上分析，我们可以归纳出：心理是人脑对客观现实主观能动的反映。

第二节 制约学前儿童心理发展的因素

> **案例引入**
>
> 制约儿童心理发展的因素是多种多样的，心理学界曾有过长期的争论。遗传决定论代表人物美国心理学家霍尔，他认为："一两的遗传胜过一吨的教育。"环境决定论代表人物行为主义心理学派的创始人华生，他认为："给我一打健全的儿童，我可以用特殊的方法任意地加以改变，或者使他们成为医生、律师、艺术家、豪商，或者使他们成为乞丐或盗贼……"
>
> 你怎样认为？你觉得影响幼儿心理发展的因素都有哪些？

制约儿童心理发展的因素基本上可以归纳为两类：一类是遗传方面的因素；另一类是环境方面的因素。越来越多的心理学家认识到，遗传因素和环境因素对儿童心理发展都有重要作用，缺一不可。但过分地强调某一因素的作用而忽视另一因素的作用，都无法对儿童心理的发展做出科学的解释。儿童心理的发展应该是遗传和环境的共同产物。

一、遗传素质为学前儿童心理发展提供了可能性

（一）遗传素质是儿童心理发展的自然前提

遗传是一种生物现象。人类通过遗传，将前辈长期形成和固定下来的生物特征传递给后辈，完成其种系的繁衍。遗传素质指有机体通过遗传获得的生理构造、形态、感官和神经系统方面的解剖生理特征。

马克思把遗传素质看作"能力的自然基础"，认为离开了这个物质基础就谈不上能力的发展。儿童正是继承了前辈的遗传素质，在一定的条件下才有可能发展成为一个具有良好心理品质的人。有人曾经把黑猩猩与幼儿放在一起抚养训练，但因为黑猩猩不具备人类的遗传素质，最终不可能与人类的后代一样形成人的心理。中国科学院心理研究所调查了22.8万名儿童，其中3%~4%的低能儿童和痴呆儿童中有50%与遗传因素有关。研究表明，遗传因素可以从多方面影响一个儿童的智力发展。如先天的神经系统或染色体病变能直接引起智力落后；先天的生理缺陷，如先天的失明、失聪，也会导致智力落后；其他的先天影响，像先天性的肢体残缺、先天畸形等，使儿童的活动受到限制，人格受到歧视，教育机会受到限制，因而影响了智力的发展。正常儿童都具有人类共同的遗传素质，并在此基础上形成人的正常的心理，这是遗传素质和心理发展的共性表现。但是我们也应该看到，各个儿童的遗传素质又都或多或少具有一定的个别差异，如高级神经活动类型的差异，感觉器官在结构和机能上的某些差异等，这些遗传素质的个别差异，为儿童在心理发展上形成个别差异提供了可能性。我国心理学工作者曾对67对同卵双生子、34对异卵双生子进行过智力相关的研究，发现每对双生子间智力的相关，同卵为0.76，异卵为0.38；每对双生子间智力的平均差和标准差，同卵是9和6.9，异卵是15.04和14.01，差异十分显著。他们认为，同卵双生子和异卵双生子在环境的差异上可以说相同，而遗传的差异则不同。因此，上述数字主要是反映遗传的差异，说明遗传差异在个体心理发展差异中的作用。

（二）生理成熟为儿童心理发展提供了物质前提

儿童出生以后，身体各部分、各器官的结构和机能都在不断地生长、发展，儿童心理的发展与生理发展，特别是脑和神经系统的发展关系密切。例如，儿童的神经系统在出生后的最初几年发展相当迅速、脑重量出生时为 400 克，到 9 个月时脑重就增加一倍，1 周岁时达到 900 克，3 周岁时重 1 000 克，7 周岁儿童脑重已增长到 1 300 克，接近成人脑的重量。由于心理的器官——脑的发展与成熟，再加上神经系统其他部分的发展，如神经纤维髓鞘化的完成，保证了儿童心理在 6~7 岁时能达到相当的水平。

事实证明，即使是遗传完全正常的儿童，脑和神经系统如果没有发展到一定的程度，某些心理现象也不可能形成或发展。例如，早期婴儿哭时很少有眼泪，这是由于婴儿的植物性神经系统的副交感部分的控制作用尚未建立。

同时，儿童身高体重的增长，骨骼的硬化，肌肉的发展，为儿童躯体动作、双手动作的发展，接触周围环境范围的扩大提供了可能，对儿童独立性、社会性和认识能力的发展起了积极的作用。

生理成熟对儿童心理发展的制约作用还可以通过美国心理学家、儿科医生格塞尔曾经做过的一个著名实验来证明。格塞尔让一对同卵双胞胎练习爬楼梯。其中一个为实验对象（代号为 T），在他出生后的第 48 周开始练习，每天练习 10 分钟；另外一个（代号为 C）在他出生后的第 53 周开始接受同样的训练。两个孩子都练习到他们满 54 周的时候，T 练了 7 周，C 只练了 2 周。

这两个小孩哪个爬楼梯的水平高一些呢？大多数人肯定认为应该是练了 7 周的 T 比只练了 2 周的 C 好。但是，实验结果出人意料——只练了两周的 C 其爬楼梯的水平比练了 7 周的 T 好，C 在 10 秒内爬上那特制的五级楼梯的最高层，T 则需要 20 秒才能完成。

格塞尔分析说，其实 48 周就开始练习爬楼梯为时尚早，孩子没有做好成熟的准备，所以训练只能取得事倍功半的效果；53 周开始爬楼梯，这个时间就非常恰当，孩子做好了成熟的准备，所以训练就能达到事半功倍的效果。

这个实验给我们的启示是：教育要尊重孩子的实际水平，在孩子尚未成熟之前，要耐心地等待，不要违背孩子发展的自然规律，不要违背孩子发展的内在"时间表"人为地通过训练加速孩子的发展。

在现实中，有些年轻父母，往往不按照孩子发展的内在规律人为地通过训练来加速孩子的发展。孩子一般 3 个月时会俯卧，能用手臂撑住抬头，4~6 个月会翻身，7~8 个月会坐会爬，1 岁左右才会站立或独立行走。心急的父母们则通过"学步车"等，让孩子越过"爬"的阶段，或者很少让孩子爬，就直接学走路。这种"跨越式的发展"，虽然能让孩子早早地学会走路，但过早走路，容易把孩子的双腿压弯，影响形体健美，还容易形成扁平足，还是造成孩子日后走路步伐不稳、跌跌撞撞的原因。

在促进孩子心理发展方面，人为加速孩子的发展，同样会对孩子心理的健康发展产生危害。幼儿期的孩子正处在"游戏期"，这个时期的教育应以游戏为主，在游戏中发展孩子的感官，激发孩子的心智，培养孩子的社会能力。不少的家长却认为游戏浪费了孩子的时间，因而提前教导孩子学习知识（如读、写、算）或才艺（如绘画、弹琴、舞蹈），将孩子提前置于不成功便失败的压力之下，会使孩子养成以后遇事退缩与事后内疚的不良个性。

关键期问题是与生理成熟相关的问题。许多心理学家发现，儿童早期动作、语言等心理发展与他们的生理成熟具有一定的相关性。当某种生理机能达到成熟水平时,儿童获得心理能力的时机就到来。认识和掌握儿童不同生理成熟的时机,有利于把握儿童心理发展的"契机",即儿童心理发展的关键期。关键期是指个体成长的某一段时期,其成熟程度恰好适合某种行为的发展;如果失去或错过发展的机会,以后将很难学会该种行为,有的甚至一生难以弥补。研究表明,在出生头几年儿童如果被剥夺了语言学习的机会,以后他的语言发展将出现困难。

知识链接

劳伦兹的"母亲印刻"现象

形态学家发现,只有在植物衍生的某个特定的时期,加上某种条件才会产生特定的形态变化,这个时期就称为敏感期,或者说一个系统在迅速形成时期,对外界的刺激特别敏感。例如,胎儿在胚胎期(2~8周)是机体各系统与器官迅速发育成长的时期,若受到外界不良刺激的影响,就极易造成先天缺陷。

奥地利动物习性学家劳伦兹在研究小鸭和小鹅习性时发现,它们通常将出生后第一眼看到的对象当作自己的母亲,并对其产生偏好和追随反应,这种现象叫"母亲印刻"。心理学家将"母亲印刻"发生的时期称为动物认母的关键期。

关键期的最基本特征是,它只发生在生命中的一个固定的短暂时期。如小鸭的追随行为出现在出生后的24小时内,超过这一时期,"印刻"现象就不再明显,如图1-4所示。

图1-4 印刻现象

遗传和生理成熟的发展对儿童心理发展是有影响的,但它们并不能决定儿童心理的发展,影响儿童心理发展的客观因素还有环境和教育。

二、环境因素使学前儿童心理学发展成为现实

(一)社会生活环境为儿童心理发展提供了丰富的刺激

据相关统计,由于种种意外的、偶然的原因,人类的后代被野兽哺育长大的情况有数十例之多。他们中有狼孩、熊孩、猴孩、豹孩等。他们虽然具有人类的遗传素质,但是因为脱离了人类社会的生活环境,不能形成正常的人的心理。其中,最典型的狼孩卡玛拉,由于从小就脱离人类社会,在狼群中生活了七八年,深深打上了狼的习性的烙印。后来,虽然回到人类社会,并接受了九年的教育训练,但到十六七岁时智力才达到三岁幼儿水平,仅学会四十多个词。

我国辽宁省1983年发现过一名心理畸形的"猪孩",其母亲中度智残,养父以养猪为业,由于不喜欢该女孩,整日把她关在院中与猪为伍。她吃猪奶,抢猪食,形成了很多类似猪的习性。由于她也和家长交往,因此会吃饭、穿衣和简单会话,被发现时她已八岁多,智商仅39,不会分辨性别、颜色、大小,没有数的概念,情绪不稳易怒,社会适应能力差,不会与同伴玩耍。经检查她不属于遗传性和代谢性疾病,而纯属后天特殊环境造成的心理障碍。后经过三年的教育,智商提高到68,社会适应能力也大大提高。这些事例充分说明了儿童如果脱离正常的社会生活环境,对其正常心理的形成将会造成十分严重的后果和不可弥

补的损失。随着社会生产力的发展、社会物质文明和精神文明程度的不断提高，社会生活环境为儿童心理发展提供了越来越丰富的刺激，促使儿童心理发展的水平不断提高。人们普遍感到，现在的孩子见多识广，能说会道，反应快，有主见，越来越聪明。另外，作为社会生活环境的一个重要方面，家庭环境、父母与子女关系等对儿童心理的发展也有非常重要的作用。很多研究证明，过度的溺爱、父母对儿童活动的限制和包办代替，都会减少儿童对外界刺激的接受量，影响儿童社会性和智力的正常发展。孤儿、单亲家庭的儿童、父母离异后的儿童也会因为失去父爱、母爱而影响心理的健康。对此，我们必须引起高度的重视。

（二）教育对儿童心理发展的主动调控作用

社会生活环境对儿童心理发展的主动调控作用是通过教育来实现的。我们知道，教育是一种有目的、有计划、有系统地对下一代施加影响的过程，它比社会环境中自发的、偶然的、无计划的影响效果要好得多。

幼儿教育是学校教育的基础，是基础教育的有机组成部分。幼儿进入幼儿园以后，大部分时间在集体中接受教育。教师作为社会要求的直接体现者和教育工作的实施者，担负着培养教育的重任，根据幼儿体、智、德、美全面发展的要求，通过创设情境、设计活动、组织游戏等形式给幼儿提供丰富的刺激，促进幼儿心理的健康发展。

教师在教育活动中可以根据不同的教育内容，充分利用周围环境的有利条件，积极调动幼儿的各种感官，给幼儿提供充分活动的机会。同时，可以灵活地运用集体活动和个别活动相结合的形式，有的放矢地进行"因材施教"。让有某种特长的幼儿有充分发挥才能的机会，促使他们进一步提高；让某些方面能力较差的幼儿勇于尝试，在活动过程中得到锻炼，促使每个幼儿都能在原有的水平上得到发展提高。在幼儿园里，教师还可以及时对幼儿表现出的不良行为进行批评教育，促使幼儿形成良好的行为习惯和个性心理品质。

知识链接

孟母三迁

孟子，名柯。战国时期鲁国人（现在的山东省境内）。三岁时父亲去世，由母亲一手抚养长大。孟子小时候很贪玩，模仿性很强。他家原来住在坟地附近，他常常玩筑坟墓或学别人哭拜的游戏。母亲认为这样不好，就把家搬到集市附近，孟子又模仿别人做生意和杀猪的游戏。孟母认为这个环境也不好，就把家搬到学堂旁边。孟子就跟着学生们学习礼节和知识。孟母认为这才是孩子应该学习的，心里很高兴，就不再搬家了。这就是历史上著名的"孟母三迁"的故事。

"孟母三迁"的故事说明环境对学生的影响是积极能动的。人们总是在社会实践活动中接受着环境的影响，同时也改造着环境，并在改造环境的过程中改造着自己。所以家庭、学校和社会环境对学前儿童的将来有着深远的影响。一个家庭中，家长的生活习惯、语言、行为、思想观念对子女有着直接的影响；学校教师的言行举止，对学前儿童也有直接的影响；社会上一些孩子可见、可闻、可感的事物，对儿童的价值观、人生观也有影响。

（三）幼儿自身的心理和幼儿活动

影响幼儿心理发展的因素不仅有遗传、生理成熟、环境及教育等客观条件，而且有幼儿自身的积极性和主动性等主观因素。也就是说，我们不能忽视幼儿自身的能动性。

1. 幼儿的心理

幼儿心理的发展过程是一种主动积极的过程。在受遗传和环境影响的过程中，幼儿本身也积极地参与并影响他自身的心理发展。

儿童年龄越大，其主观因素对他的心理发展产生的影响也越大。幼儿对外界的影响是有自己选择意向的。随着幼儿主动性的发展，幼儿对他所处的环境会给予一定的评价并主动地加以选择。

影响幼儿心理发展的主观因素包括幼儿的全部活动，具体说有幼儿的需要、幼儿的兴趣爱好、幼儿的能力、幼儿的性格及行为习惯、幼儿的自我意识等。其中，最为活跃的是幼儿的需要。因此，在为幼儿提供活动的时候，要考虑该活动是否适合幼儿的需要。游戏是幼儿最需要的活动，因而幼儿在游戏活动中心理活动的积极性最高。

可以这样说，幼儿是有自我力量的积极活动者。从这一心理观念出发，我们就必然会树立一种儿童观，即尊重幼儿，理解和认识幼儿的兴趣、爱好，鼓励幼儿的主动探索和积极活动。

兴趣和爱好是影响幼儿心理发展的重要因素。兴趣能调动幼儿心理活动的积极性。幼儿对于他感兴趣的活动，积极性比较高，活动的时间也比较长；反之，则注意力不集中，活动不能持久。

能力对幼儿的需要、兴趣和爱好都有一定的影响，太难和太简单的活动都不能引起幼儿的活动兴趣和活动的积极性。因此，要想引起幼儿的兴趣，必须组织在幼儿能力范围之内的活动。

性格也是影响幼儿心理发展的因素。反应快、易冲动的幼儿较喜欢进行多变的活动；安静、行动迟缓的幼儿则较为有耐心，能够坚持较长的时间做较为细致的工作。性格开朗的幼儿受指责后很快就会忘掉，活动积极性仍然很高；而性格内向的幼儿受批评后，活动的积极性很长时间都不能恢复。

总之，幼儿各种心理活动对幼儿的心理发展具有非常重要的影响。

2. 幼儿的活动

幼儿的心理是在活动中形成和发展的，幼儿的活动主要包括对物的操作活动和与人的交往活动。

对物的操作活动使幼儿的心理获得了非常有意义的发展，幼儿就是在摆弄各种物体的活动中认识物体的形状、大小、颜色、质地和功能的。如幼儿对黏土、颜料、水和沙子、木头的操作，可以发展其观察力、好奇心和积极的创造性，从而形成和发展幼儿的认知能力。

幼儿是爱模仿的。模仿是幼儿的一种活动方式，通过模仿活动，幼儿能够学习操作物体的技能，认识事物的特点，逐步积累心理经验。

幼儿在与他人的交往中发展社会性，同时也逐步形成自己的个性。通过与他人一起游戏，幼儿可以学会为共同的目标与他人合作，并能形成了解别人的想法和情感的意识。

由此可见，活动是促进幼儿心理发展的有效途径。重视幼儿的各种活动，尤其是幼儿游戏，对幼儿的心理发展具有极为重要的意义。

综上所述，影响幼儿心理发展的因素是比较复杂的，各种因素也是相互影响、共同作用的。各种因素在不同的情况下对不同幼儿的影响因人而异。遗传与环境对幼儿的心理形成与发展都极为重要，而这些因素的影响作用是通过幼儿自身的心理活动而实现的。在实践中认真看待影响幼儿心理发展的因素，仔细分析，并根据不同幼儿的不同情况考虑问题是每一位幼儿教师必备的态度。

第三节 学前儿童心理发展的年龄特征

案例引入

明明进入幼儿期以后，他的父母注意到他发生了一些明显的变化：他不太像以前那样"听话了"，干什么事情都要自己做，喜欢说"我自己做……"尽管这种行为在2岁以后就有了，但在幼儿期更加明显了。如果怕他做不好，想帮他做，他就会很生气、大哭不止；喜欢问，"这是什么""那是什么""为什么"之类的问题，常常问得父母张口结舌；他活泼好动，不能长时间听老师讲故事，还特别喜欢做游戏。

上面的实例说明，幼儿心理发展具有阶段性，不同阶段有着不同的特点。作为父母和教师应该遵循幼儿心理发展每个阶段的特点，因势利导，促进幼儿心理的健康发展。

儿童发展包括生理发展和心理发展两方面。其中，生理成熟是指儿童个体作为一个生物体，其生理结构和生理机能的发展是一种纯粹的生物性演变过程；而心理发展是一个以个体的生理成熟为基础，并与其生理机能的发展混为一体、互为表里的过程。根据儿童心理发展阶段，可以把婴幼儿的发展过程分为以下几个时期：婴儿期（0~3岁）、幼儿期（3~6、7岁）。幼儿园是对3~6、7岁的儿童进行教育的专门机构。幼儿期又可分为：幼儿初期（3~4岁）、幼儿中期（4~5岁）、幼儿晚期（5~6、7岁）。

学前儿童身心发展的年龄阶段特征

（一）0~3岁学前儿童身心发展的年龄阶段特征

1. 出生到满月（0~1个月）

儿童的生命并不是从新生儿才开始的。儿童出生前，在母体内大约度过了10个月的时间（约280天）。从受精卵开始，逐渐变成完整的胎儿，这个阶段就是胎儿期，胎儿期为儿童心理的发生和发展提供了物质基础前提。

新生儿期是从儿童出生到满月，这是儿童身心高速发展的一个时期。新生儿期具有以下四个方面的特点：

第一，从生理上的寄居生活转为独立生活。儿童出生后与外界建立独立的关系，开始独立的生理活动，为其心理的出现和发展创造了条件。

第二，新生儿已开始与客观现实的直接接触，从而出现最初的心理活动。

第三，新生儿一方面是软弱无力的，时时处处需要成人的关怀和照料；另一方面又存在着发展的巨大可能性，发展速度非常快。

第四，新生儿主要依靠由皮下中枢实现的无条件反射来适应内外环境。新生儿的反射有生存反射与原始反射。出生第一天的婴儿就已经获得吮吸反射、觅食反射、呼吸反射，这些反射总称为生存反射。原始反射是人类进化过程中残存下来的遗迹，主要有巴宾斯基反射、抓握反射、摩罗反射、游泳反射、走步反射。新生儿大约在两周时，出现条件反射，使心理现象的出现真正成为可能。

2. 满月到半岁（1~6个月）

与胎儿期、新生儿期相比，在从满月到半岁的婴儿早期，儿童身心发展依然非常迅速。如果说新生儿的发展是一天一个样，那么，从满月到半岁，可以说是一月一变样。比如，在视觉和听觉发展方面，婴儿满月以后，视线可以追随着物体移动，而且会主动寻找视听的目标；会积极地用眼睛寻找成人，还会主动寻找成人手里摇动着的玩具。2~3个月以后，婴儿对声音的反应也比以前积极了。听见说话声或铃声时，婴儿会把身体和头转过去，用眼睛寻找声源，也会凝神地倾听他所听到的声音，等等。

这一时期的婴儿，开始主动和别人交往。这时出现了最初的亲子游戏，亲子游戏可以满足婴儿的社会性交往需要。婴儿即使是饿了、困了，亲子游戏也能够使他暂时停止哭闹。亲子游戏也可以通过不同渠道开发孩子的智力。

5~6个月的婴儿开始认生，对交往的人有所选择。认生是儿童认知发展和社会性发展过程中的重要变化。

3. 半岁到1周岁（6~12个月）

在这个时期，婴儿的身体动作迅速发展。一般学前儿童粗大动作的发展要经过一个比较长的过程。在出生后一年多的时间里，婴儿学会抬头、翻身、坐、爬、站、走等动作。这时应为婴儿准备一些适宜的玩具，这对于促进他的动作发展有重要作用。

在掌握了坐和爬的动作后，手的动作开始发展。在半岁到1周岁期间，婴儿的手日益灵活，其中最重要的是，五指分工动作发展起来了。所谓五指分工，是指大拇指和其他四指的动作逐渐分开，而且活动时采取对立的方向，而不是五指一把抓，五指分工动作和眼手协调动作是同时发展的，这是人类拿东西的典型动作。

满半岁以后，婴儿喜欢发出各种声音。与婴儿早期相比，这个阶段的婴儿所发出的音节比较清楚，可以发出许多重复的、连续的音节。9~10个月以后的婴儿，能够听懂一些单词，并按成人命令去做一些动作，如成人说"欢迎"，婴儿会拍拍手；成人说"谢谢"，婴儿就拱拱手。这个阶段的婴儿开始主动发出不同的声音来表示不同的意思。

这个时期也是婴儿依恋关系的发展阶段。许多研究表明，6个月之前的孩子离开亲人，分离焦虑比较轻；而将近1岁时离开亲人，分离焦虑就相当明显。

4. 1~3岁

这个阶段，儿童首先学会直立行走。1岁左右的儿童刚刚开始学步，走路还不是很稳。2岁以后，便能行走自如，并开始学习跑、跳、攀等动作，不仅能使双手协调，还能使全身和四肢的动作协调起来。

人类所特有的言语和思维活动，是在2岁左右开始真正形成的。1岁前只是言语发生的准备阶段。1岁到1岁半是理解语言阶段。1岁半以后，儿童有一个突然开口的时期，一下子说得很多，说得很好。2岁左右的儿童，虽然说话不成句，但总是喜欢叽叽咕咕地说话，更喜欢模仿大人说话。思维也是在这个时期出现的。这时儿童出现了最初的概括和推理。比如，能够把性别不同、年龄不同的人加以分类，主动叫"爷爷""奶奶"或"哥哥""姐姐"。与此同时，想象也开始发生。2岁左右的儿童已经能够拿着物体进行想象性活动，出现游戏的萌芽。比如，2岁的蒙蒙拿着一块长形的小积木放在头上擦，想象着用梳子梳头。

2岁的儿童出现最初的独立性，不再像1岁前那么顺从了。特别是2~3岁时，儿童有了自己的主意，开始"不听话"了，比如，2岁左右的孩子，不愿总是让妈妈领着走，而要自己跑跑跳跳，时而蹲下捡块小石子当"手榴弹"，时而捡根小树枝当"枪"使。

（二）3~6岁学前儿童身心发展的年龄阶段特征

1. 3~4岁

3~4岁的儿童在幼儿园小班。这个阶段儿童的主要特点如下：

第一，行为具有强烈的情绪性。小班儿童的行为常常受情绪支配。情绪性强是整个幼儿期儿童的特点，但年龄越小越突出。小班幼儿情绪很不稳定，很容易受外界环境的影响，看见别的孩子都哭了，自己也莫名其妙地哭起来。老师拿来新玩具，马上又破涕为笑。

第二，爱模仿。小班儿童的独立性差，爱模仿别人。看见别人玩什么，自己也玩什么；看见别人有什么，自己就想要有什么，所以小班玩具的种类不必很多，但同样的要多准备几套。

第三，思维仍带有直觉行动性。思维依靠动作进行，是学前期儿童的典型特点。例如，让小班儿童说出某一小堆糖有几块，他们会一块一块地数才能弄清，而不会像大些的孩子那样在心里默数。

由于小班儿童的思维还要依靠动作，因此，他们不会计划自己的行动，只能是先做后想，或者边做边想。比如，在捏橡皮泥之前往往说不出自己要捏成什么，而常常是在捏好之后才突然发现自己捏的是什么。

2. 4~5岁

4~5岁的儿童在幼儿园中班。这个阶段儿童的身心较3~4岁的儿童有很大的发展，主要表现如下：

第一，爱玩、会玩。中班儿童处于典型的游戏年龄阶段，是角色游戏的高峰期，中班儿童已能计划游戏的内容和情节，会自己安排角色。对于怎么玩，有什么规则，不遵守规则应怎么处理的问题，中班儿童基本都能商量解决，但游戏过程中产生的矛盾还需要教师帮助解决。

第二，产生具体形象思维。中班儿童思考和解决问题的动作开始分离，内部表象可以支配外部行动，但是思维过程还必须依靠实物的形象作支柱。譬如，中班儿童知道了3个苹果加2个苹果是5个苹果，也能算出6粒糖给了弟弟3粒还剩3粒，但还不理解"3加2等于几，6减3还剩多少"的抽象含义。

第三，开始遵守规则。4~5岁的儿童已经能够在日常生活中遵守一定的行为规范和生活规则。在进行集体活动时，中班学生可以认真听别人讲话，不随便插嘴，发言举手。在游戏中，中班儿童能够理解游戏规则并且遵守，开始在游戏中出现合作行为。

3. 5~6岁

5~6岁的儿童在幼儿园大班，这个阶段的儿童有如下表现：

第一，好学、好问。好奇是幼儿的共同特点，小、中班儿童的好奇心较多地表现在对事物表面的兴趣上。他们经常向成人提问题，但问题多半停留在"这是什么""那是什么"上。大班儿童不同，他们不光问"是什么"，还要问"为什么"。

第二，抽象逻辑思维开始发展。大班儿童的思维仍然是具体形象的，但已有了抽象逻辑思维的萌芽。例如，他们已开始掌握一些比较抽象的概念，能对熟悉的物体进行简单的分类，也能初步理解物体的因果关系。

第三，个性初具雏形。大班儿童初步形成了比较稳定的心理特征，能够控制自己，情绪变化明显减小，做事也不再"随波逐流"，显得比较有"主见"。对人、对己、对事开始有了相对稳定的态度和行为方式。

第四节　学前儿童心理发展的趋势与特点

一、学前儿童心理发展的趋势

心理学家通过长期、大量的研究，揭示出学前儿童心理发展历程的趋势是：从简单到复杂，从具体到抽象，从被动到主动，从零乱到成体系。

1. 从简单到复杂

儿童最初的心理活动，只是非常简单的反射活动，以后越来越复杂化。这种简单到复杂的发展趋势又表现在以下两个方面：

（1）从不齐全到齐全。儿童的各种心理过程在出生的时候并非已经齐全，而是在发展过程中逐步形成的。比如，头几个月的孩子不会认人，1岁半之后才开始真正掌握语言，逐渐出现想象和思维。各种心理过程出现和形成的次序，服从由简单到复杂的发展规律。

（2）从笼统到分化。儿童最初的心理活动是简单的，后来逐渐复杂和多样化。例如，婴儿的情绪最初只有笼统的喜怒之别，以后逐渐分化出愉快、喜爱、惊奇、厌恶等各种各样的情绪。

2. 从具体到抽象

儿童的心理活动最初是非常具体的，以后越来越抽象和概括化。儿童思维的发展过程就典型地反映了这一趋势。幼儿对事物的理解是具体形象的，比如他们认为儿子总是小孩，不理解"长了胡子的叔叔"怎么能是儿子呢？成人典型的思维方式——抽象逻辑思维在学前末期才开始萌芽、发展。

3. 从被动到主动

儿童心理活动最初是被动的，主动性逐渐得到发展。这种趋势主要表现如下：

（1）从无意向有意发展。新生儿的原始反射是本能活动，是对外界刺激的直接反应，完全是无意识的。随着年龄的增长，儿童逐渐开始出现自己能意识到的、有明确目的的心理活动，然后发展到不仅意识到活动目的，还能够意识到自己的心理活动进行的情况和过程。例如，大班幼儿不仅能知道自己要记住什么，而且知道自己是用什么方法记住的。这就是有意记忆。

（2）从主要受生理制约发展到自己主动调节。随着生理的成熟，儿童心理活动的主动性也逐渐增长。比如，两三岁的孩子注意力不集中，主要是生理不成熟所致，随着生理的成熟，心理活动的主动性逐渐增强。四五岁的孩子在某些活动中注意力集中，而在某些活动中注意力容易分散，表现出个体的主动选择与调节。

4. 从零乱到成体系

儿童的心理活动最初是零散杂乱的，心理活动之间缺乏有机的联系。比如，幼儿一会儿哭，一会儿笑，一会儿说东，一会儿说西，都是心理活动没有形成体系的表现。正因为不成体系，心理活动非常容易变化。随着年龄的增长，心理活动逐渐有了系统性，有了稳定的倾向，出现每个人特有的个性。

二、学前儿童心理发展的一般特点

（一）认识活动的具体形象性

幼儿主要是通过感知、依靠表象来认识事物的，具体形象的表象左右着幼儿的整个认识过程，甚至思维活动也常常难以摆脱知觉印象的束缚。如两排相等数目的棋子，如果等距离摆开，幼儿都知道是"一样多"，但如果将其中的一排棋子聚拢，不少幼儿就会认为密的这一排棋子数目少些，因为"这一排比那一排短"。可见，幼儿辨别数目的多少受棋子排列形式的影响。所以说，幼儿的思维是以具体形象性为主要特点的。

（二）心理活动及行为的无意性

幼儿控制和调节自己的心理活动和行为的能力仍然很差，很容易受其他事物的影响而改变自己的活动方向，因而行为表现出很大的不稳定性。在正确教育的影响下，随着年龄的增长，这种状况逐渐有所改变。

（三）开始形成最初的个性倾向

3岁前，幼儿已有个性特征的某些表现，但这些特征是不稳定的，容易受到外界的影响而改变，个性表现的范围也有局限性，很不深刻，一般只在活动的积极性、情绪的稳定性、好奇心的强弱程度等方面反映出来。幼儿个性表现的范围也比以前广阔，内容也深刻多了。无论是在兴趣爱好方面，行为习惯、才能方面，以及对人对己的态度方面，都开始表现出自己独特的倾向。这时的个性倾向与以后相比虽然还是容易改变的，但已成为一生个性的基础或雏形。

一、选择题

1. 儿童学习某种知识和形成某种能力或行为比较容易、儿童心理某个方面发展最为迅速的时期，称为（　　）。
   A. 转折期　　　　B. 敏感期　　　　C. 危机期　　　　D. 最近发展区
2. 导致儿童身心发展差异性的物质基础是（　　）。
   A. 遗传差异　　　B. 教育差异　　　C. 环境差异　　　D. 物质差异
3. 双生子爬楼梯实验说明儿童心理发展过程中（　　）的作用。
   A. 遗传素质　　　B. 家庭教育　　　C. 文化环境　　　D. 生理成熟

二、简答题

1. 请说一说3~6岁学前儿童身心发展的年龄阶段特点。
2. 请简要说明学前儿童心理发展的一般趋势和特点。

第二章

学前儿童的注意与感知觉

【学习目标】

1. 无意注意、有意注意、外部注意、内部注意、感觉和知觉的概念。
2. 掌握学前儿童注意、感知觉发展的特点及学前儿童观察力培养的方法。

第一节　注意概述

案例引入

　　四岁的阳阳是个活泼好动的孩子，阳阳在集体教学活动中注意力很难集中，是个"坐不住的孩子"，有时他会"骚扰"周围的小朋友而打断老师正在进行的活动；对于老师布置的任务，他常常不能很好地完成；他想参与同伴的活动，却因为不适宜的方式而被同伴拒绝。周围的小朋友常常向老师告他的状。老师对于这个经常惹麻烦的孩子也伤脑筋，经常当众批评他，甚至勒令全班的孩子不要理睬他。老师还建议家长带孩子到医院检查是不是患有"多动症"。时间一长，在其他孩子的眼中阳阳成了一个调皮、只知道惹老师生气的坏孩子。

　　阳阳在集体教学活动中注意力很难集中，老师当众批评阳阳、孤立阳阳的教育方式对孩子是一种伤害，老师没有真正把握孩子注意力不集中的原因，这都关系到一种心理现象——注意。注意是什么？学前儿童注意的发展规律是什么？应怎样培养学前儿童的注意力，防止注意分散？

一、注意的概念

（一）什么是注意

　　注意是我们日常生活中比较熟悉的一种心理现象。对于成年人和幼儿来说，我们的生活和学习都离不开注意，我们的任何一项实践活动都不能缺少注意，可以说注意直接影响到我们每个人的各种行为和活动的开始、持续和结束的时间以及最终的效果。

当人们在学习或工作时，人们的心理活动或意识总会指向并集中在某一对象上，也就是我们通常所说的"关注"，这种心理活动对一定对象的指向与集中就是注意。指向性和集中性也就成了注意的两个基本特点。指向性是指人在清醒状态时，每一瞬间的心理活动只指向特定的对象，而同时离开其他的对象，也就是说人在清醒状态时，并不是什么都看，什么都听，什么都记，什么都思考的，而是在全体对象中有所选择、有所指向的。例如，当幼儿在课堂上观看老师做实验时，老师的操作或者讲解就成了幼儿的心理活动指向的对象，其他的事物就不会引起幼儿的注意。集中性，就是指心理活动对某一对象的专注。也就是说，当一个人心理活动指向某一特定对象的同时，就会把所有的精神集中在这个对象上。也许这时候周围发生了其他的事情，但也不会引起他的注意。甚至会出现"视而不见"或"听而不闻"的现象。例如，幼儿在看动画片时，往往很容易入神，周围的人对他说话他可能都听不见，周围人的行动他也看不见。

相对于心理过程来说，注意只是一种心理现象，它本身不是一种独立的心理过程，它是各种心理过程所共有的特性，是心理过程的开端，并且总是伴随着各种心理过程的展开。人们在注意什么的时候，总是在看它、听它、记它或想它，离开心理过程，也就谈不上注意了。所以，注意总是在我们的各种认识、情感、意志等心理活动过程中才得以表现。总之，注意不是独立的心理过程，但任何一种心理过程自始至终都离不开注意。

(二) 注意的外部表现

人的注意高度集中于特定对象时，往往伴随有特定的生理变化和外部表现。最明显的外部表现有以下三种：

(1) 适应性运动的产生。当一个人集中注意去感知某个对象，记住某个动作，思考某个问题的时候，往往会习惯性地伴随有适应性运动的产生。例如，人在注意听声音时，就会把耳朵朝向声源的方向，即所谓"侧耳倾听"；人在注意看物体时，就会把视线集中在该物体上，即所谓"目不转睛"；当人们沉浸于思考或想象时，眼睛会"呆视"着某一个方向，周围的一切变得模糊起来，而不致分散注意。

(2) 无关运动的停止。当一个人集中注意力时，与注意无关的动作会自动停止。例如，小朋友们在注意听故事时，他们手上的动作就会自动停止，交头接耳的现象也会自动消失，表现得异常安静。

(3) 呼吸运动的变化。当一个人集中注意力时，呼吸往往会变得轻微而缓慢，而且呼与吸的时间也改变。一般是吸气的时间短促，呼气的时间长。在注意高度紧张时，有时候还会出现心跳加速、牙关紧闭、握紧拳头等，甚至出现呼吸暂停即所谓"屏息"的现象。

外部表现可以作为判断一个人是否处在注意状态的依据，但并不是所有的注意状态都能通过外部表现反映出来，有时需要结合多方面的信息资源加以综合判断。所以，幼儿教师必须结合幼儿的一贯表现才能真正判断幼儿的注意情况，尤其对表面上的注意和表面上的不注意要能够进行准确的判断，以利于活动的顺利开展。

二、注意的种类

(一) 无意注意和有意注意

根据注意有没有自觉目的性和意志努力的程度，可以把注意分为无意注意和有意注意两类。

1. 无意注意

无意注意也称不随意注意，就是我们常说的"不经意"，既没有预定的目的，也不需要意志努力。例如，上课时，一个迟到的同学走入教室时，大家就会不由自主地去注意他。这种注意就是无意注意，它是被动的、不自觉的注意，是对环境变化的应答性反应。

引起无意注意的原因分为两类：一类是刺激物本身的特点，即客观原因。这主要指周围事物中一些强烈的、新奇的、巨大的、鲜艳的、活动的、反复出现的事物容易引起无意注意，具体如下：

（1）刺激物的强度。刺激物的强度可以分为绝对强度和相对强度。例如，强烈的光线、巨大的声响、艳丽的色彩、浓烈的气味等都会令人不由自主地产生注意，这种类型的强度都是绝对强度。而不大的声响，如铅笔掉落在地上的声音，若发生在寂静的考场，也易引起人们的注意，这种声音的强度就是相对强度。

（2）刺激物间的对比关系。刺激物之间的任何显著的差异，都容易引起人们的注意。例如，"万绿丛中一点红"的红和"走在人群"中的姚明最容易成为人们注意的对象。

（3）刺激物的运动变化。变化活动的刺激物比无变化活动的刺激物更容易引起人们的注意。例如，马路两旁闪烁的霓虹灯、考试时东张西望的考生、寂静树林中的飞鸟。

（4）刺激物的新异性。这是引起无意注意的最重要原因。例如，校园里奇装异服的学生、动画片中造型奇特的人物、熟人突然改变的发型等。

需要注意的是，人们显然容易注意到大的声音、鲜艳的颜色，但实际上，不论是强度，还是运动变化以及新异性也只是相对而言，无意注意还要受刺激物之间对比程度的影响。例如，放在粉红色花中的一朵大红花，铅笔掉落在喧闹的超市的声音，就都很难引起人们的注意。而且当一个新奇的事物长期存在或重复出现，也往往失去吸引注意的作用。

能否引起无意注意还有一类原因，那就是人们本身的状态，即主观条件。刺激物本身的特点容易引起人们的注意，但它支配不了人们的无意注意。同样的事物可以引起这个人的注意，却不一定引起另一个人的注意，这取决于人们不同的主观条件。这些条件主要指：人对事物的需要、兴趣、态度，以及个人的情绪状态。一个人感兴趣的，或能够满足他的需要的，或符合他的倾向性的事物就容易引起他的注意。例如，幼儿在"自选游戏"活动中，首先就不由自主地注意他最感兴趣的玩具，女性和男性逛街的时候，服装店往往容易引起女性的注意。人在精神饱满、情绪愉悦的时候，就容易产生无意注意，反之，精神萎靡、没精打采的时候，就很难产生无意注意。心情舒畅的人更容易注意到平时可能认为是平淡无奇的事物，一个整天闷闷不乐的人，则任何事物都难引起他的注意。

此外，无意注意也和一个人的经验、对事物的理解以及机体状态（如饿、渴等）有关。例如，一个饥饿的人对食物最容易注意。

掌握无意注意的条件对于提高宣传工作的效率有一定的意义，作为教师来说，正确掌握并运用无意注意的规律，对做好教育、教学工作是有很大帮助的。

2. 有意注意

有意注意也称随意注意，就是人们常说的"刻意"，既有预定的目的，必要时还需要一定意志努力的注意。具有明确的目的性和需要一定的意志努力是有意注意的两大特点。例如，幼儿要复述故事，那他在听老师讲故事的时候就要集中注意认真听讲，不受其他任何活动的干扰，只有这样，才能记住故事，进而完整清晰地复述故事，这样的注意就是有意注意。有意注意是一种人所特有的注意形式，和无意注意有着质的不同。

引起和保持有意注意有下列四个主要条件：

（1）活动的目的和任务要明确。因为有意注意是有预定目的的注意，所以明确活动目的和任务对有意注意具有重大意义。对目的和任务理解得越清楚、越深刻，完成任务的愿望越强烈，那些和达到目的、完成任务有关的事物就越能引起强烈的注意。

（2）间接兴趣要积极培养。引起人注意的兴趣有两种，一种是由活动过程本身引起的兴趣，叫直接兴趣；一种是对活动的目的和结果的关注引起的兴趣，叫间接兴趣。在无意注意中起作用的兴趣是直接兴趣。而在有意注意中，起作用的是间接兴趣，是关注活动目的和结果而产生的兴趣。有时活动过程本身并不吸引人，甚至非常枯燥乏味，但活动的结果却很吸引人，也能够引起强烈兴趣，这种兴趣便是间接兴趣。间接兴趣越稳定，有意注意保持的时间就越久，所以形成稳定的间接兴趣，对引起和保持有意注意有很大作用。

（3）用坚强的意志和干扰做斗争。人们在学习、生活和工作中，常常会遇到各种干扰，在有干扰的情况下，更显出意志的重要性。这些干扰可能是外界的刺激，也可能是机体的某些状态，如疾病、疲劳等，还有可能是一些无关的思想和情绪等。除了采取一定措施排除干扰外，锻炼坚强的意志与干扰做斗争是保持有意注意持续进行的重要条件。

（4）活动组织要合理。活动组织的合理有序，就更有利于集中注意力。例如，提出明确的要求使人理解所要解决的问题；把智力活动和实际操作结合起来，这些都有助于引起和保持有意注意。尤其把智力活动和实际操作结合起来，如计算时，点数桌上的小木棒；观察时，看面前的实物，对维持幼儿的有意注意特别起作用。

但是，必须明确，任何活动都不可能单纯依赖哪一种注意形式。如果只依赖无意注意去开展活动，也许轻松但是容易杂乱无章，遇到干扰也容易半途而废；如果单靠有意注意，时间一长便会产生精神上的紧张和疲劳，学前儿童尤其如此，如果给他们的任务单调枯燥，他们更难保持长时间的注意。所以在活动中，应使两种注意交替运用，相互转换，既要利用新颖、多变、刺激性强烈等特点，引起幼儿的无意注意，也要通过培养间接兴趣引起幼儿的有意注意，使幼儿既能有兴趣地、主动积极地进行活动，又不致引起精神紧张和疲劳。

在教学活动中，教师要根据幼儿的年龄特点安排活动和教学工作。教师要正确地运用语调的抑扬顿挫、语气的停顿、姿态表情的变化，适宜地运用直观教具、演示、表演活动；掌握好时间长度，以引起和保持幼儿的无意注意。教师也要用明白易懂的语言，使幼儿明确活动的任务目的，了解活动可以得到的结果，并且随时激励他专心工作、坚持活动，以引起和保持幼儿的有意注意，从而提高活动的效果。

（二）外部注意和内部注意

根据注意的对象存在于外部世界或个体内部，可以把注意分为外部注意和内部注意两类。

1. 外部注意

外部注意的对象存在于外部世界。外部注意是心理活动指向并集中于外界刺激的注意。幼儿的注意常常是外部注意占优势。

2. 内部注意

内部注意的对象是存在于个体内部的感觉、思想和体验等。内部注意是指向自己的心理活动和内心世界的注意。内部注意对于幼儿自我意识的发展有重要意义。良好的内部注意使人能清楚地评价自己，实事求是地对待自己。对于人的道德、智慧和审美能力的发展也有重要作用。

第二节 学前儿童注意的发展

一、学前儿童注意的发展

新生儿刚开始接触外部环境就出现无条件反射，这是无意注意发生的标志。婴儿期的注意主要是无意注意，但注意的对象逐渐增加，在第一年的下半年，他们不仅注意具体事物，周围的语言刺激也会引起他们的注意。

幼儿前期，幼儿随着言语的发展逐渐学会调节自己的心理活动，主动地集中指向于应该注意的事物，开始出现了有意注意的萌芽。幼儿前期幼儿的有意注意主要是由成人提出的要求所引起的。两三岁的幼儿逐渐依照语言指令组织自己的注意。幼儿期幼儿的注意在继续发展中，表现如下。

（一）学前儿童无意注意占优势

幼儿的无意注意已高度发展，而且相当稳定。凡是鲜明、直观、生动具体、突然变化的刺激物都能引起幼儿的无意注意。

小班幼儿的无意注意占明显优势，新异、强烈以及活动着的刺激物很容易引起他们的注意。他们入园后经过一段时间的适应，对于喜爱的游戏或感兴趣的学习等活动，也可以聚精会神地进行。但是，他们的注意很容易被其他新异刺激所吸引，也容易转移到新的活动中去。例如，在"抱娃娃"游戏中，开始，他会把自己当成娃娃的妈妈，耐心地喂饭，但当他转身拿"饭"时，发现其他小朋友正在沙坑里搭起一座"小花园"，他的注意便一下转到"小花园"，然后就走到沙坑边去玩了。

小班幼儿的注意很不稳定。正由于此，当一个幼儿因为得不到一个玩具而哭闹时，教师可以让他和别的幼儿玩别的游戏，以此转移他的注意。这时，他的脸上虽然还挂着泪珠，但是很快就高兴地玩起来了。

（二）学前儿童有意注意的初步发展

幼儿前期已出现有意注意的萌芽。进入幼儿后期，有意注意逐渐形成和发展。有意注意是由脑的高级部位，特别是额叶控制的。额叶的发展比脑的其他部位迟缓，幼儿期额叶的发展为有意注意的发展准备了条件。有了这个条件，幼儿的有意注意在成人的要求和教育下就逐渐发展起来。

小班幼儿的注意是无意注意占优势，有意注意初步形成。他们逐渐能够依照要求，主动地调节自己的心理活动集中指向于应该注意的事物。但有意注意的稳定性很低，心理活动不能有意地持久集中于一个对象。在良好的教育条件下，小班幼儿一般也只能集中注意3~5分钟。此外，小班幼儿注意的对象也比较少。比如上课时，教师引导幼儿观察图片，他们往往只注意到图片中心十分鲜明或者他们十分感兴趣的部分，对于边缘部分或背景部分常不注意。所以为小班幼儿制作图片，内容应尽量简单明了，突出中心；呈现教具时也不能一次呈现过多；教师还要具体指示幼儿应注意的对象，使幼儿明确任务，以延长幼儿注意的时间，并注意到更多的对象。

中班幼儿随着年龄的增长，在正确教育的影响下，有意注意得到发展，在适宜条件下，注意集中的时间可达到 10 分钟左右。在短时间内，他们还可以自觉地把注意集中于一种并非十分吸引他们的活动上。例如，上图画课时，为了画好图，他们可以注意看图，耐心听教师讲解，然后自己作画。为了正确回答教师提出的计算问题，他们能够集中注意默数贴在绒布上的图形数目或者点数自己的手指或实物。

在游戏中，小班幼儿往往顾不上别的同伴，而一旦注意到别人的游戏，自己便无法正常进行游戏。这表明小班幼儿还不能同时注意几种对象。中班幼儿在和同伴一起游戏时，不仅能自己玩好，还可以同时照顾其他同伴。这表明中班幼儿在活动时，已经能够同时注意到几种对象。

大班幼儿在正确教育下，有意注意迅速发展。在适宜条件下，注意集中的时间可延长到 10 到 15 分钟。这样，他们就能够按照教师的要求去组织自己的注意。在观察图片时，他们不仅可以了解主要内容，也可在教师提示下自觉地去注意图片中的细节和衬托部分。

总的来说，幼儿有意注意尚处在初步形成时期，其发展水平大大低于无意注意。因而，在幼儿园教育教学中，一方面应充分利用幼儿的无意注意；另一方面也要努力培养其有意注意。

二、学前儿童注意品质的发展

注意具有广度、稳定性、转移和分配四种基本品质。儿童注意的发展，除了表现在无意注意和有意注意的发展上，还表现在注意品质的变化上。

（一）注意的广度

注意的广度也称为注意的范围，是指人在比较短的时间片段中所能清楚地把握到的事物的数量。"一目十行""眼观六路，耳听八方"，指的都是注意的广度。

注意的广度有一定的生理制约性，在 1/20 秒的时间内，成人一般能注意到 4~6 个相互之间没有联系的黑点，而幼儿只能看到 2~4 个。

注意广度还取决于注意对象的特点以及注意主体的知识经验。注意对象越集中，排列越有规律，越具有内在的意义联系，注意者的知识经验越丰富，注意的广度就越大。例如，10 个胡乱分布的圆点不容易被把握，如果 5 个为一组排成两朵梅花形，就很容易被注意到；懂英语的人对英文字母的注意广度比不懂英文的人要大得多。

注意广度随着年龄的增长不断增加，但总的来说，幼儿注意的广度还比较小，因此，教师在指导幼儿活动或教学中，要注意做到以下三点：

（1）要提出具体而明确的要求，在同一个较短时间内不能要求幼儿注意更多的方面。

（2）在呈现挂图或其他直观教具时，同时出现的刺激物的数目不能太多，且排列应当规律有序，不可杂乱无章。

（3）要采用各种喜闻乐见的方式或方法，帮助幼儿获得丰富的知识经验，以逐渐扩大他们的注意范围。

（二）注意的稳定性

注意的稳定性是指对一定的事物或是一类活动注意所能持续的时间。注意的稳定性是幼儿游戏、学习等活动获得良好效果的基本保证。

幼儿注意的稳定性与注意对象及幼儿的自身状态都有关系。注意对象单调无变化，不符合幼儿的兴趣，注意的稳定性就低；反之，对象新颖生动，活动方式适宜、有趣，注意的稳定性就强。

注意的稳定性随着年龄的增长而增强。但总体而言，幼儿的注意稳定性不强，特别是有意注意的稳定性比较低，容易受到外界无关刺激的干扰。因此，要提高幼儿教育和活动效果，必须做到以下三点：

（1）教育教学内容难易适当，符合幼儿的心理发展水平。

（2）教育教学方式方法要新颖多样，富于变化，尤其是在内容较抽象的教学活动中，教育教学的方式方法更要生动有趣。

（3）幼儿园小、中、大班的作业时间应当长短有别。集中活动的时间不宜过长，活动的内容要多样化，不能要求幼儿长时间地做一件枯燥无味的事。

（三）注意的转移

注意的转移是人们根据新的活动任务，及时、有意地调换注意对象，即把注意从一个对象转换到另一个对象上。

注意的转移可以发生在同一活动的不同对象之间，也可以发生在不同活动之间。注意转移的快慢和难易，依赖于前后活动的性质、关系以及人们对它们的态度。如果前一种活动中注意的紧张度高，两种活动之间没有什么内在联系，或者主体对前种活动特别感兴趣，注意的转移就困难而且缓慢。反之，就容易且迅速。例如，幼儿刚玩过激烈的竞赛游戏，马上坐下来学计算，注意就很难转移过来。

注意的转移与分心不同。转移是主动的，是主体根据任务需要，自觉地将注意指向新的对象或新的活动；分心是被动的，是受到无关刺激的干扰而使注意离开活动任务。幼儿易分心，不善于根据任务的需要灵活地转移注意。随着儿童活动目的性的提高和言语调节机能的发展，幼儿逐渐学会主动转移注意。

（四）注意的分配

注意的分配是指个体的心理活动同一时间内把注意集中到两种或两种以上不同的对象上。注意分配的基本条件，就是同时进行的两种活动中至少有一种非常熟练，甚至达到自动化的程度。

幼儿掌握的熟练技巧较少，注意的分配比较困难，常常顾此失彼。如跳舞时，注意动作，就忘了表情；做操时，注意了动作，就无法保持队形的整齐等。

注意的分配能力随着年龄的增长而逐渐提高。要培养幼儿注意的分配能力，提高活动效果，可以从以下三个方面努力：

（1）通过活动，培养幼儿的有意注意以及自我控制能力。

（2）加强动作或活动练习，使幼儿对所进行的活动比较熟悉，至少对其中一种活动能够掌握得比较熟练，做起来不必花费多少注意力或精力。

（3）要使同时进行的两种或几种活动在幼儿头脑中形成密切的联系。如果教师能帮助幼儿学懂歌词和表演动作之间的意义联系，幼儿既懂得歌词的意思，又理解了自己的动作所表达的意思，而且唱和跳的动作都比较熟练，幼儿表演起来就比较协调、自如、富有感情；否则，幼儿不是忘了歌词，就是忘了动作，使表演顾此失彼。

三、学前儿童注意分散的原因和防止措施

尽管学前儿童的注意力在逐渐提高，但在整个学前期，由于生理发展的限制以及知识经验的不足，他们的注意力发展水平总体上还很差，无意注意占优势，自我控制能力差，特别容易出现注意分散现象。注意的分散是与注意的稳定相反的一种状态，是指幼儿的注意离开了当前应该指向的对象，而被一些与活动无关的刺激物所吸引的现象，有的幼儿甚至表现出多动症的行为。这是学前儿童注意发展中最常见的问题。所以，客观分析学前儿童注意分散和多动的原因，根据儿童注意发展的年龄特征，正确应用注意的规律对儿童进行注意分散的预防，审慎对待儿童的"多动"现象，是幼儿教师和家长必须注意的问题。

（一）学前儿童注意分散的原因

1. 无关刺激的干扰

幼儿以无意注意为主。一切新奇、多变的事物都能吸引他们，干扰他们正在进行的活动。例如，活动室的布置过于花哨，更换的次数过于频繁，教学材料过于有趣、繁多，教师的衣着打扮过于新奇，都可能分散幼儿的注意。实验表明，让幼儿自己选择游戏时，一般以提供四五种不同的游戏为宜。提出太多的游戏，幼儿既难选择，也难集中注意玩好。

2. 疲劳

幼儿神经系统的耐受力较差，长时间处于紧张状态或从事单调活动，便会引起疲劳，降低觉醒水平，从而使注意涣散。引起疲劳的另一原因是缺乏科学的生活规律。有些家长不重视幼儿的作息制度，晚上不督促孩子早睡，甚至让他们长时间看电视、玩耍，造成睡眠不足，致使幼儿第二天无精打采，不能集中精力进行学习活动。正像一些调查所表明的那样，由于双休日父母为孩子安排过多的活动，幼儿得不到充分的休息，而且过分兴奋，在星期一，幼儿的情绪最难稳定，注意常常涣散，这样对幼儿学习和活动极为不利。

3. 缺乏兴趣和必要的情感支持

兴趣、成功感以及他人的关注等因素可以构成活动的动机。对幼儿来讲，这些因素更会直接影响他们在活动时的注意状况：活动内容过难，可能会因缺乏理解的基础和获得成功的可能而丧失兴趣和积极性；过易，也可能会因缺乏新异性、挑战性而减少对他们的吸引力。班额过满，师生之间必要的感情交流太少，幼儿可能因得不到教师的关注和情感支持而丧失活动的积极性。另外，教师对教育过程控制得过多、过死；儿童缺少积极参与和创造性发挥的机会；缺少实际操作的机会；教育过程呆板缺少变化；活动要求不明确等，都可能涣散幼儿的注意力。

（二）防止幼儿注意分散的措施

对于幼儿园教师来说，防止幼儿注意分散，要从以下方面考虑。

1. 排除无关刺激的干扰

教室周围的环境尽量保持安静；教室布置应整洁优美，新布置过的教室最好及时组织幼儿参观；教具应能密切配合教学，不必过于新奇；出示教具应适时，不用时切不可摆在显要

的位置上；教师的衣着应朴素大方；个别儿童注意力不集中时，不要中断教学点名批评，最好稍作暗示，以免干扰全班儿童的活动。

2. *根据幼儿的兴趣和需要组织教育活动*

幼儿园的教育活动应符合幼儿的兴趣和发展需要。活动内容应安排为他们关注或感兴趣的事物，并贴近幼儿的生活；活动方式应尽量"游戏化"，使其在活动过程中有愉快的体验；组织形式应有利于师生之间、儿童伙伴之间的交往；活动过程中要使幼儿有一种"主人翁"的自主感，即主动活动、动手动脑、积极参与。

3. *灵活地交互运用无意注意和有意注意*

有意注意是完成任何有目的的活动所必需的。但有意注意需要意志努力，消耗的神经能量较多，容易引起疲劳。学前儿童由于生理特点，更难长时间保持有意注意。幼儿的无意注意占优势，任何新奇多变的事物都能引起幼儿的注意，而且无意注意不需要意志努力，耗能较少，因而保持的时间可以比较长。但只靠无意注意是不能完成任何有目的的活动的。

鉴于两种注意本身的特点和幼儿注意的特点，教师既要充分利用幼儿的无意注意，也要培养和激发他们的有意注意。在教育教学过程中可以运用新颖、多变、强烈的刺激吸引他们，同时，也应该向他们解释进行某种活动的意义和重要性，并提出具体明确的要求，使他们能主动地集中注意。两种方式应灵活地交互使用，不断变换幼儿的两种注意，使其大脑活动有张有弛，既能完成活动任务，又不致过度疲劳。

对于家长来说，则要注意以下三点：

（1）制定并严格遵守合理的作息规律。

制定合理的作息制度并严格遵守之，使幼儿得到充分的休息和睡眠，是保证他们精力充沛、注意集中地从事各种活动的前提条件。当前，合理安排、适当控制幼儿看电视的时间似乎已成了"当务之急"。

（2）适当控制幼儿的玩具和图书的数量。

这里不是指购买的数量，而是指阶段时间内提供给幼儿的数量。玩具过多，孩子一会儿玩玩这个，一会儿玩玩那个，很容易什么活动也开展不起来，什么也玩不长。留下适当数量的活动材料，其余的收起来，不仅常玩常新，也有利于注意力的培养。

（3）不要反复地向儿童提要求。

家长向儿童提要求或作嘱咐时，常爱反复地说许多遍，唯恐他们没听见或没记住。殊不知，这种做法十分不利于培养孩子注意听的习惯。在他看来，这次没注意没关系，反正家长还会再讲。如果家长没有唠叨的习惯，孩子反而可能会认真注意地听。正是在这些小事中养成幼儿的某些习惯。

总之，幼儿的注意需要成人来培养，要鼓励并要求孩子做事到底，不要半途而废，对此，教育者不可掉以轻心。

第三节　感知觉概述

案例引入

1880 年，在美国亚拉巴马州的一个小镇出生了一个健康、可爱的女孩。这个女孩聪颖而充满活力，在6个月时便能说出"茶！茶！"和"你好"，一岁时学会了"水"等词汇。然而，好景不长，19个月大时，女孩在一场高烧后失去了视力和听力，她的世界也就此改变了，她失去了语言，不能表达，性情越来越暴躁。直到莎莉文小姐的出现，她通过在手掌写画的手指游戏，逐渐开启了女孩的希望、光明和智慧。女孩逐渐用手认识了万事万物都有名字，她逐渐认识了世界，并且开始学习礼仪。10岁时，女孩在博乐瓦老师的指导下，通过将手放到老师的口鼻感受震动而学会了口语交流。最终，女孩在不懈努力下成为掌握五国语言的著名作家、教育家。这个女孩的名字便是海伦·凯勒。马克·吐温曾感叹：19世纪有两个奇人，一个是拿破仑，一个是海伦·凯勒。

海伦·凯勒的故事除了给予我们鼓舞之外，也引发我们对感知和智慧之间关系的思考。莎莉文小姐用触觉开启了海伦的智慧，通过触摸事物和在其手掌写字，帮助她逐渐认识周围的事物。海伦甚至通过触摸学会口语。这个过程所体现出来的感知觉在人的认知中的作用，让我们惊叹。可见，感知是一切智慧的源泉和基础。随着研究的深入，教育专家所提倡的早期智力开发主要是通过刺激婴幼儿的视觉、听觉、触觉、味觉、动觉等感觉通道来促进感知觉和运动能力的发展，进而促进大脑高级能力的发展。可见，感知觉在儿童早期发展中的重要作用。

一、感知觉概念

（一）感觉

感觉是人脑对直接作用于感觉器官的客观事物的个别属性的反映。人们在生活中总是要接触各种客观事物，每一种客观事物有着各种各样的属性，其中的每一种属性称之为个别属性。当事物呈现在人们面前的时候，事物的这些个别属性就成了作用于人的各种感觉器官的刺激物。感觉器官接受了相应的刺激，经传导神经传至大脑皮质的一定区域，大脑就对事物的某种个别属性做出反应，这种反映就叫作感觉。

例如，当一个苹果放在人们的面前，人们用眼睛看，能知道它的颜色、形状；用鼻子闻，能知道它的气味；用嘴咬，能知道它的味道；用手摸，能知道它的表皮是光滑的，有点硬硬的。苹果的颜色、形状、气味、味道、光滑和硬度等都是苹果的个别属性，人们的头脑接受、加工了这些属性，进而认识了这些属性，这就是感觉。

感觉除了反映客观事物的个别属性以外，还反映机体本身的状况。例如，人们能够感觉到身体的姿势，四肢的运动，内部器官的舒适、疼痛等。"吃药以后，我感觉舒服多了""从飞机上往下跳的时候，我感觉在飞一样""我感觉好饿啊"等就是感觉对机体本身状况的反映。

（二）知觉

知觉是人脑对直接作用于感觉器官的客观事物的整体反映。感觉反映了客观事物的个别属性，但任何客观事物，其个别属性都不是孤立存在的，而是由多种属性有机结合起来构成一个整体。例如，当一个苹果放在面前的时候，人们绝不会单纯地看到它的颜色，闻到它的气味，尝到它的味道，摸到它的表面，而是在反映苹果的这些个别属性的同时，就认识到了这是"苹果"，在人们头脑中产生了对苹果的整个形象的反映，这种反映就叫作知觉，知觉的实质是回答作用于感官的事物"是什么"这个问题的。

(三) 感觉和知觉的关系

感觉和知觉是有区别而又紧密联系的心理过程。

1. 感觉和知觉的区别

感觉反映的是事物的个别属性，知觉反映的是事物的整体。

2. 感觉和知觉的联系

感觉和知觉都是人类认识世界的初级形式，都是人脑对直接作用于感觉器官的客观事物的反映，离开了客观事物对人的作用，就不会产生相应的感觉与知觉。

（1）感觉是知觉的基础。事物的整体是事物个别属性的有机结合，反映事物整体的知觉也是反映事物个别属性的感觉在头脑中的有机结合。人们要感知整个物体，就必须首先感觉到它的色、形、味等各种属性以及物体的各个部分。由此看来，没有感觉也就没有知觉，知觉是在感觉的基础上产生的，要以头脑中的感觉信息为前提。感觉越精细、越丰富，知觉就越正确、越完整。

（2）知觉是感觉的深入和发展。事物的整体是事物个别属性的有机结合，事物的个别属性总是离不开事物的整体而存在，所以当人们一经感觉到某一事物的个别属性时，就会马上知觉到该事物的整体。例如，在实际生活中，人们决不会脱离苹果而孤立地看苹果的颜色，任何颜色必然是某种物体的颜色，当人们感受到某种物体的颜色或其他属性时，实际上已经知觉到该物体的整体。所以人总是以知觉的形式直接反映事物，感觉只是作为知觉的组成部分存在于知觉之中，很少有孤立的感觉，离开知觉的纯感觉是不存在的。因此，人们常把感觉和知觉连在一起，统称为感知觉。

另外，知觉还包含其他一些心理成分。例如，过去的经验以及人的倾向性常常参与在知觉过程中，因而当人们知觉同一个对象时，可以做出不同的反映。例如，一座山，画家知觉它为写生的对象，着重反映它的造型；地质学家知觉它为矿藏资源的特征，着重的兴趣在于如何去挖掘、开发；旅游学家知觉它为美丽的风景区，兴趣在于如何去开发这片丰富的旅游资源。

知识链接

感觉剥夺实验

1954年，加拿大麦克吉尔大学的心理学家首先进行了"感觉剥夺"实验：实验中给被试戴上半透明的护目镜，使其难以产生视觉；用空气调节器发出的单调声音限制其听觉；手臂戴上纸筒套袖和手套，腿脚用夹板固定，限制其触觉。被试单独待在实验室里，几小时后开始感到恐慌，进而产生幻觉……在实验室连续待了三四天后，被试会产生许多病理心理现象：出现错觉幻觉；注意力涣散，思维迟钝；紧张、焦虑、恐惧等，实验后需数日方能恢复正常。这个实验表明：大脑的发育、人的成长成熟是建立在与外界环境广泛接触基础之上的。只有通过社会化的接触，更多地感受到和外界的联系，人才可能更多地拥有力量，更好地发展。

二、感知觉的种类

(一) 感觉的种类

根据产生感觉的分析器的特点和刺激物的不同来源，可以把感觉分为外部感觉和内部感觉两大类。外部感觉是由外界刺激引起的，反映外界事物的个别属性，其感受器都位于身体的表面或接近身体表面的地方，包括视觉、听觉、嗅觉、味觉、肤觉等，其中，视觉和听觉在人的生活中最为重要，研究表明，人所获得的外界信息有90%以上来自视觉和听觉。内部感觉是由机体内部发生变化所引起的，反映的是人身体位置、运动和内脏器官状态及其变化的特征，其感受器位于机体的内部，包括运动觉、平衡觉和机体觉。见表2-1。

表2-1 感觉的种类

种类	感觉种类	适宜刺激	感受器	反映属性
外部感觉	视觉	可见光波	视网膜的视锥细胞和视杆细胞	黑、白、彩
	听觉	可听声音	耳蜗的毛细胞	声音
	嗅觉	有气味的气体物质	鼻腔黏膜上的嗅细胞	气味
	味觉	溶于水的有味的化学物质	舌上味蕾的味觉细胞	甜、酸、苦、咸等味道
	肤觉	机械性、温度性刺激、伤害性刺激	皮肤和黏膜上的冷、痛、温、触点	冷、痛、温、触、压
内部感觉	运动觉	肌体收缩、身体各部分位置变化	肌肉、肌腱、韧带、关节中的神经末梢	身体运动状态、位置的变化
	平衡觉	身体位置、方向的变化	内耳、前庭和半规管的毛细胞	身体位置变化
	机体觉	内脏器官活动变化时的物理化学刺激	内脏器官壁上的神经末梢	身体疲劳、饥渴和内脏器官活动不正常

（二）知觉的种类

根据不同的划分标准，可以把知觉划分为不同的种类。

（1）根据知觉时起主导作用的分析器，可以把知觉分为视知觉、听知觉、嗅知觉、味知觉和肤知觉等。

（2）根据知觉对象不同，可以把知觉分为物体知觉和社会知觉。物体知觉主要是对事物的知觉，主要包括空间知觉、时间知觉和运动知觉。社会知觉是对人的知觉，主要包括对他人的知觉、自我知觉和人际关系的知觉。

三、感知觉的规律

（一）感觉的特性

感觉的特性主要研究感受性变化的规律。感受性是指感觉器官对适宜刺激的感觉能力。不同的人对同等刺激物的感受性是不一样的，感受性高的人能感觉到的刺激不一定能被感受性低的人感觉到。例如，有经验的染色工人能分辨出几十种不同的黑色，而一般人则很难分辨。

一个人感受性的高低不是一成不变的，同一个人在不同条件下对同一刺激物的感受性是有高低之分的。感受性的变化有下列情况。

1. 感觉的适应

感觉适应是指由于刺激物持续作用,从而使感受性发生变化的现象。适应可以使感受性提高,也可以使感受性降低,一般来说,强烈刺激的持续作用可引起感受性降低,微弱刺激的持续作用会使感受性提高。感觉适应在多种感觉中都存在,古语"入芝兰之室,久而不闻其香;入鲍鱼之肆,久而不闻其臭",就是嗅觉的适应;刚穿上厚厚的棉衣很不舒服,过段时间就感到轻松自在;有些老年人"戴着眼镜到处找眼镜",这都是触压觉的适应;在热水中洗澡的时候,开始觉得水很热,但过一会儿,就不再感觉热了,这是肤觉的适应。

视觉适应是最常见的一种感觉适应现象。视觉适应可分为明适应和暗适应。从亮处进到暗室,开始什么也看不清楚,过了几分钟,对弱光的感受性逐渐提高,就能分辨出物体的轮廓了,这一过程就是暗适应。当从暗室走到阳光下时,最初的瞬间会感到耀眼目眩,看不清周围的东西,只要过一会儿,由于对强光的感受性较快地降低,视觉随即恢复正常,就能清楚地看清周围事物了,这种现象叫明适应。

在组织教育活动中,教师要有效利用幼儿的适应现象。当班上幼儿在喧闹时,教师不要提高嗓门,而要带头轻声说话,创造安静的环境,提高幼儿听觉的感受性;如果孩子看书的地方光线变暗,暗适应使他能继续看得见,但这时教师仍要及时把幼儿领到明处,或是开灯以保护幼儿的视力。

2. 感觉的相互作用

由于感觉的相互影响而导致感受性变化的现象叫感觉的相互作用。在复杂的生活环境中,同一时间内会有各种不同的刺激物作用于人们的不同感官,产生各种不同的感觉。这些感觉不是孤立存在的,彼此会有相互影响,从而使感受性发生变化。例如,人们经常会发现,牙痛可以因强烈的声音刺激而加剧,也可压迫皮肤而减轻;食物的颜色、温度会影响对食物的味觉;摇动的视觉形象会引起平衡觉的破坏,产生呕吐现象,生活中有的"晕车""晕船"多属此种情况。实验还证明,微弱的光刺激能提高对声音强度的感受性,而强光刺激则降低听觉感受性,感觉的相互作用规律在人们的实践生活中被广泛运用,如把音乐与噪声以特定方式施与牙科病人,会使一些牙痛病人减轻痛觉。

同一感觉相互作用的最明显的例子就是对比现象,感觉的对比可以分为同时对比和相继对比。同时对比指两种或多种不同的刺激同时作用于同一感受器时产生的感觉对比,同时对比在视觉中表现得很明显。例如,"月明星稀",天空中的星星在月明时看起来比较少,而在黑夜里看起来就明显地增多;黄皮肤的中国人在黑种人人群中皮肤会显得比平时干净,而在白种人人群中则会显得皮肤比平时更黄些。相继对比是指刺激物先后作用于同一感受器而引起的感觉对比。在味觉中表现比较明显。例如,吃了糖之后,接着吃苹果,觉得苹果很酸;而吃了苦药之后,接着喝白开水也觉得有甜味。

幼儿园教师掌握对比规律,对于制作和使用直观教具,提高幼儿的感受性具有重要的实际意义。例如,用颜色的对比,可以使教室的美术装饰互相衬托,演示的场所利用照明遮光设备,可使儿童看得更清楚。

3. 感受性与训练

人的各种感受性都有极大的发展潜力,通过实践活动的训练,人的感受性可以得到提高。例如,熟练的炼钢工人,能够根据钢水的火花判断炉内温度的高低;高级品茶师,喝一小口茶，就知道茶的产地、等级。此外，由于某种原因造成丧失一种感觉能力的人，他们的其他感觉能力会由于代偿而得到特殊的发展，心理学称这种现象为感觉补偿。例如，有的盲人的听觉感受性比较高，他们能凭树叶碰击发出的声音来辨别树的种类，能凭脚步声的回音来判断障碍物的距离；有的盲人嗅觉特别灵敏，能"以鼻代目"来认人；有的聋哑人视觉高度发达，可以"以目代耳"与别人对话。以上这些人的感觉能力有如此特殊的发展，并不是他们的感官生理结构特殊，而主要是在后天生活和实践的过程中长期锻炼发展起来的。所有这些事例说明，人的各种感觉能力都蕴藏着极大的发展潜力，经过专门训练可以不断发展和完善。对于幼儿亦是如此，幼儿教师应有计划、有目的地组织幼儿进行专门的练习，也要利用各种日常活动，来发展幼儿的感知能力，进而提高其感受性。例如，通过音乐、朗读能发展幼儿的纯音听觉和语言听觉能力；绘画能发展幼儿的视觉能力；手工、泥塑能发展幼儿的触觉能力；体育活动能发展幼儿的运动觉、平衡觉的能力；等等。幼儿教师要根据幼儿特点和实际需要，依据感受性变化的规律，有意识地通过各种活动，对幼儿的各种感觉能力加以培养和训练，以促使幼儿得到较好的发展。

（二）知觉的特性

知觉的特性主要表现在知觉的选择性、知觉的整体性、知觉的理解性和知觉的恒常性等方面。

1. 知觉的选择性

人所处的周围环境复杂多样，某一瞬间，人不可能同时对各个事物进行感知，而总是优先地选择某一事物作为知觉的对象，从而获得清晰的映像，同时把其他对象作为背景，这种现象叫作知觉的选择性。人们所选择的被感知的事物称作知觉的对象，其余的事物称作背景，知觉的对象和背景是可以相互转换的（见图2-1）。

影响知觉对象选择的条件有客观和主观两个方面。客观条件，即刺激物结构特点常常是影响知觉对象选择的重要条件；主观条件包括个人已有的知识经验、兴趣、爱好与情感状态等，都影响对知觉对象的选择。凡是与人的活动目的相一致、与知识水平相适应，又符合人的需要与兴趣的事物，都容易成为优先知觉的对象。例如，具有不同爱好的幼儿进入活动室，会有各自不同的知觉对象，爱玩车的孩子会知觉玩具车，爱画画的孩子会知觉墙上的画或七彩笔等。在幼儿园的教学活动中，由于孩子自觉寻找知觉对象的能力有限，因此，教师要根据教学目的，引导全班学生选择共同的知觉对象。在运用直观教具时，要突出知觉对象，淡化背景影响。凡属两可图式的图片（见图2-2）和教具应避免使用。在讲述中，教师的形象化语言应集中使用在对象部分，对背景部分要尽量淡化，尤其对年少的幼儿，知觉内容不要太复杂，要注意加大对象与背景的差别，以使幼儿的知觉收到良好的效果。

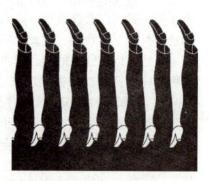

图2-1 对象与背景

图2-2 两可图

2. 知觉的整体性

知觉的对象具有各种不同的属性，由不同的部分组成，但是人并不把知觉的对象感知为彼此孤立的各部分，而是把它知觉为一个统一的整体，这种特性叫作知觉的整体性。（如图2-3，在看此图时，覆盖在三个圆和另一个三角形上的白色的三角形是作为一个整体感知的，尽管背景图形似乎支离破碎，但构成的却是一个整体。）

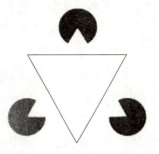

图2-3 知觉的整体性

另外，对个别成分（或部分）的知觉又依赖于事物的整体特性。有人曾用对图片的感知说明部分对整体的依赖性。实验者先给被试者呈现一张图片，上面画着一个身穿运动服、正在奔跑的男子，使人一看就断定他是球场上正在锻炼的一名运动员。接着给被试者呈现第二张图片，在那个运动员的前方，有一位惊慌奔逃的姑娘。这时被试者断定他看到了一幅坏人追姑娘的画面。最后，实验者拿出第三张图片，在两个奔跑的行人后面，是一头刚从动物园里逃出来的狮子。这时被试者才明白了画面的真正意思：运动员和姑娘为躲避狮子而拼命地奔跑。可见，离开了整体情境，离开了各部分的相互关系，部分就失去了它确定的意义。

知觉对象作为一个整体，不是各部分的机械相加。人们对一个事物的知觉取决于它的关键性的、强的部分，非关键性的、弱的部分一般被掩蔽。如一首歌，无论是男高音唱还是女高音唱，是童声唱，还是老人唱，人们都会把它知觉为同一首歌，而一旦改变其旋律就会成为另一首歌。在这里，不同的音色、音调不是一首歌的关键性部分，只有歌曲的旋律才是决定一首歌的关键因素。人们准确地把握知觉对象，从诸多属性中识别关键性的部分，这主要与人的知识经验有关，知识越丰富就越能识别出事物的关键性特征，从而越精确地把握知觉的对象。幼儿的知识经验很肤浅，为提高他们的知觉效果，教师应指点他们在观察事物时把注意力放在事物的关键性特征上。

3. 知觉的理解性

在知觉客观事物时，人们总是根据已有的知识经验，对知觉的对象进行理解，并用语言、词语把它标识出来，知觉的这种特性就叫作知觉的理解性。

知觉的理解性是以知识经验为基础的。知识经验越丰富，对知觉对象理解得就越深刻、越全面。如一个有经验的医生在X光片上能够看到一般人所察觉不到的病变；操作工人根据机器运转的声响能辨别出机器是否有故障，而一个门外汉，则除了响声便什么也听不出来了。

知觉的理解性也受到知觉对象本身特点的影响，如果知觉对象的特征明确，则会迅速、准确认知，理解也就不会发生偏差或错误；如果知觉对象的特征模糊或者人们对它不熟悉，人们常常会无法理解或产生错误的理解。这时别人的语词指导会成为影响知觉理解性的重要因素。（如图2-4，看上去只是一些黑色的斑点，分辨不出是什么东西。如果用语言指导，

图2-4 黑色的斑点

说"这是一条狗在喝水",立刻就能将这些斑点看成一条狗的轮廓。)个人的动机、期望、情绪与兴趣以及定式等对人的知觉理解性都有重要的影响。

4. 知觉的恒常性

在知觉熟悉的对象时,尽管知觉条件发生了变化,但被知觉的对象仍然保持相对不变,这种特性叫作知觉的恒常性。例如,强光照射时煤块的亮度远远大于黄昏时粉笔的亮度,但我们仍然把强光下的煤块知觉为黑色,把黄昏时的粉笔知觉为白色。恒常性在视觉中最为明显,表现在大小、形状、亮度、颜色等方面。

知觉的恒常性主要是由于过去经验作用的结果。人总是在自己的知识经验的基础上知觉对象的,对知觉对象的知识经验越丰富,越有助于产生知觉的恒常性。知觉的恒常性在我们的生活、工作和学习中有重要的意义。它有利于人们正确地认识和适应环境;恒常性消失,人对事物的认识就会失真,工作与学习会遇到困难。

第四节 学前儿童感觉和知觉的发展

一、学前儿童感觉的发展

(一)视觉的发展

幼儿视觉的发展表现在两个方面,即视敏度的发展和颜色视觉的发展。

1. 视敏度

视敏度也叫视觉敏锐度,是指幼儿分辨细小物体或远距离物体细微部分的能力,也是人们通常所说的视力。

研究表明,在整个幼儿期,儿童的视觉敏锐度在不断地提高。研究者对4~7岁的幼儿进行视敏度调查:在不同年龄段幼儿面前出示同一画有缺口的圆形图,让幼儿站在一定距离观看,测量幼儿刚能看出缺口的距离。得到的结果是:4~5岁幼儿平均距离为207.5厘米,5~6岁幼儿平均距离为270厘米,6~7岁幼儿平均距离为303厘米。如果把6~7岁幼儿视觉敏锐度的发展程度假设为100%的话,那么,4~5岁幼儿为70%,5~6岁幼儿为90%。可见,视觉敏锐度随着年龄的增长而不断提高,但不同年龄段发展的速度不均衡,5岁是视觉敏锐度发展的转折期。

根据幼儿视敏度发展的特点,教室的采光要充足,桌椅的高度要考虑孩子的身高,幼儿上课时与图片或者实物的距离要恰当,在制作教具、图片时,对于年龄小的幼儿,文字、图画要大些,这样才会有利于幼儿视觉敏锐度的发展。

2. 颜色视觉

颜色视觉是指区别颜色细致差别的能力,又称为辨色能力。幼儿期,颜色视觉继续发展,对颜色的辨别和掌握颜色名称结合起来。幼儿初期,已能初步辨认红、橙、黄、绿、蓝等基本色,但在辨认混合色和近似色时,往往较困难,也难以说出颜色的正确名称。幼儿中期,大多数能认识基本色、近似色,并能说出基本色的名称。幼儿晚期,不仅能认识颜色,而且在画图画时,能运用各种颜色调出需要的颜色,并能正确地说出混合色和近似色的名称。

（二）听觉的发展

婴儿不仅能辨别不同的声音，而且表现出对某些声音的"偏爱"，即表现为对某些声音能更长时间地注意倾听。研究者发现，1~2月龄的婴儿似乎偏好乐音（有规律而且和谐的声音）而不喜欢噪声（杂乱无章的声音）；喜欢听人说话的声音，尤其是母亲说话的声音；2月龄以上的婴儿似乎更喜欢优美舒缓的音乐而不喜欢强烈紧张的音乐；7~8月龄的儿童乐于合着音乐的节拍而舞动双臂和身躯；对成人安详、愉快、柔和的语调报以欢愉的表情，而对生硬、呆板、严厉的声音表示烦躁、不安甚至大哭。

儿童的听觉敏感性随其年龄的增长而不断提高。研究表明：在12~13岁以前，儿童的听觉敏感性是一直在增长的，8岁儿童的听觉感受性比6岁儿童的听觉感受性几乎增加一倍，成年以后，听力逐渐有所降低。儿童听觉的个体差异很大，个体差异有随年龄增长而减小的趋势，但听力可以经过训练得到提高。成人应有意识地通过音乐教学及音乐游戏等促进儿童听觉感受性的发展。

保护婴幼儿的听力是很重要的。学前教育机构应注意以下两个方面。

1. 减少噪声，保护儿童的健康

环境的噪声对听觉是有害的。人最理想的声强环境是15~35分贝。10分贝的声强大约相当于离耳朵两步远的轻声耳语，而大声说话，声强可达60~70分贝。60分贝以上的噪声就会使人产生不舒服的感觉。如果长期在80分贝的强烈噪声持续刺激下，人的内耳听觉器官就会发生病变，产生噪声性耳聋。幼儿园是孩子集中的地方，幼儿又非常容易兴奋。许多孩子在一起玩的时候，容易出现大声喧哗的现象。教师应该加强对孩子的教育和组织工作，有条件的话，孩子们的自由活动应该多在户外进行。

2. 及时发现孩子听力方面的问题

及时发现孩子听力方面的问题，给予适当的安排，以免影响其语言的发展。特别是"重听"现象。所谓"重听"，是指有些幼儿虽然对别人所说的话听得不清楚、不完全，但是他们能够根据别人的面部表情和动作，或根据眼前的情境，猜到别人说话的内容。"重听"对幼儿言语听觉、言语及智力的发展都会产生危害，但往往为成人疏忽，因此，家长，尤其是教师应当加以重视。可以通过听力检查，了解儿童听力的状况。对于听力较差的孩子，除了增加训练外，还创造条件加以保护。例如，让他坐在离老师较近的地方，对他讲话声音放大些，说得清楚些，防止他听觉过分疲劳。

（三）触摸觉的发展

触摸觉是肤觉和运动觉的联合。触摸觉是学前儿童认识世界的重要手段，对幼儿的动作和心理发展都有重大意义。新生儿和1岁前的儿童，口腔是主要的触觉器官，之后，手成为人主要的触觉器官。

1. 口腔的触觉

孩子出生后，不但有口腔触觉，而且通过口腔触觉认识物体。对物体的触觉探索最早是通过口腔的活动进行的。口腔触觉作为探索手段早于手的触觉探索。

婴儿在吸吮时，对熟悉的物体，吸吮的速度逐渐减低，出现习惯化现象。可是换了新的物体后，他又用力吸吮，即出现去习惯化。这种事实表明，婴儿早期已经有了口腔触觉的探索活动，口腔触觉有了辨别力。

当婴儿的手的触觉探索活动发展起来以后，口腔的触觉探索逐渐退居次要地位。但是在婴儿满周岁之前，口腔触觉仍然是他认识物体的重要手段。可以说，在相当长的时间内，婴儿仍然以口腔的触觉探索作为手的触觉探索的补充。比如，6个月以后的婴儿，看见了东西，往往抓住，放进嘴里；1~2岁的婴儿，在地上捡起一些物体，也要往嘴里送。

2. 手的触觉

手是幼儿通过触觉认识外界的主要渠道。换句话说，触觉探索主要通过手来进行。新生儿有本能的触觉反应，如抓握反射就是手的触觉的表现，这是一种无条件反射。

手的无意性抚摸是继抓握活动之后出现的手的动作。无条件性的抓握反射随着婴儿的生长发育会自然消失。接着出现的是，婴儿的手无意地碰到东西，如被子的边缘时，他会沿着边缘抚摸被子。这是一种无意的触觉活动，也是一种早期的触觉探索。

眼手协调动作的出现，亦即视觉和手的触觉协调活动的出现，是出生后头半年婴儿认知发展的重要里程碑，也是手的真正触觉探索的开始。大约出现在出生后5个月。眼手（视触）协调出现的主要标志是伸手能够抓住东西。积极主动的触觉探索是在幼儿出生后7个月左右发生的。当幼儿学会了眼手协调之后，他逐渐会用手去摆弄物体，把东西握在手里，挤它或把它转来转去。

二、学前儿童知觉的发展

（一）空间知觉

空间知觉包括形状知觉、方位知觉和距离知觉等，是一种比较复杂的知觉，需要视觉、听觉、运动觉等多种分析器协同活动才能实现。在幼儿期，各种空间知觉在实践活动和教育影响下不断发展着。幼儿空间知觉的发展不仅依赖于丰富的表象，还依赖于掌握表示空间关系的词，所以教师要通过绘画、泥工等教学活动以及拼板等玩具，并利用散步等活动为幼儿提供认识空间特性的机会，丰富幼儿有关空间特性的词语。

1. 形状知觉

形状知觉是对物体的轮廓和边界的整体知觉。形状知觉是人类和动物共同具有的知觉能力，但人类的形状知觉能力比动物的更高级，因为人类能识别文字。形状知觉是靠视觉、触觉、运动觉来实现的。我们可以通过物体在视网膜上的投影、视线沿物体轮廓移动时的眼球运动、手指触摸物体边沿等产生形状知觉。

在教育的影响下，儿童的形状知觉水平逐年提高。通常，3岁的幼儿能区别一些几何图形，如圆形、正方形、三角形等；4岁到4岁半是辨认几何图形正确率增长最快的时期；5岁的幼儿能正确辨别各种基本的几何图形。幼儿叫出图形名称比辨认图形要晚。

2. 深度与距离知觉

距离知觉是辨别物体远近的知觉。深度知觉是距离知觉的一种。幼儿对于所熟悉的物体或场所可以区分远近，对于比较广阔的空间距离，还不能正确认识。幼儿不能很好地理解透视原理，不懂得"近物大、远物小""近物清晰、远物模糊"等感知距离的视觉信号，所以他们在绘画时，不善于把实物的距离、位置、大小等空间特性正确表现出来，不能正确判断作品中所观察对象的远近位置。例如，把图画中远处的树理解为小树，把近处的树理解为大树。

为促进幼儿距离知觉的发展，教师可引导幼儿在现实中分析、比较或用实际动作来配合，如用手比一比、走步量一量，结合动作练习。

3. 方位知觉

方位知觉是指对自身或物体所处的空间位置的知觉。例如，对上、下、前、后、左、右、东、西、南、北、中的知觉。

研究结果表明，幼儿的方位知觉发展的顺序是上、下、前、后、左、右。3岁幼儿能辨别上、下方位，4岁幼儿能辨别前、后方位，5岁幼儿能以自身为中心辨别左、右方位，6岁幼儿虽然能完全正确辨别上、下、前、后四个方位，但以左右方位的相对性来辨别仍很困难。左右方位的相对性要到七八岁后方能完全掌握。

由于幼儿辨别空间方位是从以自身为中心辨别过渡到以其他客体为中心辨别，因此，教师在舞蹈、体育等活动中要做"镜面"示范，即以幼儿的角度来做示范动作，不能抽象地说"左右"，否则，容易引起混乱。

总之，幼儿的空间知觉随年龄增长有明显的发展，但不精确，教师要在教育实践活动中通过绘画、泥工及各种教学活动，为幼儿提供认识空间特性的机会，教会幼儿关于空间特性的词语，使幼儿的空间知觉水平不断发展。

（二）时间知觉

时间知觉是对客观现象的延续性、顺序性和速度的反映。由于时间比空间更为抽象，时间知觉不能通过某一个专门的感官进行，人们总是借助于某种衡量时间的媒介来反映时间，如天体的运行、人体的节律或专门的计时工具。幼儿的时间知觉则主要是依靠生活中接触到的周围现象的变化。

3岁前的儿童，主要以人体内部的生理状态来反映时间，如生物钟即以生物节律周期来反映时间，到点就感到饿，想要吃。幼儿期逐渐能够以外界事物作为时间的标尺。

幼儿初期，已经有一些初步的时间概念，但往往与他们具体的生活活动相联系。比如，幼儿理解"早晨"就是起床，上幼儿园的时候；"上午"就是上课的时间；"下午"就是妈妈来接的时候；"晚上"就是睡觉的时候。有时也会用一些表示相对性的时间概念，如"昨天""明天"，但经常会用错。例如，把昨天去过奶奶家的事情说成了"明天我去奶奶家了"。一般来说，他们只懂得现在，不理解过去和将来。

幼儿中期，可以正确理解"昨天""今天""明天"，也会运用"早晨""晚上"等词，但对于较远的时间，如"前天""后天"，理解起来仍然困难。

幼儿晚期，时间概念进一步发展，开始能辨别"大前天""前天""后天""大后天"，也能分清"上午""下午"，知道今天是星期几，知道春、夏、秋、冬四季，并能学会看钟表等，但对于更短的或更远的时间观念就很难分清，如"从前""马上"等。

由于没有具体的依据，表示时间的词又往往具有相对性，而幼儿的思维能力尚未发展完善，所以幼儿的时间知觉发展水平比较低，但是在教师的帮助教育下，幼儿的时间知觉逐渐得到发展。尤其是有规律的幼儿园生活能帮助幼儿建立较为准确的时间观念。音乐和体育活动使幼儿掌握有节奏和有节律的动作，观察有时间联系的图片，如蝌蚪变青蛙等有助于幼儿时间观念的形成，通过讲故事，可以使幼儿掌握"从前""古时候""后来""很久很久"

等有关时间的词汇。

三、学前儿童观察力的发展

观察是一种有目的、有计划、比较持久的知觉过程。观察是知觉的高级形式,观察的全过程都和注意、思维等心理活动紧密相连。在人们的实践活动中,观察对于人们的学习、工作具有重要作用和意义,观察是人们主动认识客观事物的一种活动形式,是人们学习现成知识、发现未知事物、认识客观世界的重要途径,是人们进行创造发明的前提。一切科学实验的顺利进行、一切科学规律的成功发现和运用,都离不开周密、精确、系统的观察。著名的生物学家达尔文就充分肯定了观察对自己事业取得成功的重要意义:"我既没有突出的理解力,也没有过人的机智。只是在观察那些稍纵即逝的事物并对其进行精细观察的能力上,我可能在众人之上。"科学家巴甫洛夫更是一直把"观察、观察、再观察"作为自己的座右铭,并且告诫他的学生:"不会观察就永远当不了科学家。"

观察力就是观察事物的能力,也就是分辨事物细节的能力。观察力是智力结构的组成部分,它是在实践活动中,经过系统的训练,逐渐形成和发展起来的。3岁前儿童缺乏观察力,他们的知觉主要是被动的,是由外界刺激物特点引起的,而且,他们对物体的知觉往往和摆弄物体的动作结合在一起。

(一)学前儿童观察力的发展

学前儿童观察力的发展和良好的教育培养密切相关。幼儿期是观察力初步形成时期,幼儿观察的发展,表现在观察的目的性、持续性、细致性和概括性等方面都在逐渐完善。

1. 观察的目的性逐渐加强

幼儿观察的目的性和有意性随年龄增长和教育影响而逐渐发展。幼儿初期,不能接受观察任务,不能始终牢记观察目的,不善于自觉地、有目的地进行观察,往往东张西望,或只看一处,或任意乱指。幼儿在没有其他刺激干扰的情况下,还能够根据要求进行观察,如果有其他因素的干扰,幼儿就容易离开既定的观察对象,忘记观察的目的。幼儿中晚期,观察的目的性逐渐增强,他们能够根据任务,有目的地排除干扰,克服困难,坚持细致观察。

2. 观察的持续性逐渐延长

幼儿观察的持续性是伴随着观察的目的性增强而不断发展的,从幼儿初期到幼儿晚期,随着年龄的增长,观察的目的性增强,观察持续的时间也随之延长。实验表明,幼儿初期,观察持续的时间很短,三四岁幼儿持续观察某一事物的时间平均为6分8秒。5岁幼儿则有所提高,平均为7分6秒,从6岁开始观察持续时间显著增加,平均时间为12分3秒。

3. 观察的细致性逐渐增加

观察不细致是整个幼儿期观察的特点,也是观察过程中最常见的突出问题。幼儿初期,幼儿只笼统地观察到事物粗略的轮廓,只看到面积大的和突出的特征。而幼儿中晚期观察逐渐细致,能够观察事物比较隐蔽的、细致的特征,能从事物的大小、形状、颜色、数量和空间关系等方面来观察,不再遗漏主要部分。

4. 观察的概括性逐渐提高

幼儿初期,幼儿只能观察到个别对象或事物的表面现象,看不出事物之间或者事物各个部分之间的联系,得到的是零散、孤立的现象,这些不系统的信息使幼儿无法知觉到事物的本质特征。中晚期幼儿能够有顺序地进行观察,能够观察到事物之间的联系,从而获得对事物各个部分及各部分之间关系的比较完整的系统的印象,观察的结果也接近符合事物的本来面目,因此,能比较顺利地概括出事物的本质特征。

(二)学前儿童观察力的培养

1. 引导幼儿明确观察的目的和任务

首先使幼儿明确要从被观察的对象中寻找什么,使观察具有明确的选择性和针对性。同时,要发挥教师的言语指导作用,在观察前提出问题、启发引导,在观察中进行提示及有针对性的讲解,以更好地帮助幼儿明确观察的目的,提高观察的稳定性。

2. 激发幼儿观察的兴趣

兴趣是最好的老师,兴趣是人们的向导。当幼儿对观察对象充满兴趣时才会有探究的冲动与愿望,也才会有观察的主动性、积极性。这就要求教师为幼儿提供丰富多样的观察材料,以生动形象的语言感染幼儿,以健康饱满的情绪影响幼儿,从而激发幼儿观察的兴趣。在日常生活中,教师要利用幼儿好奇的特点,引导幼儿注意观察周围事物的变化,使幼儿对大自然、对周围生活产生浓厚的兴趣。在出示观察对象时,要注意出示方式的变换,避免观察对象的单一性降低幼儿观察的兴趣。

3. 教给幼儿观察的方法

由于经验和认识能力的限制,幼儿在观察客观事物时容易出现抓不住要点的现象。因此,教师要引导幼儿掌握观察的方法,知道先观察什么,后观察什么,怎么样去观察。帮助幼儿学会从上到下、从左到右、从前到后、由近及远、由表及里、由局部到整体或由整体到局部、由明显特征到隐蔽特征,有顺序地进行观察的方法,避免在观察时顾此失彼。例如,观察图片,一般的步骤是先整体后部分,再由部分到整体;观察动物,一般先观察头,再观察身体,然后是其他部位。

4. 运用多种感官观察

启发幼儿在进行观察时,运用多种感官参与观察活动,这样大脑就可以从多方面综合分析,有利于幼儿对所观察对象形成立体知觉形象,增强观察效果。例如,观察水果时,可以让幼儿用眼睛看、用手摸、用鼻闻、用口尝,从而获得各种水果的形状、颜色、气味和味道,形成有关水果的完整印象。

练一练

一、选择题

1. 在良好的教育环境下,大班幼儿能集中注意(　　)。
   A. 5 分钟　　　　B. 10 分钟　　　　C. 15 分钟　　　　D. 7 分钟
2. 幼儿在绘画时常常"顾此失彼",说明幼儿注意的(　　)较差。
   A. 稳定性　　　　B. 广度　　　　C. 分配能力　　　　D. 范围
3. "一目十行"和"耳听八方"说的是(　　)。
   A. 注意的集中与分配　　　　　　　　B. 注意的稳定与范围

C. 注意的范围与分配　　　　　　D. 注意的范围与集中

4. 小朋友们在活动室内进行活动时，突然窗外飞进一只小鸟，小朋友们都兴奋地去看小鸟。小朋友们这时的注意是（　　）。

A. 随意注意　　B. 无意注意　　C. 有意后注意　　D. 有意注意

5. 孩子看到桌上有个苹果时，所说的话中直接体现"知觉"活动的是（　　）。

A. "真香！"　　　　　　　　　　B. "我要吃！"
C. "这是什么？"　　　　　　　　D. "这儿有个苹果。"

6. 在知觉过程中，人总是用已具有的知识经验，对感知的事物进行理解，并用词语把它标识出来，知觉的这种特性就是（　　）。

A. 选择性　　B. 整体性　　C. 理解性　　D. 恒常性

7. "视觉悬崖"可以测查婴儿的（　　）。

A. 距离知觉　　B. 方位知觉　　C. 大小知觉　　D. 形状知觉

8. 幼儿方位知觉发展的顺序是（　　）。

A. 前后上下左右　　　　　　　　B. 上下前后左右
C. 左右上下前后　　　　　　　　D. 左右前后上下

二、简答题

1. 什么是注意？幼儿的注意有什么特点？你认为应如何应用无意注意和有意注意的规律来组织幼儿进行活动？
2. 怎样组织幼儿进行有意注意？
3. 幼儿注意分散的原因有哪些？应怎样防止幼儿注意分散？
4. 什么是感觉和知觉？
5. 结合实际谈谈如何保护幼儿的视觉和听觉。
6. 幼儿教师如何利用感觉适应、对比规律组织幼儿开展活动？
7. 影响知觉选择性的客观因素是什么？
8. 学前儿童观察力的发展表现在哪些方面？怎样培养学前儿童的观察力？

三、案例分析

1. 幼儿正在听老师讲故事，突然另一个老师推门进来找东西。这时，幼儿的眼睛一齐转向这位进来的老师，而老师讲什么他们都没有听进去。想一想，这是引起了幼儿的什么注意？请到幼儿园再收集几个类似的例子，并进行分析。
2. 下面这幅图反映了幼儿知觉特点形成中存在什么问题？为什么？

图 2-5　案例分析图

第三章

学前儿童的记忆与想象

【学习目标】

1. 了解学前儿童记忆和想象的含义与种类。
2. 熟悉学前儿童记忆和想象发展的特点。
3. 掌握培养幼儿记忆能力与想象力的方法。

第一节 记忆概述

案例引入

老师让幼儿记忆"86843595"这一串电话号码,幼儿记不住。让幼儿记马克思生日:1818年5月5日,最开始幼儿也记不住,当老师说:"马克思的生日是一巴掌一巴掌打得大马呜呜直哭",不少幼儿就记住了马克思的生日。案例中幼儿为什么记不住电话号码和马克思的生日?老师编了个顺口溜之后,幼儿就能记住马克思的生日。这是什么记忆?你知道怎样培养幼儿的记忆吗?

一、记忆的概念

记忆是人脑对经历过的事物的反映。所谓经历过的事物,是指过去感知过的事物,如见过的人或物、听过的声音、嗅过的气味、品尝过的味道、触摸过的东西、思考过的问题、体验过的情绪和情感等。这些经历过的事物都会在头脑中留下痕迹,并在一定条件下呈现出来,这就是记忆。例如,去幼儿园的小朋友回到家后,回想起在幼儿园学到的知识、做过的游戏以及老师说过的话等都是记忆的表现。当别人再提起时或在一定的情境下,这些情境、人物和体验过的情绪就被重新唤起,出现在头脑中。

记忆同感知一样也是人脑对客观现实的反映,但记忆是比感知更复杂的心理现象。感知过程是反映当前直接作用于感官的对象,它是对事物的感性认识。记忆反映的是过去的经验，它兼有感性认识和理性认识的特点。

二、记忆的种类

（一）根据记忆的内容分类

根据识记材料的内容不同，可以把记忆分为形象记忆、运动记忆、情绪记忆、语词逻辑记忆。

1. 形象记忆

形象记忆是指以感知过的事物形象为内容的记忆。这些形象记忆不仅仅是视觉的，也可以是听觉的、嗅觉的、味觉的、触觉的等。例如，我们脑海中保持的天安门的形象、说起酸梅时的回味，就都属于形象记忆。

表象是保持在记忆中的客观事物的形象，即感知过的事物不在面前时而在脑中呈现出来的形象。表象分为记忆表象和想象表象两类，所以形象记忆又称为"表象记忆"。表象是在感知觉的基础上产生的，因此可以根据表象形成过程中起主导作用的感觉器官的种类，将表象分为视觉表象、听觉表象、味觉表象、嗅觉表象等。

2. 运动记忆

运动记忆是指以过去做过的动作为内容的记忆。幼儿学会的各种动作，掌握的各种生活、学习、劳动及运动技能，都需要运动记忆。幼儿最早出现的就是运动记忆。如吃奶时身体被抱成一定姿势，形成条件反射，是幼儿最早出现的记忆。一个人从小学会游泳，长大后多年不游，也能较快地恢复，这是过去习得的运动技能得以保持的结果。动作一旦掌握并达到一定的熟练程度，会保持相当长的时间，这是动作记忆显著的特征之一。

3. 情绪记忆

情绪记忆是指以体验过的某种情绪和情感为内容的记忆。例如，对过去的一些美好事情的记忆，对过去曾经受过的一次惊吓的记忆，或对过去曾做过的错事的记忆等都属于情绪记忆。情绪记忆的印象有时比其他记忆的印象表现得更为持久、深刻，甚至终身不忘。如在幼儿园中被关过小黑屋的孩子，这种恐惧的情绪经历不易忘却。

4. 语词逻辑记忆

语词逻辑记忆是以概念、判断、推理为内容的记忆。例如，我们对学前儿童发展心理学概念的记忆，对数学、物理学中的公式、定理的记忆等都属于逻辑记忆。它是人类所特有的，具有高度理解性、逻辑性的记忆，对我们学习理性知识起着重要作用。这种记忆出现得比较晚，是随幼儿言语的发生、发展而逐渐形成的。

（二）根据记忆保持时间的长短分类

根据记忆保持时间的长短分类，可以将记忆分为瞬时记忆、短时记忆与长时记忆。

1. 瞬时记忆

瞬时记忆又称感觉记忆，是指客观刺激物停止作用后，它的印象在人脑中只保留一瞬间的记忆。就是说，对于刺激停止后，感觉印象并不立即消失，仍有一个极短的感觉信息保持过程，但如果不进一步加工的话，就会消失。感觉记忆的最明显的例子是视觉后像。

在感觉记忆中呈现的材料如果受到注意，就转入记忆系统的第二阶段——短时记忆；如果没有受到注意，则很快消失。

2. 短时记忆

短时记忆是指获得的信息在头脑中储存不超过 1 分钟的记忆。例如，我们打电话通过 114 查询到需要的电话号码后，马上就能根据记忆拨出这个号码，但打完电话后，刚才拨打过的电话号码就忘了，这就是短时记忆。我们听课时边听边记下教师讲课的内容，靠的也是短时记忆。短时记忆的内容若加以复述、运用或进一步加工，就被输入长时记忆中，否则，很快消失。

3. 长时记忆

长时记忆是指 1 分钟以上甚至保持终生的记忆。短时记忆的内容经过复述可转变为长时记忆，但也有些长时记忆是由印象深刻一次形成的。

记忆的三种类型若按信息加工的理论来划分，它们的关系是：外界刺激引起感觉，其痕迹就是感觉记忆；感觉记忆中呈现的信息如果受到注意就转入短时记忆；短时记忆的信息若得到及时加工或复述，就转入长时记忆。

三、记忆的过程

记忆过程可以分为识记、保持、回忆（再认和再现）三个基本环节，具体如下。

（一）识记

识记是一种反复认识某种事物并在脑中留下痕迹的过程，也就是把所需要信息输入头脑的过程。识记可以从不同的角度划分成不同的种类。

1. **根据识记有无明确的目的性和自觉性，可把识记分为无意识记和有意识记**

所谓无意识记，是指事先没有预定目的，也不需要任何意志努力的识记。例如，童年时看过的一部有趣的电视剧，至今记忆犹新。其实，当时在观看时并没有要记住它的意图，它是自然而然地成为我们记忆中的内容的。人的许多知识是由无意识记获得的，所谓的"潜移默化"就是这个意思。在教学中如果恰当运用无意识记，可使学生在轻松愉快之中获得应有的知识技能。但是，无意识记具有很大的选择性，只有在人们的生活中具有重要意义的，与人的活动任务和人们的兴趣、需要、强烈的情感相联系的事物才容易被记住；又由于无意识记缺乏目的性，在内容上往往带有偶然性和片面性，因而，单凭无意识记难以获得系统的知识技能。

所谓有意识记，是指按照一定的目的任务和需要积极思维活动的一种识记。例如，语言教学中幼儿背诵诗歌、小学生临考前的复习，都是有意识记。这种识记有一定的紧张度，但它能使人获得系统的知识和技能。日常的学习和工作主要依靠有意识记。教师在教学中应根据教学目的，向幼儿提出具有识记要求的内容并组织相应的活动，使他们把精力集中在学习材料上，以取得最佳的记忆效果。

此外，人总是在活动中进行识记的，因此，无论是无意识记还是有意识记，只要识记的对象成为活动的对象或活动的结果，识记的效果就会好。

2. **按识记是否建立在理解基础上，可把识记分为机械识记和意义识记**

所谓机械识记，是指在对识记材料没有理解的情况下，依靠事物的外部联系、先后顺序，机械重复地进行识记。人们记地名、人名、地址等，常常是利用机械识记。机械识记虽是一种低级的识记途径，但在生活学习中是不可缺少的。

所谓意义识记，是指在对材料进行理解的情况下，根据材料的内在联系，运用有关经验进行的识记。运用这种识记，材料容易记住，保持的时间也长，并且容易回忆。意义识记的效果要比机械识记来得好，因此，教师在教学中，凡有意义的材料，必须让儿童学会积极开动脑筋，找出材料之间的内在联系；对于无意义的材料，应尽量赋予其人为的意义，以保证记忆的效果。

（二）保持

1. 定义

保持是对识记过的事物在头脑中贮存和巩固的过程，是实现回忆的保证，是记忆力强弱的重要标志之一。

识记过的事物在头脑中并不是像物品放在保险柜中一成不变地保持着原样，识记的材料会随时间的推移和后续经验的影响而发生量与质的变化。量的变化主要指内容的减少。量的减少是一种普遍现象，人们经历的事情总要忘掉一些。质的变化是指内容的加工改造，改造的情况因每个人的经验不同而不同。有个实验是这样的：拿一张画，给第一个人看后要他默画；再将第二个人画出来的画拿给第三个人看……这样依次下去，直至第18个人为止。再将识记的画与回忆的画做比较，发现有如下特点：有些重画的比识记的画概括了、简略了；有的更完整、更合理了；有的更详细、更具体了；有的夸张了；有的某些部分突出了；等等。在保持过程中，质和量的变化是一个复杂的、有意义的内部活动过程，是心理活动主观性的一种表现。

2. 遗忘及其规律

遗忘就是对识记过的东西不能回忆，或者是错误的回忆。遗忘是与保持相反的过程。这两个性质相反的过程，实质上是同一记忆活动的两个方面：保持住的东西，就不会被遗忘，而遗忘了的东西，就是没有被保持。保持越多，遗忘越少。记忆力强的人总是能保持得很多而遗忘极少。从现代心理学的观点看，遗忘甚至可以促进人的精神健康，提高工作和学习的效率。例如，与同伴发生口角引起的不愉快情绪体验，就不应该耿耿于怀、长久不忘，而应该将它主动地排解、遗忘。

遗忘这一现象有个发展过程，在世界范围内最早对这个过程做系统研究的人，要首推德国心理学家艾宾浩斯。在实验中，他用无意音节作学习材料，用重学时所节省的时间或次数为指标测量了遗忘的进程。实验表明，在学习材料记熟后，间隔20分钟重新学习，可节省诵读时间58.2%左右；一天后再学可节省时间33.7%左右；六天以后再学习节省时间就缓慢地下降到25.4%左右。依据这些数据绘制的曲线就是著名的艾宾浩斯遗忘曲线，如图3-1所示，在艾宾浩斯之后，许多心理学家用无意义材料和有意义材料对遗忘的进程进行了研究，结果都证实艾宾浩斯遗忘曲线基本上是正确的。

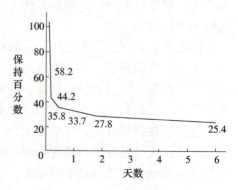

图3-1 艾宾浩斯遗忘曲线

从艾宾浩斯遗忘曲线中可以看出，遗忘的进程是不均衡的。识记后在头脑中保持的材料随时间的推移是递减的；这种递减在识记后的短时间内特别迅速，遗忘较多；随着时间的进展，遗忘逐渐趋缓；到相当时间后几乎不再遗忘。因此，遗忘的规律是先快后慢。所以学习后及时复习是十分必要的。

从遗忘的原因看，遗忘有两类：一类是永久性遗忘，即对于已经识记过的材料，由于没有得到反复强化和运用，在头脑中保留的痕迹便自动消失。如不经过重新学习，记忆不能再恢复。另一类叫暂时性遗忘，即对已识记过的材料由于其他刺激的干扰，使头脑中保留的痕迹受到抑制，不能立即再认或再现，但干扰一旦排除，抑制消除，记忆仍可得到恢复。例如，考试时由于疲劳或紧张，考生会对原先很熟悉的问题不知从何答起，过了一段时间才想起来。这就是暂时性遗忘。

(三) 回忆

回忆是人脑对过去经验的提取过程。它包含着对过去经验的搜寻和判断。回忆是识记、保持的结果和表现，是记忆的最终目的。回忆有两种不同水平：再认和再现。

1. 再认

再认是指过去经历过的事物重新出现时能够识别出来。我们能够听出曾经听过的歌曲，叫出曾经熟识的人的名字，这都是再认的表现（考试中的选择题也是通过再认回答的）。

人们并不是在任何情况下都能再认的，对事物再认的精确度和速度也不是一样的。再认取决于以下两个条件：一是识记的巩固程度；二是当前呈现的事物同经历过的事物及环境条件相类似的程度。当事物被识记得相当牢固，且新旧事物及环境条件一致性高时再认就容易；反之就困难。当再认发生困难时，如提供更多的线索则有助于再认，其中，环境和言语的线索能起到重要作用。

2. 再现

再现是指过去经历过的事物不在面前时，在脑中重新呈现其映像的过程。

根据再现是否有预定目的，可以把再现分为无意再现和有意再现。

无意再现是事先没有预定目的、也不需要意志努力的再现。在日常生活中，我们常会因为一些事情的影响，自然而然地想起其他的一些事情。"触景生情"就是典型的无意再现。而有意再现则是一种有目的的、自觉的再现。学生考试时回忆以往学过的材料、幼儿复述故事时回忆以前听过的故事内容等，都是有意再现。

再认和再现都是过去经验的恢复，是从记忆中提取信息的两种不同水平的形式，它们之间没有本质的区别，只有保持程度上的不同。能再现的一般都能再认，能再认的不一定能再现。任何年龄的人，再认效果都比再现的效果要好，但年龄越小，两者差异越大。

第二节 学前儿童的记忆

一、学前儿童记忆的特点

(一) 记得快忘得也快

幼儿很容易记住一些新的学习材料。一来因为他们的神经系统具有极大的可塑性，很容易在大脑皮层上留下记忆痕迹；二来因为他们缺乏经验，许多事物对他们来说都是新鲜的，能够引起他们的惊讶、兴奋等情绪体验，从而加深对新事物的印象，而且较少受以往经验的干扰。

然而有趣的是，他们记得快，忘得也快，记忆的潜伏期较短，这一特点集中反映在"幼儿期健忘"这一有趣现象上。

人在成年以后很少能直接回忆起三四岁以前发生的事，甚至有人最早只能回忆到9岁左右的事，这种缺乏回忆幼年期事物之能力的现象就是所谓的"幼儿期健忘"。为什么儿时记得很清楚的事，长大以后差不多全忘记了呢？这可能与童年期大脑发育的特点有关。前面谈到，大脑可以分为几个区域，各区域的成熟是有先有后、循序渐进的。幼儿期的记忆任务是由先发育的脑区承担的，但"后来者居上"，晚成熟的脑区不仅负担起主要的学习任务，而且控制了先成熟的脑区，从而妨碍了对先学习的东西的回忆，表现出幼儿期健忘。

（二）记忆不准确

记忆不准确是幼儿记忆的另一显著特点，它主要表现在以下两方面：

1. 完整性较差

幼儿的记忆常常支离破碎、主次不分，年龄越小，这种情况越明显。他们回忆学习过的语言材料时（故事、儿歌等），常常漏掉主要情节和关键词语，而只记住那些他们自己感兴趣的某个环节。比如，在听完陈伯吹先生的"胆小的小猫"之后，小班不少孩子只能复述"小猫一跑，克朗朗！克朗朗！……把它吓坏了！'嘭'的一声，气球炸了，小猫掉下来了！……"这样几个带有拟声的、他们听讲时就笑了起来的句子。至于小猫如何变得勇敢起来的过程，几乎无人提及。大班的情况有了很大的变化，他们开始能够区分开主次，以主题贯穿情节。但在回忆自己的生活经历时，仍表现出记忆不完整的特点。幼儿用语言再现记忆材料时表现出的这个特点，与其言语发展水平也有密切的关系。

2. 容易混淆

幼儿的记忆有时似是而非，常常混淆相似的事物。他认识了一个幼儿园的"园"字，常常把结构有某种相似性的"团"字也再认为"园"字；整体认识了"眼睛"两个字，就会把单独出现的"睛"字再认为"眼"字。更有甚者，幼儿还可能真假难辨，把想象的东西和记忆的东西相混淆，当想象的事物为幼儿强烈期盼的事物时，这种情况便时有发生。比如，一个幼儿看到别的小朋友有个很大的变形金刚，特别想要。妈妈安慰他说，爸爸从美国回来时会给他带一个更好的。一天早上起床后，孩子的第一句话就是："我爸爸给我买的变形金刚太棒了！"然后到处找："我的变形金刚呢？妈妈，你帮我收到哪儿了？"强烈的情绪加上反复的想象，加深了儿童头脑中的印象，以至于连他自己也弄不清哪是虚构的，哪是实在的事。

精确性是一个很重要的记忆品质，失去了这一点，其他品质（如持久性）也就丧失了它的价值。幼儿记忆的精准性，一般而言，是随其年龄的增长而提高的。幼儿记忆的精准性不足，常常被成人误解为故意撒谎，这其实是不对的。但是，成人有意地采取措施来发展儿童记忆的精准性则是非常必要的。

（三）无意识记忆效果较好

幼儿期虽是心理活动的有意性开始发展的时期，但水平较差，记忆也是如此。幼儿的有意记忆（包括有意识记）虽已有发展，但仍是以无意识记为主。幼儿期所获得的知识经验，大多数是在日常生活和游戏等活动中无意识地、自然而然地记住的，特别是幼儿初期，幼儿的识记还难以服从于一定的目的，而主要取决于事物本身是否具有鲜明、生动、新奇的特点，是否能够引起幼儿的兴趣和强烈的情绪反应。

幼儿记忆虽以无意识为主，但其效果却并不一定差。当然，这里所说的"差"与"不差"都是相对而言的。就成人的两种记忆而言，有意记忆的效果总体上显著优于无意记忆，而幼儿却不尽然，甚至有的研究认为，幼儿无意识记忆（识记）的效果有可能超过有意记忆。有这样一项研究：用15张图画卡片做两组试验。一组要求儿童按图片上所画的物品性质，将它们分放在桌子的适当位置（假定的厨房、花园、卧室等），放完后要求儿童回忆图片内容，考察其无意识记的效果；另一组则直接向儿童布置识记图片的任务。结果表明，幼儿无意识记的效果优于有意识记，小学生、中学生则相反。也有人对这一研究提出异议，认为第一组的无意识记中加上了积极的知觉和思维动作（按物品性质摆放），才出现幼儿无意识记效果优于有意识记的情况，如果取消这一环节，只让他们观看图片一段时间而不交代识记任务，其效果绝不会优于第二组（有意识记组）。这种批评不无道理。但无论如何，若拿幼儿无意识记效果与有意识记相比，其差别总要小于成人这两类记忆效果之比，这也就是幼儿"无意识记效果较好"的含义。

上述结论可以从另一些研究中得到证实。

把画有儿童熟悉的各种物体并涂有不同颜色的图片呈现给儿童，要求他们记住所画的物体，过后，一方面要求儿童回忆图画中的物体（有意识记）；另一方面要求他们回想图画中的颜色（无意识记），结果发现，有意识记的效果随年龄增长而逐渐提高，无意识记则有相反的发展趋势。若从两种记忆效果相比较的角度看，年龄越小，差别越小；反之，差别越大。

（四）形象记忆占优势

在幼儿的记忆中，形象记忆占主要地位，他们最容易记住的是那些具体的、直观形象的材料；其次，易记住那些关于某些事物的名称、事物的形象和行动的语词材料；最难记住的是那些概括性比较高、比较抽象的语词材料。

有人对幼儿的形象记忆和语词记忆的效果进行了比较研究，让不同年龄的孩子分别识记10张画有物体形象的卡片和10个词，其结果见表3-1。

表3-1 幼儿形象记忆与语词记忆的效果比较（一）

年龄（岁）	平 均 再 现 量		
	物体形象	语词	两种记忆效果比较
3~4	3.9	1.8	2.1∶1
4~5	4.4	3.6	1.2∶1
5~6	5.1	4.3	1.1∶1
6~7	5.6	4.8	1.1∶1

表3-1表明，幼儿识记物体形象的效果比识记语词的效果好，年龄越小越是如此。根

据幼儿记忆的这一特点，需要他们记住的学习材料，应该尽量具有生动的形象性。

从表3-1还可以看出，幼儿形象记忆和语词记忆的能力都随年龄增长而提高，但是语词记忆能力提高得更快，表现为两种记忆效果的差别随着年龄的增长逐渐缩小。

为什么幼儿形象记忆和语词记忆的效果随年龄的增长而逐渐接近呢？这与幼儿两种信号系统的特点及其协同活动的发展有关。随着年龄的增长，在幼儿的头脑中，形象和语词都不是单独起作用的，都不是某一个信号系统的孤立活动，而是两个信号系统的共同活动，因而，形象和语词的联系越来越密切，形象记忆和语词记忆的区分也只能是相对的。在形象记忆中，固然是事物生动的形象起主要作用，但标示事物名称的词也起着一定的作用；同样，在语词记忆中，词虽然起主要作用，但词所代表的事物的形象也是重要的记忆材料。所以随着幼儿年龄的增长，两种记忆的效果逐渐接近。

有的研究发现，儿童记忆熟悉的事物和熟悉的词，都比记忆生疏的事物和生疏的词的效果好，见表3-2。

表3-2 幼儿形象记忆与语词记忆的效果比较（二）

年　龄（岁）	平　均　再　现　量			
	熟悉的物	熟悉的词	生疏的物	生疏的词
4~5	4.3	2.4	1.9	0.1
6~7	6.1	4.0	3.7	2.1

幼儿记忆熟悉的事物比生疏的事物效果好，原因在于前者有词参与。对于熟悉的事物，儿童一般都掌握了它们的名称，因此，在记忆中形象和语词是紧密联系在一起的；同样的道理，幼儿在记忆熟悉的词时，由于他们对这些词所代表的事物往往也是熟悉的，一提到词，它所代表的事物的形象就会呈现在头脑中，成为语词记忆的形象支柱，因此，记忆效果明显优于记忆生疏词。由此，形象与语词的结合，有利于提高记忆效果。

当儿童能够将语词与形象自觉地结合起来的时候，两种记忆已经有点难解难分，孰优孰劣自然也更难判断了。

（五）较多运用机械识记

机械识记即所谓"死记硬背"，它与意义识记的根本区别在于对记忆材料的理解程度和组织程度不同。

成人大量地运用意义识记，相比之下，幼儿较多运用机械识记。这是因为幼儿的知识经验比较贫乏，理解能力较差，缺少可以利用的旧经验去"同化"（吸收）新材料，也不善于发现材料本身的内在联系，因此，常常只能孤立地、机械地去识记，而且，确实能够记住一些根本不理解的东西。

但是，如果因此得出结论，认为幼儿只有机械识记而没有意义识记，也没有必要引导幼儿进行意义识记，则是十分错误的。事实上，幼儿在识记与自己的经验有关的事物时，常常运用意义识记，而且意义识记的效果比机械识记好得多。

有这样一个实验，让幼儿识记两类图片：一类图片上画着幼儿熟悉的事物图形，如小旗、西瓜等；另一类则画着一些叫不出名称的不规则图形。结果发现，幼儿对第一类图片的正确再现率明显高于第二类，见表3-3。

表 3-3　幼儿意义识记和机械识记效果比较

年　　龄		4 岁	5 岁	6 岁	7 岁
正确再现率（%）	Ⅰ 物体图形	47	64	72	77
	Ⅱ 不规则图形	4	12	26	48

另一类实验发现，幼儿识记按类别呈现的单词（如猫、狗、兔、鸡——动物类；苹果、西瓜、葡萄、香蕉——水果类；卡车、电车、飞机、轮船——交通工具类；等等）比随机呈现的单词（属于各种不同类别的词混合在一起，随表排列）效果好。因为按类别呈现，幼儿容易发现和理解单词之间的逻辑联系，进行意义识记，因而效果较好。

为什么意义识记比机械识记效果好？首要原因是意义识记使记忆材料相互联系，把原本孤立的小单位组织起来，形成较大的信息单位（记忆组块），从而减少了需要识记的材料的数量。例如，识记"149162536496481100"这个 18 位数，如果机械地记，这是含 18 个单位的信息，如果理解了"这个数是 1 到 10 的平方的循序数列"，那么信息单位立即降低到 1 个。其次，意义识记记住的是可作为回忆线索的关键部分，因此可根据线索进行检索以帮助回忆。

二、学前儿童记忆的培养

（一）教学内容应具体生动、富有感情色彩，培养发展幼儿的形象记忆、情绪记忆

幼儿的记忆以无意识记为主。凡是直观形象又有趣味，能引起幼儿强烈情绪体验的事和物，大多数都能使他们自然而然地记住。因此，教师在教学活动中应多为孩子提供一些色彩鲜明、形象具体并富有感染力的识记材料，语言生动有趣，绘声绘色，使教学内容本身成为记忆的对象，引起幼儿的情感共鸣，提高记忆效果。例如，可以提供各种材料制作的、不同形状的、有趣的小卡片、能活动的玩具和实物等。同时，还应尽力为孩子配以生动活泼、深受其喜爱的游戏或木偶戏等。

（二）明确记忆目的，对记忆结果给予正确评价，激发幼儿有意识记的积极性

有意识记的发生和发展，是幼儿记忆发展过程中最重要的质变。为了培养幼儿有意识记的能力，在日常生活和各种有组织的活动中，教师和家长要有意识地向幼儿提出具体、明确的识记任务，促进幼儿有意识记的发展。例如，在听故事、外出参观、饭后散步时都应该给幼儿提出识记任务，如果没有具体要求，幼儿是不会主动进行识记的。值得注意的是，在向幼儿提出明确的记忆要求时，对幼儿完成记忆任务的情况要给予及时的肯定和赞扬，提高幼儿记忆的积极性与主动性。

（三）帮助幼儿理解识记的材料，提高幼儿意义识记的水平和认识能力

在幼儿时期，虽然孩子的机械识记多于意义识记，但意义识记的效果却比机械识记的效果好。幼儿往往对熟悉的、理解了的事物记得很牢。培养并发展幼儿的有意记忆能力是非常重要的，为此就需要用各种方法尽量帮助幼儿理解所要识记的材料。实际操作中可向孩子提出一些问题，如"鸟为什么会飞""鸭子为什么能在水中游泳"等，引导他们通过积极的思考，在理解其意义的基础上进行记忆；对于无意义或不可能理解的材料，也要尽可能帮助幼儿找出它们意义上的联系；对于一些不易记住而日常生活中需要记住的内容，可采取归类记忆法。

（四）运用多种感觉器官进行记忆

为了提高幼儿记忆的效果，可以采用协同记忆的方法，即在幼儿识记时，让多种感觉器官参与活动，在大脑中建立多方面联系，是加深幼儿记忆的一种方法。实验研究表明，如果让幼儿把眼、耳、口、鼻、手等多种感官调动起来，使大脑皮质留下很多"同一意义"的痕迹，并在大脑皮质的视觉区、听觉区、嗅觉区、运动区、语言区等建立起多通道的联系，就一定能提高记忆效果。因此，应指导幼儿运用多种感官参加记忆活动。例如，让幼儿感受春天，家长和教师应尽量带孩子多看一看、摸一摸、闻一闻、尝一尝，通过多种感官从多方面获得感性认识。

（五）帮助孩子进行合理的复习，以增强记忆

幼儿记忆的特点是记得快，忘得快，不易持久。因此，在引导幼儿识记时，一定的重复和复习是非常必要的，这不仅是提高幼儿记忆效果的重要措施，也是巩固幼儿记忆，提高幼儿记忆能力的最佳方法。一般来讲，让孩子复习巩固所学的内容时，不宜采用单调、长时间的反复刺激，应该在孩子情绪稳定时，采用多种有趣的方法进行。

总之，幼儿记忆智力的培养是需要循序渐进的，我们要引导孩子，让他们学会有效的记忆方法，促使他们去探索、交流，以达到提高记忆智力的目的。只要我们做有心人，积极开发幼儿的智力，幼儿的记忆智力就会迅速发展到一个新的水平。

第三节　想象概述

案例引入

2岁的珊珊在一次家庭聚餐中看到大人们端酒碰杯觉得很好玩，就拿着自己的小水杯跑到大人的饭桌前，说："干杯！"随即假装喝水。这时，大人们发现她的水杯是空的，可是她依然喝得很起劲，逗得大家哄堂大笑。

上述现象反映了学前儿童的哪种心理现象？珊珊为什么会出现这种举动？我们应采取怎样的措施来引导学前儿童的这些行为？

一、想象的概念与作用

（一）想象的概念

想象是对头脑中已有的表象进行加工改造而形成新形象的心理过程。例如，让幼儿以"O"为基础图像，在上面进行创作，则可以画成太阳、苹果、棒棒糖等图像。

想象中的形象似乎是我们从未感知过的，有些甚至是现实生活中根本不存在的。例如，南京大屠杀对生活在21世纪初的我们来说，虽然从未经历过，但那血腥的场面、日军丑恶的嘴脸也似乎历历在目。《西游记》中的孙悟空、猪八戒，《聊斋志异》中的狐仙等都是客观现实中根本不存在的形象。但是这些形象我们可以在生活中找到原型，如孙悟空的灵感来源于猴子，猪八戒的灵感来源于猪等。可见人们通常是根据自己的感知经验，即记忆表象进行想象的。从这个意义上看，想象归根结底还是对客观现实的反映。

（二）想象在学前儿童心理发展中的作用

1. 想象是学习新知识所必需的认知基础。

人们在认识客观事物的过程中，可以通过直接感知获得对事物的认识，但人不可能事事都去亲自实践，因此就有必要通过他人的描述间接地获得对客观事物的认识。人们在获取间接认识的过程中，没有想象是无法构建出新形象、新知识的。想象在学前儿童学习活动中可以帮助学前儿童掌握抽象的概念，理解较为复杂的知识，创造性地完成学习任务。如在学习数的组成概念时，教师可以运用直观的语言激发幼儿的想象，让幼儿通过实物获得表象。如"5可以分成3和2"，通过语言的刺激，让幼儿头脑中出现5个苹果分成3份和2份的分法，从而理解抽象的数的组成概念。

2. 想象在学前儿童游戏中的作用。

学前儿童的主要活动是游戏。在游戏中，学前儿童的想象起着极为重要的作用。在角色游戏中，角色的扮演、材料的使用、游戏的整个过程等都要依靠儿童的想象过程。如在"娃娃家"游戏中，爸爸妈妈使用纱布做成的包子、馒头，木棍代替的菜勺，炒菜、烧饭、带孩子看病的活动，都是经过幼儿假想而成的。如果没有想象，这种"虚构的"活动便无法开展。想象在幼儿的游戏活动中起关键的作用，通过各种方法激发幼儿的想象力，可以促进幼儿游戏水平的提高。

3. 想象的发展是学前儿童创造思维发展的核心。

对于学前儿童来说，创造思维的核心就是想象。我们评价学前儿童创造思维的水平也主要是从想象的水平出发的。丰富的想象是学前儿童创造思想的表现，如儿童画"月亮上荡秋千"就充满了丰富的想象，因此才可能获得很高的评价。既然想象是学前儿童创造思维的核心，就应该充分发展学前儿童的想象，从而更好地促进学前儿童心理的发展。

二、想象的种类

根据想象有意性、目的性的程度不同，可以将想象分为有意想象和无意想象。

1. 有意想象

有意想象也叫随意想象，是指按一定的目的，自觉进行的想象。人们在实践活动中为了实现某个目标，完成某项任务所进行的活动都属于有意想象。例如，作家创作小说，建筑师设计楼房等都是有意想象。

根据想象内容的新颖性、独特性和创造性的不同，有意想象又可分为再造想象和创造想象。

（1）再造想象。再造想象是根据语言的表述或图样、图纸、符号等的示意，在头脑中形成相应的新形象的想象过程。例如，没有领略过北国冬日的人们，通过诵读某些描写北国冬日风光的文章，可在脑海中形成北国风光的情境。再造想象有一定的创造性，但其创造性的水平较低。

（2）创造想象。创造想象是根据一定的目的、任务，但不依靠别人的描述而独立地创造出新形象的心理过程。例如，文学家塑造的新的人物形象、科学家们的发明创造等，都是创造想象的过程。创造想象具有首创性、独立性和新颖性等特点，它比再造想象更加复杂、更困难。

2. 无意想象

无意想象也叫不随意想象，是指没有预定目的，在某种刺激作用下，不由自主地想象某种事物的过程。例如，看到地上茫茫的白雪，会不由自主地想到雪白的棉花、松散的白糖或其他物体。

梦是无意想象的典型形式，是人们在睡眠状态下，一种漫无目的、不由自主的奇异的想象。从梦境的内容看，它是过去经验的奇特组合。

第四节 学前儿童的想象

婴儿时期只有最低级形态的想象，想象尚处于萌芽状态。想象的内容简单贫乏，有意性很差，水平也很低。儿童的想象在幼儿前期开始发展。进入幼儿期，儿童知识经验积累较多，又掌握了数量较多的词语，分析综合能力也得到了发展，在游戏、学习等活动中，他们的想象活动便活跃地表现出来。但幼儿期儿童毕竟生活经验少，记忆表象不够丰富，又受思维水平的限制，因而表象内容简单贫乏，他们的想象常常是过去经验的复制品，想象过程也缺乏有意性和独创性。

一、学前儿童想象的特点

（一）无意想象为主，有意想象开始发展

在学前儿童的想象中，无意想象占主要地位，有意想象在教育的影响下逐渐发展。具体表现在以下五方面。

1. 想象无预定目的，由外界刺激直接引起

学前儿童的想象常常没有自己预定的目的，在游戏中想象往往随玩具的出现而产生。例如，看见小碗小勺，就想象喂娃娃吃饭；看见小汽车，就要玩开汽车；看见书包，又想象去当小学生。如果没有玩具，幼儿可能会呆地坐着或站着，难以进行想象活动。

2. 想象的主题不稳定

幼儿想象进行的过程往往也受外界事物的直接影响。因此，想象的方向常常随外界刺激的变化而变化，想象的主题容易改变。

3. 想象的内容零散、无系统

由于想象的主题没有预定目的，主题不稳定，因此幼儿想象的内容是零散的，所想象的形象之间不存在有机的联系。幼儿绘画常常有这种情况，会把他感兴趣的东西都画下来，画了"小人"，又画"螃蟹"；先画了"海船"，然后又画了一把"牙刷"，显然是一串无系统的自由联想。

4. 以想象的过程为满足

幼儿的想象往往不追求达到一定目的，只满足于想象进行的过程。幼儿在绘画过程中的想象常常如此，幼儿常常在一张纸上画了一样又画一样，直到把整张纸画满为止，甚至最后把所画的东西涂满黑色，自己口中念念有词，感到极大的满足。幼儿在游戏中的想象更是如

此，游戏的特点是不要求创造任何成果，只满足于游戏活动的过程，这也是幼儿想象活动的特点。例如，听故事，大班儿童对听过的故事不感兴趣，而小班儿童则不然，他们对"小兔乖乖""拔萝卜"等故事百听不厌。到了大班，幼儿不仅仅满足想象的过程，而是开始追求想象的结果。

5. 想象受情绪和兴趣的影响

幼儿的想象不仅容易被外界刺激所左右，也容易受自己的情绪和兴趣的影响。情绪高涨时，幼儿想象就活跃，不断出现新的想象结果。比如，"老鹰捉小鸡"本应以小鸡被老鹰捉住而告终，可孩子们同情小鸡，又产生这样的想象：让鸡妈妈和鸡爸爸赶来，把老鹰啄死，又救回了小鸡。

有意想象是在无意想象的基础上发展起来的。它在幼儿期开始萌芽，幼儿晚期有了比较明显的表现。这种表现是：在活动中出现了有目的、有主题的想象；想象的主题逐渐稳定；为了实现主题，能够克服一定的困难。但总的来说，幼儿有意想象的水平还是很低的。幼儿的有意想象是需要培养的。成人可以提出一些简单的任务，让儿童为了完成这一任务而积极想象。例如，按主题讲故事和编故事结尾，也是发展有意想象和创造性想象的好方法。

（二）再造想象占主要地位，创造想象开始发展

再造想象和创造想象是根据想象产生过程的独立性和想象内容的新颖性而区分的。儿童最初的想象和记忆的差别很小，谈不上创造性。最初的想象都属于再造想象，表现为想象在很大程度上有复制和模仿性，想象的内容基本上体现一些生活中的经验或作品所描述的情节。

幼儿中期，创造想象开始出现，表现为幼儿开始能独立地进行想象，如画了大树以后，会在旁边画一些花草等。教师要鼓励幼儿大胆想象，并创造条件促进创造性想象的发展。

（三）想象常常脱离现实，或者与现实相混淆

想象常常脱离现实或者与现实相混淆，这是幼儿想象的一个突出特点。

幼儿想象脱离现实主要表现为想象具有夸张性。幼儿非常喜欢听童话故事，就是因为童话中有许多夸张的成分。儿童自己讲述事情，也喜欢用夸张的说法。"我家来的大哥哥力气可大了，天下第一！"等，至于这些说法是否符合实际，幼儿是不太关心的。由于认知水平尚处于感性认识占优势的阶段，因此往往抓不住事物的本质。比如，幼儿的绘画有很大的夸张性，如幼儿画人时，常常不画人的鼻子、耳朵，只画上一双大眼睛，还有一排大大的扣子或一个大肚脐；把蝴蝶画的和小朋友一样大。

幼儿的想象，一方面常常脱离现实；另一方面，又常与现实相混淆。表现在以下三方面：

（1）幼儿常常把自己渴望得到的东西说成已经得到。例如，幼儿看到别人有漂亮的娃娃或玩具，他会说"我也有"。可事实却不是如此。

（2）把希望发生的事情当成已经发生的事情来描述。例如，一个孩子的妈妈生病住了医院，幼儿很想去看妈妈，但是，大人不允许。过了两天，幼儿告诉老师："我到医院去看妈妈了。"实际上并没有这么一回事。

（3）在参加游戏或欣赏文艺作品时，往往身临其境，把自己当作游戏中的角色，产生同样的情绪反应。例如，小班幼儿在看木偶剧时，看到大老虎出场会感到害怕。教师常常利

用幼儿的这一特点,组织幼儿的学习活动。

成人要特别注意,不要把幼儿谈话中所提出的一切与事实不符的话,都简单地归之为说谎,并予以严厉的责备。成人在理解了孩子的这些特点以后,要深入地了解,弄清真相。成人要小心呵护孩子的想象,孩子想象中的荒诞、不符合常情有时候恰恰是最有价值的,许多创造常常由此而来。假如出现想象的混淆,应在实际生活中耐心指导,帮助幼儿分清什么是假想的,什么是真实的,从而促进幼儿想象的发展。

二、学前儿童想象力的培养

(一)丰富幼儿的表象

表象是想象的材料。表象的数量和质量直接影响着想象的水平。表象越丰富、准确,想象越新颖、深刻、合理,反之,想象就会狭窄、肤浅甚至是荒诞的。因此,教师在各种活动中,要有计划地采用一些直观教具,帮助幼儿积累丰富的表象,使他们多获得一些进行想象加工的"原材料"。

(二)启发、鼓励幼儿大胆想象

想象是创造的前提,要从小培养儿童敢想、爱想的性格和习惯,不要打击幼儿想象的积极性。同时,又要加以正确引导,使他们的想象符合客观事实,对他们过分夸张和以假当真的想象要适当加以纠正,注意切忌逗引幼儿信口开河。

(三)积极组织幼儿开展各种游戏和创造性活动

在日常生活和教学中,教师要组织幼儿开展各种活动,给幼儿提供想象发展的条件,如游戏、美工、音乐等活动。游戏是幼儿的主要活动,在游戏中,特别是角色游戏和造型游戏,随着扮演的角色和游戏情节的发展变化,幼儿的想象异常活跃。教师还可以采用其他一些形式,有目的、有计划地训练幼儿的想象力,如给幼儿几幅顺序颠倒的图画,让其重新排列,并述说整个画发生了什么事情。经常进行专门的训练,可以使幼儿想象的内容广泛而又新颖。

练一练

一、选择题

1. 幼儿的形象记忆主要依靠的是(   )。
   A. 动作   B. 言语   C. 表象   D. 情绪
2. "提笔忘字"属于(   )。
   A. 不完全遗忘 B. 完全遗忘   C. 临时性遗忘 D. 永久性遗忘
3. 获得信息在头脑中储存不超过1分钟的记忆是(   )。
   A. 瞬时记忆   B. 短时记忆   C. 长时记忆   D. 运动记忆
4. 在同一桌上绘画的幼儿,其想象的主题往往雷同,这说明幼儿想象的特点是(   )。
   A. 想象无预定目的,由外界刺激直接引起
   B. 想象的主题不稳定,想象方向随外界刺激变化而变化
   C. 想象的内容零散,无系统性,形象间不能产生联系
   D. 以想象过程为满足,没有目的性

5. 下面属于4~5岁幼儿想象特点的是（　　）。
A. 想象出现了有意成分
B. 想象活动没有目的，没有前后一贯的主题
C. 想象形象力求符合客观逻辑
D. 想象依赖于成人的语言提示
6. 幼儿常把没有发生或期望的事情当作真实的事情，这说明幼儿（　　）。
A. 好奇心强　　　B. 说谎　　　C. 移情　　　D. 想象与现实混淆
7. 幼儿想象的典型形式是（　　）。
A. 无意想象　　　B. 有意想象　　　C. 再造想象　　　D. 创造想象

二、简答题

1. 什么是记忆？根据记忆内容的不同，记忆可分为哪几类？
2. 幼儿记忆的特点有哪些？
3. 提高幼儿记忆力的方法有哪些？
4. 学前儿童想象发展的一般趋势是什么？
5. 培养学前儿童想象的创造性，应做好哪些方面？

三、案例分析

1. 日常生活中，我们经常会发现，幼儿教师花费很大的力气去教幼儿背诵一首歌谣，有时孩子仍不能完全记住。但他们在电视上看到关于儿童各种产品的广告，只需一两次就对广告词熟记于心。请从幼儿记忆的发展特点分析幼儿的这一类行为。

2. 幼儿常常看见小碗小勺，就想拿来喂娃娃吃饭；看见小汽车，就要玩开汽车；看见书包，又想去当小学生。幼儿绘画常常画了"小人"，又画"螃蟹"；画了"汽车"，又画"海军"。这些说明了什么？请根据幼儿想象的特点来分析其原因。

第四章

学前儿童的思维与言语

【学习目标】

1. 了解学前儿童思维和言语的特点和种类。
2. 理解学前儿童思维和言语的关系及发展的重要性。
3. 掌握幼儿思维和言语发展的基本特点及一般规律。
4. 掌握思维和言语的培养要点，初步具备培养幼儿思维和言语的能力。

第一节 思维概述

案例引入

当你早晨醒来，推开窗门一看，发现地面上湿漉漉的，你就会得出昨夜已经下过雨的结论。

思考并分析：这个认识活动与我们学习过的感知觉和想象有什么不同？它是一种什么样的心理过程？

一、思维的概念及作用

（一）思维的概念

思维是人脑对客观事物间接的、概括的反映。它反映的是事物的本质和事物间规律性的联系。感觉和知觉只能反映直接作用于感觉器官的事物，而思维总是通过某种媒介来反映事物。例如，早晨起来，推开窗户，看见地面湿淋淋的，于是便推断"昨夜下雨了"。这时，我们并没有直接感知到下雨，而是通过其他事物为媒介（地面潮湿），用间接方法推断出来的。当然，思维与感觉和知觉有着密切的联系。一方面，感觉和知觉是思维活动的基础，思维无论多么抽象，它的加工材料还是对个别事物的多次感知，从对个别事物的多次感知，概括出它们的本质和规律；另一方面，感觉和知觉活动中有思维活动的参与。

(二) 思维的特征

1. 思维的概括性

思维的概括性表现在，它能反映一类事物的本质属性和事物之间规律性的联系。例如，通过思维，一方面，人们能认识到气体的共性，如空气、氧气、沼气等都没有一定形状、没有一定体积且可以流动，也能认识到液体的共性，如水、油、酒等都有一定体积、没有一定的形状且可以流动；另一方面，人们通过思维还能认识到液体与气体之间相互转化的条件，掌握转化的方法。

2. 思维的间接性

思维的间接性表现在，它能以直接作用于感觉器官的事物为媒介，对没有直接作用于感觉器官的客观事物（早起看到雪，判断出昨天晚上下雪了），甚至是根本不能直接感知到的客观事物（如原子核内部的结构）进行反映。它还表现在人能对没有发生的事件做出预见（如天气预报）。

正因为思维具有概括性和间接性，这就可以使人能够不断地扩大认识范围、提高认识深度、发现事物发展运动变化的规律，进而创造性地改造世界。

二、思维的种类

（一）根据个体发展和思维的凭借物不同，可将思维分为直觉行动思维、具体形象思维和抽象逻辑思维

1. 直觉行动思维

直觉行动思维又称实践思维，是依靠直接感知在实际操作过程中进行的思维活动。其特点是思维与动作不可分离，离开了动作，思维也就终止了。幼儿的思维活动往往是在实际操作中，借助触摸、摆弄物体而产生和进行的。例如，幼儿在学习简单计数和加减法时，常常借助数手指进行计算。成人也有动作思维，如技术工人在对一台机器进行维修时，一边检查一边思考故障的原因，直至发现问题排除故障为止，在这一过程中动作思维占据主要地位。

2. 具体形象思维

具体形象思维是运用已有的直观形象（表象）解决问题的思维活动。表象便是这类思维的支柱。表象是当事物不在眼前时，在个体头脑中出现的关于该事物的形象。人们可以运用头脑中的这种形象来进行思维活动。在幼儿期和小学低年级儿童身上表现得非常突出。例如，儿童计算 $3+4=7$，不是对抽象数字的分析、综合，而是在头脑中用三个手指加上四个手指，或三个苹果加上四个苹果等实物表象相加计算出来的。形象思维在青少年和成人中，仍是一种主要的思维类型。在解决复杂问题时，鲜明生动的形象有助于思维的顺利进行。艺术家、作家、导演、工程师、设计师等都离不开高水平的形象思维。

3. 抽象逻辑思维

抽象逻辑思维是指运用言语符号形成的概念进行判断、推理以解决问题的思维过程。概念是这类思维的支柱。例如，科学家研究探索和发现客观规律，学生理解和论证科学的概念和原理以及日常生活中人们分析问题、解决问题等，都离不开抽象逻辑思维。

儿童思维的发展，一般都要经历直觉行动思维、具体形象思维和抽象逻辑思维三个阶

段。成人在解决问题时，这三种思维往往相互联系、相互补充，共同参与思维活动，如进行科学实验时，既需要高度的科学概括，又需要展开丰富的联想和想象，同时还需要在动手操作中探索问题症结所在。

（二）根据思维探索答案的方向，可以把思维分为聚合思维和发散思维

1. 聚合思维

聚合思维又称求同思维、集中思维，是把问题所提供的各种信息集中起来得出一个正确的或最好的答案的思维。例如，学生从各种解题方法中筛选出一种最佳解法；工程建设中把多种实施方案经过遴选和比较找出最佳的方案等的思维。

2. 发散思维

发散思维又称求异思维、辐射思维，是从一个目标出发，沿着各种不同途径寻求各种答案的思维。例如，数学中的"一题多解"；科学研究中对某一问题的解决提出多种设想；教育改革多种方案的提出等的思维。

聚合思维与发散思维都是智力活动不可缺少的思维，都带有创造的成分，而发散思维最能代表创造性的特征。

三、思维的过程

思维之所以能对客观事物的本质属性和规律加以反映，是由于它能对进入头脑的各种信息进行深入的加工。这种加工过程主要有分析与综合、抽象与概括、比较与分类等。

（一）分析与综合

分析与综合是思维的基本过程。分析是指在头脑中把事物的整体分解为各个部分、个别属性或个别方面；综合是在思维中把事物的各个部分、个别属性或个别方面结合为一个有机整体。分析可以使人了解事物的组成部分、属性和方面；综合可以使人了解事物的整体和构成事物整体的各个部分，以及个别属性和个别方面之间的关系。分析与综合是彼此相反而又紧密联系的过程，是同一思维过程中不可分割的两个方面。分析为了综合，分析才有意义；在分析基础上的综合，综合则更加完备。

（二）抽象与概括

抽象是指在头脑中抽出一些事物的共同本质属性，舍弃其非本质属性的过程。例如，"可以写字"是笔的本质属性，这一结论是通过抽象得到的。概括是指在头脑中把从同类事物中抽取的共同本质属性结合起来，并推广到同类其他事物的思维过程。例如，"凡是有羽毛的动物是鸟"，这就是概括。

抽象与概括是在分析、综合的基础上进行的，是更高一级的思维过程。只有通过抽象与概括，人才能认识事物的本质属性和规律性的联系，实现由感性认识上升到理性认识。

（三）比较与分类

比较是对事物进行对比，确定它们之间的共同点和不同点，以及它们之间的关系的过程；分类是把具有共同点的事物归为一类的过程。

比较可以从不同的角度来进行。例如，对各种动物，可以从形态来比较；对形近字主要从字形来比较。通过比较可以从不同角度把事物进行分类，比较与分类也是密不可分的。

四、思维的基本形式

思维的基本形式有概念、判断与推理。

（一）概念

概念是人脑反映事物本质属性的思维方式。例如，"玩具"这个概念，它反映了皮球、娃娃、木枪、小汽车等许多供游戏用的物品所具有的本质属性，而不涉及它们彼此不同的具体特性。概念总是和词联系着，用词来标志，以词的形式出现。概念是思维的基本单位。

每个概念都有它的内涵和外延。内涵是指概念所包含的事物的本质属性，外延指属于这一概念的所有事物，即概念的范围。例如，"三角形"这个概念的内涵是：三条直线围绕而成的封闭图形；外延是：直角三角形、锐角三角形、钝角三角形等。

（二）判断与推理

判断是肯定或否定某种事物的存在或指明某种事物是否具有某种性质的思维形式。例如，"我们是学生""北京是中国的首都"等都是判断。思维过程要借助判断去进行，思维的结果也以判断的形式表现出来。判断是在概念的基础上进行的，它表现为概念之间的关系。例如，在"我们是学生"这个判断中，揭示了"我们"与"学生"之间的关系。

推理是从已知的判断推出新的判断的思维形式。推理的主要形式有归纳推理和演绎推理。归纳推理是从特殊事物推出一般原理的过程。例如，从铜、铁、锌、铝等金属受热膨胀，得出结论"金属受热膨胀"，这就是归纳推理。演绎推理是从一般原理到特殊事物的推理。例如，所有金属都导电，铝是金属，所以，铝导电，这个过程就是演绎推理。

思维的三种形式——概念、判断与推理是相互联系的。概念是判断与推理的基础，而它的形成又借助于判断与推理。判断是推理的基础，而它本身又可以通过推理获得。

五、思维的品质

思维品质是衡量人的思维水平高低的主要标志，判断一个人思维品质的优劣，通常采用以下五种指标。

（一）思维的广阔性

思维的广阔性，是指善于全面地考察问题。从事物的多种多样的联系和关系中去认识事物。思维广阔的人，不仅注重问题的整体，还注重问题的细节；不仅考虑问题的本身，还考虑与问题有关的其他条件。思维的广阔性是以丰富的知识为基础的。只有具备大量知识的人，才能从事物的不同方面和不同联系上去考虑问题，从而避免片面性和狭隘性。

（二）思维的灵活性

思维的灵活性，是指一个人的思维活动能根据客观情况的变化而变化，也就是能够根据所发现的新事实及时修改自己原来的想法，使思维从成见和教条中解放出来。在工作、学习、生活中，有的人遇事足智多谋，善于随机应变，而有的人脑筋僵化，惯于墨守成规。思维的灵活性不是无原则地看风使舵，见异思迁。有的人思想方法执拗，爱钻牛角尖，这都是思维缺乏灵活性的表现。

（三）思维的深刻性

思维的深刻性，是指善于透过纷繁复杂的表面现象发现事物的本质，对事物剖析彻底。

思维深刻的人不被事物的表面现象所迷惑，能抓住事物的本质与核心并做出正确的预测。他们能从别人司空见惯的现象中发现重大问题。与思维的深刻性相反的是思维的表面性，其表现是思考问题很肤浅，一知半解。

（四）思维的独立性

思维的独立性，是指不借助于现成的答案和别人的帮助，独立地发现问题，独立地寻找答案。思维独立性强的人，能够吸取别人的长处和优点，吸取别人思想的精华，而摒弃别人的短处和缺点，摒弃别人思想的糟粕，同时能够严格地检查自己思想的进程及结果，缜密地验证自己所提出的种种设想或假说。缺乏独立性的人往往走两个极端，或者自以为是，刚愎自用，或者人云亦云、盲从、没主见，易受他人暗示。

（五）思维的敏捷性

思维的敏捷性是指思维过程的速度或迅速程度，它是指一个人能在很短的时间内提出解决问题的正确意见，即人在解决问题时能够当机立断，不徘徊、不犹豫。古人所谓"眉头一皱，计上心来"，便是思维敏捷的一种表现。在日常生活和工作中，有的人遇事胸有成竹，善于迅速做出判断；与此相反，有的人遇事优柔寡断，或草率行事。

第二节　学前儿童的思维

一、学前儿童思维发展趋势

幼儿思维是在言语发展的前提下逐渐发展起来的，由于思维所凭借的工具不同，幼儿思维表现出三种不同的方式：直觉行动思维、具体形象思维和抽象逻辑思维的萌芽。后一种思维方式以前一种思维方式为基础，因此，这三种思维方式就代表幼儿思维发展过程中所经历的由低级向高级发展的三个不同阶段。

（一）直觉行动思维（0~3岁）

直觉行动思维离不开儿童自身的行动，思维依赖于一定的情境。这个思维阶段的孩子，其思维只能在动作中进行，常表现为先做后想，边做边想，动作一旦停止，他们的思维活动也就结束。2~3岁的孩子直觉行动思维表现非常突出，3~4岁学前儿童身上也常有表现。例如，当手里有一个娃娃时，他就会想起抱娃娃并玩娃娃家的游戏，当娃娃被拿走以后，他的游戏也就结束了。

（二）具体形象思维（3~6、7岁）

所谓具体形象思维，是指学前儿童依靠事物在头脑中的具体形象进行的思维，即依靠具体事物的表象以及对具体形象的联想而进行的思维。它是介于直觉行动思维和抽象逻辑思维之间的一种过渡性的思维方式。具体形象思维是幼儿期典型的思维方式。例如，幼儿虽能对5+2=7进行计算，但实际上他们在进行计算时，并非对抽象数字进行分析综合，而是依靠头脑中再现的事物表象，如5个皮球加上2个皮球，或计数自己的手指才算出7来。

幼儿活动范围的扩大、感性经验的增加、语言的丰富，为思维从直觉行动性向具体形象性的发展创造了条件。随着活动的发展，幼儿的表象也日益发展，表象在解决问题中所占的地位越来越突出，在想象中表象所占的成分也越来越大，以至成为幼儿期幼儿思维的主要方式。

(三) 抽象逻辑思维（6、7岁以后）

幼儿期，特别是5岁以后，明显地出现了抽象思维的萌芽。例如，我们常常发现幼儿遇到什么事情喜欢追根究底，问个"为什么"，反映了幼儿正在努力探索事物内在的奥秘和事物间的因果关系，这正是幼儿抽象逻辑思维活动的表现。同时，幼儿逐步能理解一些抽象概念，判断、推理也开始由表面、直接向内在、间接转化。

二、学前儿童思维形式的发展

幼儿思维形式的发展，反映着幼儿思维从行动到形象，再到抽象这一思维发展的本质规律性。

(一) 学前儿童概念的发展

幼儿对概念的掌握受其概括能力发展水平的制约。一般认为幼儿概括能力的发展可以分为三种水平：动作水平概括、形象水平概括与本质抽象水平概括。幼儿的概括能力主要属于形象水平，后期开始向本质抽象水平发展，这就决定了他们掌握概念的基本特点。

1. 以掌握具体实物概念为主，向掌握抽象概念发展

幼儿最初掌握的概念，大多是日常生活中经常接触的各类事物的名称，如人称、动物、玩具、生活用品等。因为这类概念的内涵被感性材料清楚地揭示出来，如"桌子"这个概念的本质属性主要体现在桌子形状、功用等可以感知到的特征上，只要幼儿能概括出这类物体的外部特征和功用，也就基本掌握了这一概念的内涵，所以幼儿掌握实物概念比较容易。

根据抽象水平，将儿童获得的概念分为上级概念、基本概念、下级概念三个层次。研究发现，儿童最先掌握的是基本概念，由此出发，上行或下行到掌握上、下级概念。比如，"树"是基本概念，"植物"是上级概念，"松树""柳树"是下级概念。儿童先掌握的是"树"，然后才是更抽象或更具体些的上、下级概念。

随着儿童年龄的增长，幼儿晚期，开始能够掌握一些生活中常见的抽象概念，但儿童对这类概念的掌握也离不开事物的形象和具体活动的支持。例如，幼儿对"勇敢"的理解是"打针不哭""摔倒了自己爬起来"；对"节约"的理解就是"不撒米饭"。

2. 掌握概念的名称容易，真正掌握概念困难

儿童掌握概念通常表现在掌握概念的内涵不精确、外延不恰当上。例如，成人带孩子去动物园，常常一边看猴子、老虎、大象等，一边告诉他这些都是动物。"动物"这个名称和儿童在其中所见的各种动物实例也自然发生着结合。以至于当问到"什么是动物"时，相当多的幼儿回答"是动物园里的，让小朋友看的""是狮子、老虎、熊猫……"如果告诉孩子蝴蝶、蚂蚁也是动物，幼儿会觉得奇怪，要是再告诉他人也是动物时，孩子很难理解，甚至争辩说："人是到动物园看动物的，人怎么是动物呢，哪有把人关在笼子里让人看的！"

从实例入手获得的概念基本上是日常概念，即前科学概念，其内涵与外延难免不准确。只有在真正理解其含义的基础上掌握的概念，才可能内涵精确、外延适当。而这是幼儿的水平难以达到的。为了提高幼儿掌握概念的水平，比较可行的办法是多给他们提供具有不同典型性的实例，同时引导他们总结概括其中的共同特征。

3. 数概念的发展

学前儿童掌握数概念也是一个从具体到抽象的发展过程。学前儿童是否掌握数概念是以事物的数量关系能否从各种对象中抽出,并和相应的数字建立联系为标志的。

学前儿童数概念发展大约经历了以下三个阶段:

(1) 对数量的动作感知阶段(3岁左右)。

这时,儿童对大小、多少有笼统的感知;对明显的大小、多少能区分;对不明显的差别,只说"这个大、这个也大,这个小、这个也小""两个都不多,合起来才多";能唱数,一般不超过10;逐步学会口手协调地点数,但范围不超过5,而且点数后说不出物体的总数;个别幼儿能用动作表示,如伸出同样多的手指表示数量。

(2) 数词和物体数量间建立联系的阶段(4~5岁)。

这时儿童能点数后说出总数,即有了最初的数群(集)概念,末期开始能进行少量物体的实物加减运算,并出现数量的"守恒";能按数取物(5~15个);能认识"第几"和前后顺序;能比较数目的大小,可以借助实物进行10以内的数的组成和分解,开始能做简单的实物加减运算。

(3) 数的运算的初期阶段(5~7岁)。

从表象运算向抽象的数字运算过渡,即这时候的数词不仅是标志客体数量的工具和认识客体数量的手段,而且连同它所负载的概念已成为运算的对象;序数概念、基数概念、运算能力均有不同程度的扩展和加深。通过教学,一般幼儿到幼儿晚期时可以学会计数到100或100以上,并学会20以内的加减运算。

从以上发展阶段可以看出,学前儿童数概念的发展经历了最初的对实物的感知来认识数字,发展到凭借实物的表象,最后到抽象概念水平上真正掌握数的概念。其中2~3岁和5~6岁是数概念形成和发展的关键年龄;数概念发展的转折点一般认为是5岁左右。

(二) 学前儿童判断推理能力的发展

在幼儿期,判断能力已有初步的发展,但幼儿的判断推理常从事物的表面联系出发,受到自身生活经验的局限。

1. 以直接判断为主,间接判断开始出现

判断可以分为两大类:感知形式的直接判断与抽象形式的间接判断。一般认为直接判断并无复杂的思维活动参加,是一种感知形式的判断。而间接判断则需要一定的推理,因为它反映的是事物之间的因果、时空、条件等联系。

学前儿童以直接判断为主。他们进行判断时往往建立在直接感知或经验所提供的前提下,把事物的表面现象或事物间偶然的外部联系,当作事物的本质特征或规律性联系。例如,有幼儿认为"汽车比飞机跑得快"。飞机比汽车快,对于一般成人来说,是间接判断的结果,他们并没有对此有过直接的感知,而且当飞机与地面距离很远时,也不可能直接感觉到飞机的速度。而这个幼儿坚持自己的判断,却是从直接判断得出的。他说:"我坐在汽车里,看到天上的飞机飞得很慢。"

随着年龄的增长,其间接判断能力开始形成并有所发展。7岁前的儿童大部分进行的是直接判断,之后儿童大部分进行的是间接判断,6~7岁判断发展显著,是两种判断变化的转折点。

2. 判断内容的深入化

幼儿的判断往往只反映事物的表面联系，随着年龄的增长和经验的丰富，开始逐渐反映事物的内在、本质联系。幼儿初期往往把直接观察到的物体表面现象作为因果关系。例如，对斜坡上皮球滚落的原因，3~4岁的儿童认为是"（球）站不稳，没有脚"。在发展的过程中，幼儿逐渐找出比较准确而有意义的原因。5~6岁的幼儿，开始能够按事物隐蔽的、比较本质的联系做出判断和推理。如前例中，这个年龄段的孩子会说："球在斜面上滚下来，因为这儿有小山，球是圆的，它就滚了。要是钩子，如果不是圆的，就不会滚动了。"

幼儿对事物的因果判断的深入化不仅反映在自然现象上，也反映在社会生活中。如在进行道德判断时，年幼的孩子根据后果进行判断，年长的孩子开始学会根据主观动机进行判断。在这个过程中，幼儿的判断也从反映物体的个别联系逐渐向反映物体多方面的特征发展。例如，较小的幼儿认为"火柴浮起来，因为它小"，较大的孩子能知道"钥匙沉下去，因为小而且重"。

3. 判断根据客观化

从判断的依据看，幼儿开始从以对待生活的态度为依据，向以客观逻辑为依据发展。幼儿初期常常不能按事物的客观逻辑进行判断，而是按照"游戏的逻辑"或"生活的逻辑"来进行。如有的小孩子认为给书包上皮是因为怕它冷。随着幼儿生活经验的丰富，开始摆脱"主观化"或"自我中心"的倾向，从客观事物本身的内在关系中寻找判断推理的依据。

4. 判断论据明确化

从判断论据看，幼儿起先没有意识到判断的根据，以后逐渐开始明确意识到自己的判断根据。幼儿初期儿童虽然能够做出判断，但是，他们没有或不能说出判断的根据，或以他人的根据为根据，如"妈妈说的""老师说的"，他们甚至并未意识到判断的论点应该有论据。

随着幼儿的发展，他们开始设法寻找论据，但最初的论据往往是游戏性的或猜测性的。幼儿晚期，儿童不断修改自己的论据，努力使自己的判断有合理的根据，对判断的论据日益明确，说明思维的自觉性、意识性和逻辑性开始发展。

（三）学前儿童理解的发展

理解是个体运用已有的知识经验去认识事物的联系、关系乃至其本质和规律的思维活动。理解普遍存在于认识过程中，无论是对事物的知觉，还是对事物内在实质的把握，都离不开理解的参与。学前儿童对事物的理解有以下发展趋势。

1. 从对个别事物的理解，发展到理解事物的关系

这一发展趋势明显表现在幼儿的"看图讲述"活动中。小班幼儿只能指出图画中的个别人物或人物的个别动作，或者图画中对幼儿最有吸引力的事物。在成人的引导下，大些的幼儿开始能理解人物之间的一些简单关系。到大班末期，观看比较简单的图画时，能基本把握整个画面的内容，甚至能用一句话概括出图画所反映的主题，说明他们已经理解了这幅画。幼儿理解成人讲述的故事，也常常是只理解其中的个别字句、个别情节或者个别行为，以后才理解具体行为产生的原因及后果，最后才能理解整个故事的思想内容。

2. 从主要依靠具体形象来理解事物，发展到依靠语言说明来理解

小班儿童在听故事或者学习文艺作品时，常常要靠形象化的语言和图片等辅助手段才能理解。随着年龄的增长，儿童逐渐能够摆脱对直观形象的依赖，而只靠言语描述来理解。但在有直观形象的条件下，理解的效果会更好。例如，一项研究指出：在教幼儿学习文学作品时，有无插图，效果很不一样。假定没有插图，幼儿的理解水平为1，有插图后，3～4、5岁幼儿的理解水平为2.12。可见，直观形象有助于幼儿理解作品。年龄越小，对直观形象的依赖性越大。教师对幼儿进行道德品质的培养与教育，不采用说教的方式，而是将道理寓于故事之中，或让儿童有感性的体验，原因也在于此。

3. 从对事物做简单、表面的理解，发展到理解事物较复杂、较深刻的含义

幼儿的理解往往很直接、很肤浅，年龄越小越是如此。例如，在给小班儿童讲完《孔融让梨》的故事后，问孩子们："孔融为什么让梨？"不少儿童回答："因为他小，吃不完大的。"可见他们还不理解让梨这一行为的含义。幼儿对语言中的转义、喻义和反义现象也比较难理解。例如，上课时，一个小朋友歪歪斜斜地坐着，如果老师批评说："某某坐的姿势多好！"小班幼儿可能都学着他的样子坐起来。他们以为老师真认为那样坐好，真的在表扬那位小朋友。所以对幼儿，尤其是小班幼儿千万不要说反话，要坚持正面教育。

大班幼儿已能理解事物较深刻的含义。他们喜欢猜谜语、听语言故事，当然这些谜语、故事的含义也不能太隐蔽。

4. 从理解与情感密切联系，发展到比较客观的理解

这是从理解的客观性上来谈的。儿童对事物的情感态度，常常影响他们对事物的理解。这种影响在4岁前儿童尤为突出。因此，儿童对事物的理解常常是不客观的。

5. 从不理解事物的相对关系，发展到逐渐能理解事物的相对关系

儿童对事物的理解常常是固定的或极端的，不能理解事物的中间状态或相对关系。对幼儿来说，不是有病，就是健康；不是好人，就是坏蛋。幼儿学会了5＋2＝7后，不经过进一步学习，不知道2＋5＝7。随着年龄的增长，幼儿逐渐能理解事物的相对关系。

三、学前儿童思维能力的培养

在正确的培养和适当的训练下，幼儿的思维能力可以提高，为此，我们提出如下建议。

（一）不断丰富学前儿童的感性知识

思维是在感知的基础上产生和发展的。人们对客观世界正确、概括的认识，是通过感知觉获得大量具体、生动的材料后，经过大脑的分析、综合、比较、抽象、概括等思维过程才达到的。因此感性知识、经验是否丰富，制约着思维的发展。幼儿教师应有意识、有计划地组织各种活动，丰富幼儿的感性知识及表象。对待年龄较小的孩子，最好采用一些直观法，如参观、游览，直接接触各种实物，以促进孩子尽可能通过亲身的感受与体验去获得丰富的感性知识。孩子积累的感性知识越多、越正确，就越易形成对事物正确的概括，从而发展思维能力。

（二）发展学前儿童语言

语言是思维的武器和工具。正是借助于词的抽象性和概括性，人脑才能对事物进行概

括、间接的反映。通过语言中的词和语法规则，幼儿才得以逐渐摆脱实际行动的直接支持，摆脱表象的束缚，抽象、概括出事物之间的规律性联系。要重视发展孩子的口头语言，培养他们的抽象思维能力。不要放过在游戏、参观、散步等日常生活中跟孩子对话的机会，帮助孩子正确认识事物，掌握相应的词汇，教他们学说话，以培养他们用规范的语言表达自己认识的能力。只有这样，才能促使孩子的思维从具体情境中解放出来，在具体形象思维发展的基础上向抽象逻辑思维转化。

（三）教给学前儿童正确的思维方法

思维的特征是概括性、间接性和逻辑性，幼儿随着年龄的增长，有了较多的感性知识和生活经验，语言发展也达到较高水平，为思维发展提供了条件和工具。但还需掌握正确的思维方法，才能更好地利用这些条件和工具。幼儿不是一开始就能掌握的，家长和老师都要引导和教给幼儿，遇到问题如何通过分析、综合、比较和概括，做出逻辑的判断、推理来解决。为了使孩子思考问题获得一定的广度和深度，即使孩子遇到了较大的困难，家长也不要急于直接给予解答，可以用类比的方法启发他们自己找到正确的答案。实践证明，只有当孩子通过自己的努力去完成老师或家长提出的任务时，才能真正有效地锻炼和提高他们的思维能力。

（四）激发幼儿的求知欲，保护孩子的好奇心

思维的发展和思维的积极性密切相关。幼儿思维的积极性主要表现在他们好奇、爱提问题、喜欢从事探究活动上。好奇心是幼儿的特点，他们对周围的环境充满探求的渴望，善于主动发现和探索事物的特点，在不断获取知识和信息的同时，他们的思维力也得到发展。成人应该保护幼儿的问题，不能采用冷淡或压抑的态度，应鼓励幼儿好问、多问、多动脑。另外，成人也应该经常向幼儿提出各种他们能接受的问题，引导他们去思考，去探究结论。这样能使幼儿的思维经常处在积极的活动状态之中，有助于他们思维的发展。家长切不可禁止他们或随便责备他们，以免挫伤他们思维的积极性。反之，应当因势利导，鼓励他们的探索精神，主动去培养他们爱学习、爱科学和乐于动脑筋、想办法、勤于动手解决问题的习惯，从而培养孩子学习的兴趣和思维能力。

（五）通过智力游戏、实验等方式，锻炼幼儿的思维能力

智力游戏是一种以知识为内容，以发展智力为活动形式的游戏。因为它趣味性浓，受到幼儿的欢迎，所以它可以在活泼、轻松的氛围中，唤起幼儿已有的知识印象，促进幼儿积极动脑去进行分析、比较、判断、推理等一系列逻辑思维活动，从而促进幼儿思维抽象逻辑性的发展。智力游戏一般比较短小、简便，易于开展。通过形式多样的智力游戏，坚持经常化的练习，能有效地锻炼幼儿的思考力，使之潜移默化地得到发展。

第三节 言语概述

案例引入

一位父亲描述他儿子口吃的烦恼，说他儿子出于好奇而模仿班上一位说话结巴的小朋友，于是他就制止他们接触，结果情况越来越糟。你知道幼儿口吃是怎么形成的吗？该怎么做？你又会给这位父亲什么建议呢？

一、言语的概念

言语是个体借助语言传递信息、进行交际的过程。言语和语言是两个既有区别又有联系的概念，语言是以词为基本单位，以语法为构造规则而组成的符号系统。它的形成是一种社会现象，它在人类社会实践活动中产生，并随着人类社会的发展而发展。每个民族都有自己的语言，人们把语言作为相互交际的工具。而言语是个体在不断掌握、运用和理解语言的过程中发生的心理现象。人们可以使用不同的语言，但其心理过程有普遍规律。言语是心理学研究的对象。言语和语言又是密不可分的。作为心理现象的言语不能离开语言而独立地进行。儿童只有在一定的语言环境中才能学会并进行言语；另外，语言也只有在人们的言语交流活动中才能发挥它的作用，并不断地得到丰富和发展。

二、言语的分类

在心理学上，一般把言语分为两大类：外部言语和内部言语。

（一）外部言语

外部言语是进行交际的言语，可以分为口头言语和书面言语两种，其中口头言语又包括对话言语和独白言语。

1. 口头言语

口头言语是指以听、说为主的言语。它通常以对话和独白的形式来进行。人们在对话时，有交际对象在场，相互之间有应答和支持。对话言语是在两个或更多的人之间进行，大家都积极参加的一种言语活动，如聊天、座谈、讨论等。有"情境性"是对话言语的突出特点，只有在结合具体情境时，才能使听者理解说话人所要表达的思想内容，而且往往还需要说话人运用一定的表情和手势作为自己言语活动的辅助手段。独白言语是一个人在较长的时间内独自进行的言语活动，如报告、讲课、演讲等。独白言语需要发言人在独白之前做好充分准备，表达时要求完整、连贯，使听众深刻理解发言内容，必须用连贯、准确的言语表达清楚自己的意思。所以，独白言语是比对话言语更为复杂的言语活动。

2. 书面言语

书面言语是指人们用文字来表达思想和情感的言语。无论从人类的发展历史还是从个体发展的过程来看，书面语言的发生都晚于口头言语。儿童总是先掌握口头言语，在此基础上，通过专门训练逐步掌握书面言语。

书面言语通常以独白的形式进行，它并不直接面对对话者，不能借助表情、声调、手势来表达思想和情感。儿童掌握书面言语一般要经过识字、阅读和写作三个阶段。识字是基础，是使用书面言语的手段，学会阅读和写作是儿童言语发展的最重要因素。

（二）内部言语

内部言语是指只为语言使用者所意识到的内隐的言语，也叫作不出声的言语。它是人们进行思维活动时凭借的主要工具，通常以简缩的形式进行。如果说用于交往的言语是"宣之于外"的外部言语，那么，用于调节的言语则主要是"隐之于内"的内部言语。内部言语的对象不是别人，而是自己，是自己思考问题时所用的一种特殊的言语形式。内部言语的特点是隐蔽发音，默默无声，比较简约、压缩，与思维密不可分。主要执行自觉分析、综合和自我调节的机能。

内部言语与外部言语相互联系，互相促进；口头言语和书面言语是内部言语的外显表现，口头言语和书面言语的发展推动内部言语的发展，而内部言语的发展有助于口头言语和书面言语的提高。

第四节　学前儿童的言语

幼儿期（3~6、7岁）是言语发展的一个非常重要和关键的时期，其中3~4岁是最关键的时期。这个时期是言语不断丰富化的时期，是完整的口头言语发展的关键时期，也是连贯性言语逐步发展的时期。到幼儿末期，幼儿已经基本上掌握了本民族的口头言语。幼儿期言语的发展主要表现在语音、词汇、语法、口语表达能力及运用技能的发展上。

一、学前儿童言语发展的基本阶段

虽然儿童开始学讲话的时间略有先后，但都经历相同的发展阶段。大多数儿童在他们出生后的第一年末说出了第一个词；2岁以前已具有250个以上的主动词，并且能够说出简单的短句；3~4岁前儿童就已获得了他们语言的语法。

（一）从前语言到语言

婴儿从呱呱坠地的那一天开始，就有学习语言的许多前提条件，他不但自己能够发出声音，而且能接触到包括人类语言在内的各种声音。很久以来，人们一直认为新生儿的听觉感受性很差，是在具有学习和经验之后才能区分差别很小的语音。这无疑是正确的。但是，婴儿对一些重要语音的区分很早就已开始。心理语言学家用一种装有记录婴儿吮吸率的人工奶嘴对婴儿听辨语音的实验结果表明，1个月的婴儿就能区别辅音的清浊：［ba］和［pa］，到了4个月区分这两个音节就与成人完全一样了。到了6个月，婴儿会开始注意语言中的语调和节奏。

婴儿发出语音比语音知觉发展得要晚。从出生到6周，婴儿的发声基本上属于反射性的：哭叫、打喷嚏和咳嗽。从6周至6个月，婴儿开始把这些声音与咕咕声、喀喀声这种类似语言的声音结合起来。这些声音与辅、元音有某种类似，并且常常是对着看护者说的。约4个月时，婴儿发音系统的形状和结构已经成熟，开始发出各种类似语言的声音。6个月前后婴儿进入咿呀学语阶段，发出一连串的声音（典型的是由一个辅音、一个元音组成），而且是有节奏地、有语调地加以重复。4~8个月的婴儿开始发出近似词的音，如 ba~ba（爸爸）、ge~ge（哥哥）、ma~ma（妈妈）等。

在人生的第一年，婴儿与成人之间的语言交往在各种非语言交往（游戏、喂食、穿衣、洗澡、睡觉等）背景下进行。婴儿和父母开始理解相互间的意图和行动。人际的这种理解是通向掌握词汇意义、学习真正语言的必要条件。

（二）单词句

儿童在一周岁左右说出了最早的词，这是真正语言的开始。从一周岁左右到两周岁是单词句阶段（one-word stage），前后不超过几个月。这一阶段的特点是，儿童一次只会说一个词，但他常常用一个词来表达整个句子的信息，从而起着一个句子的作用。这种词的词义是过分扩展了的。例如，儿童把所有的四脚动物都叫作"狗狗"，把所有男人都叫作"爸爸"。不仅如此，他们在不同的情境下伴随不同的情绪和动作，还往往用同一个词表达不同的含义："妈妈"可以表示"这是妈妈""要妈妈抱""妈妈帮我捡东西""我肚子饿了"等。这种单词句也被称为全息短语。

在单词句阶段初期，儿童的词汇量只有几个词，但随着年龄的增长，词汇量增加也日趋迅速（见图4-1）。有人研究过18个儿童最初出现的10个词，结果表明，都是些动物、食物、玩具的名称。在他们最早习得的50个词中，范围已扩大到人体器官、衣服、家庭用具、运载工具、人物等方面，但没有出现过像"尿布""裤子""汗衫"之类父母经常使用的词。一般而言，儿童说出的词是他们直接摸到的、玩过的东西的名称。而对于那些立在那里不动的东西如家具、树木或商店，儿童是叫不出它们的名称的。

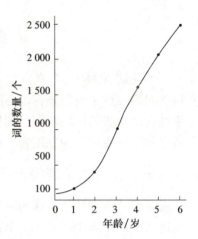

图4-1 词的数量随年龄而增长

（三）双词句

在单词句阶段的中后期，约18个月，儿童的全息短语逐渐被一种新的句子——双词句所取代，进入了双词句阶段（two-word stage）。开始时，儿童把两个单词连接起来说，中间还有停顿："妈妈。饭饭。"再进一步发展为双词句："妈妈饭饭。"世界上不同文化、不同语言的儿童，在语言发展的这个阶段的表现都十分相似。他们用双词句指出一个对象（如"看狗狗"），表明注意到一个对象（如"书在这里"），表达某件重要事情，希望某种东西再次出现（如"要牛奶"），或某种重要东西的消失（如"饼饼没了"）以及指出情境的某些关系：动作者与动作的关系（如"奶奶开开"），动作与对象的关系（如"送送妈妈"），动作者与对象的关系（如"妈妈书"），动作与接受者的关系（如"给爸爸"）。与单词句一样，儿童的双词句有时也用来表达各种不同的意思。像"妈妈饭饭"这句话可能用来表达几种不同意思之一："饭是妈妈的""妈妈在吃饭"等。

在双词句之后是否有三词句阶段，心理语言学家有不同的说法。弗罗金和罗德曼（Fromkin & Rodman, 1983）认为，不存在三词句阶段，因为儿童一旦越过了双词句阶段，在他们的话语中就会很快地出现较长的短语。布朗（Brown, 1973）则称这一时期的语言为电报式言语。早期电报式语言的特征是句子简短，基本上是由实词构成的简单句，通常是名词和动词。这种语言之所以称为电报式的，是因为这些句子中没有功能词，即没有动词时态词尾，没有名词复数词尾，没有前置词、连词、冠词等。随着电报式语言阶段的发展，功能词便逐渐加入句子之中。

在儿童掌握双词句后，他们就开始学习语言的句法。研究表明，2.5~3岁儿童的语言中复合句（如"爸爸走，宝宝睡觉了"，"阿姨不要唱歌，宝宝睡觉了"）占30.5%~42.3%。这时衡量儿童语言发展的一个指标是句子的平均长度（即句子中所用的词或词素的平均数）。随着认知和语言复杂性的增加，儿童句子的平均长度也随之增长。这至少反映了儿童两种能力的发展变化，即产生更长的词语序列的能力和学习更加复杂的语法形式的能力在发展，如图4-2所示，是有人研究过的三个儿童在这方面的表现。

（四）从句子到会话

从3~6岁，儿童已学到了大量的会话行为。4岁儿童基本上能理解并列复句（"不是……就是……"），6岁儿童基本上能理解递进复句（"不但……而且……"）和条件复句（"只有……才……"，"如果……那么……"）（缪小春、朱曼殊，1989）。他不仅懂得一句话的字面意义，而且懂得说话者的意图。例如，有人敲门问："你妈妈在家吗？"一个3岁儿童就会去叫妈妈来开门，而不只是回答"妈妈在家"。在人际交往中，儿童懂得用语言来满足自己的物质需要（如说："爸爸，我要吃，我可以吃一块巧克力吗？"），来控制他人的行动（如说："喝你的牛奶""不要扯猫的尾巴"），陈述自己或自己对别人的关心（如说："我爱妈妈"），希望别人对自己做出评价（如说："我是个好孩子，是吗，妈妈？"），满足自己的好奇心或表示怀疑（如经常爱问："什么""为什么"）等。

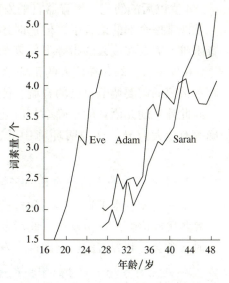

图4-2 句子的平均长度随年龄递增

随着语言和社会交往的进一步发展，儿童逐步学会根据他们的听者是谁，在什么时候用什么方式来调节自己语言的内容，逐步学会以恰当的方式加以表述。绝大多数4岁儿童已经知道在一些明显的情境下应如何调节自己的语言。例如，他们在与成人谈话时，要比与2岁孩子交谈时使用的句子更长，用的语法结构更为复杂。这种语言的进一步发展，使他们能够在与成人的日常交往中进行更准确、更协调的交谈。

二、幼儿言语发展的一般特点

（一）语音的发展

语音是言语的物质外壳，语音分辨能力强弱、发音正确与否，直接影响言语的可理解性。所以，掌握本民族语言（母语）的全部语音，包括准确分辨和正确发出母语语音两个方面。儿童发音准备期大致经历三个阶段：简单发音阶段（1~3个月）、连续音节阶段（4~8个月）和模仿发音——学话萌芽阶段（9~12个月）。

我国心理学工作者对我国3~6岁幼儿声母和韵母的发音进行了研究，得出幼儿语音发展的以下特点。

1. 幼儿发音的正确率与年龄的增长成正比

研究发现，幼儿发音正确率随年龄增长而提高，错误率随年龄增长而不断下降。3岁左右的幼儿听觉的分辨能力和发音器官的调节能力都比较弱，仍有不少幼儿不能精确分辨近似音，在发音时会出现相互代替的现象。同时，幼儿还不会运用发音器官的某些部位，或者发音方法不正确，因而还有发音不准确的情况。例如，把"四个"说成"是个"，"老师"说成"老西"。

4岁以后的幼儿，发音器官的发育逐渐完善，如果坚持练习，进行反复的言语实践，幼儿就能掌握全部的语音了。但这时还会有个别的幼儿对个别难发的音或某些相似的音感到发音困难，需要在成人的指导下反复练习。

6岁左右，幼儿在成人的正确教育下，能做到发音正确、咬字清楚，并能按照语句的内容和情感的需要调节自己的音调，能清楚地分出四声。

此外，幼儿语音的正确率与所处的社会环境有关。在同一方言地区，城乡幼儿发音的正确率有较大差异，这说明环境中的其他因素如教育条件、家庭环境等也会影响幼儿正确发音。

2. 语音发展的飞跃期为3~4岁

幼儿的发音水平在3~4岁时进步最为明显，在正确的教育条件下，他们几乎可以学会世界各民族语言的任何发音。此后发音就趋于稳定，趋向于方言化，在学习其他方言或外国语时，常会受到方言的影响而产生发音困难。

3. 幼儿对声母、韵母的掌握程度不同

4岁以后，城乡的绝大部分幼儿都能基本发清普通话中的韵母，而声母发音的正确率稍低。大多数3岁的幼儿可以发清声母，一部分幼儿发声母的错误主要集中在 zh、ch、sh、z、c、s 等音上。研究者认为3岁的幼儿辅音错误较多，主要是因为其生理上发育不够成熟，不善于掌握发音部位与方法，故发辅音时分化不明显，常介于两个语音之间，如混淆 zh 和 z、ch 和 c、sh 和 s 等。

4. 语音意识逐渐发展

幼儿期，主要是4岁左右，语音意识明显发展起来，主要表现在他们对别人的发音很感兴趣，喜欢纠正、评价别人的发音，还表现在很注意自己的发音。他们积极努力地练习不会发的音，倘若别人指出其发音的错误，他们会很不高兴，对难发的音常常故意回避或歪曲发音，甚至为自己申辩。

(二) 词汇的发展

词汇是言语的基本构成单位，词汇量越丰富就越容易表达思想，掌握的词汇越多，对事物的认识就会越深。因此，词汇的发展是言语发展的重要标志之一。幼儿词汇的发展有如下特点。

1. 词汇数量逐渐增加

国内外有关研究材料表明，3~6岁幼儿的词汇量是以逐年大幅度增长的趋势发展着的。7岁幼儿所掌握的词汇大约可增长到3岁时的4倍。一般来说，3岁的幼儿能掌握1 000个左右的词汇，到了6岁时，他们的词汇量增长到了3 500多个。

2. 词类范围不断扩大

随着词汇数量的增加，幼儿词类范围也在不断扩大，这主要体现在词的类型和词的内容两方面。幼儿一般先掌握实词，即意义比较具体的词，包括名词、动词、形容词、数量词、代词、副词等，实词中最先掌握名词，其次是动词，再次是形容词和其他实词；后掌握虚词，即意义比较抽象的词，一般不能单独作为句子成分，包括介词、连词、助词、叹词等，幼儿掌握虚词不仅时间较晚，而且比例也很小，只占词汇总量的10%~20%。

伴随年龄的增长,幼儿掌握同一类词的内容也在不断扩大。他们先掌握与日常生活直接相关的词,再过渡到与日常生活距离稍远的词,词的抽象性和概括性也进一步提高。以名词的发展为例,幼儿使用频率最高和掌握最多的名词,都是与他们日常生活内容密切相关的词汇,如"日常生活环境类""日常生活用品类""人称类""动物类"等,而像"政治、军事类""社交、个性类"等离日常生活距离较远的抽象词汇随着年龄的增长才逐渐发展起来。

3. 对词义的理解逐渐加深

与婴儿相比,幼儿言语中词的概括性增强,外延扩大或缩小等现象减少,如到幼儿末期,儿童已经掌握了一些初级种属关系的概念,理解了"动物""水果"等词汇。

但由于知识经验及思维水平的限制,幼儿对有些较模糊、抽象的词的理解不准确、不确切,常常出现词语错用的现象。具体表现如下:

(1) 对词的理解具体化。

幼儿对词的理解是非常具体的,他们更多理解的是具体名词和动词。在名词中,与儿童自己操作关系最大的词最易掌握,如鞋、袜等就比毛衣、短裤等易掌握,这是因为孩子自己穿鞋子、袜子。比如,一个3岁幼儿学会背诵古诗《悯农》,他懂得了"粒粒皆辛苦"。有一天,他看见妈妈把坏了的米饭倒掉,他拉拉妈妈的衣角,睁着惊奇的眼睛问:"妈妈,你倒掉了多少辛苦呀?"幼儿还常常用具体的表述方式来代替一些稍微抽象的词。比如,老师教过幼儿描述有关形状的词,可是,当老师问:"香蕉是什么样的"时,幼儿回答:"弯样的。"有人还会把"一辆自行车"说成"一骑自行车",把"凹""凸"说成是"瘪进去""高出来的"。

(2) 词义理解过宽或过窄。

幼儿对词义的理解不确切,常把词的含义理解得过宽或过窄。理解过宽的如把"破烂"都说成"坏","短"都说成"小","矮"说成"短","粗"说成"胖";理解过窄的如"珍贵"只是指"熊猫"。有个幼儿一天早上起床时自己穿好衣服,妈妈看见了很高兴,夸奖他说:"真不简单!会自己穿衣服了"。但是出乎妈妈的意料之外,孩子大哭起来,他喊道:"我简单!我简单嘛!"这是孩子对"不简单"这个词做了笼统的理解,他并不理解"简单"的含义,加之妈妈常常批评他"不听话"等,他以为凡是带"不"字的都是不好的事呢!

(3) 造词。

3~5岁幼儿常常自己造词,出现"造词现象"。比如,一个3岁半的孩子说:"电话这里有条子(指电线)。"一个4岁孩子说:"他在讲话,讲地下的话(指低头讲话)。"又有的幼儿把一条裤子叫"一双裤子"。这是儿童词汇贫乏,词义掌握不确切时出现的一时现象。比如,幼儿能够通过视觉区别大红和粉红,但不掌握粉红这个词,便说成"小红",或把灰色说成"小黑",当幼儿确切掌握了有关的词义后,他就不会出现这种错误了。

(4) 混淆词义。

由于对词义理解不确切,幼儿常常把不同的词义混淆。例如,妈妈说:"刚才碰见爷爷了。"儿子即问:"你刚才和爷爷就这样'咚'地碰上了吗?"他还猛地撞到妈妈身上,用动作表示对"碰"的理解。

随着幼儿年龄的增长,对词义的理解也逐渐确切和加深,但是,幼儿对具体名词的理解基本上难以达到确切的概念水平。

随着对词义理解的确切和加深，幼儿不仅能够掌握词的一种意义，而且能够掌握词的多种意义；不仅能掌握词的表面意义，而且能掌握其转义。

幼儿掌握词义越是丰富和深刻，他运用该词的积极性也就越高，这时，词可以从被动（消极）词汇转为积极（主动）词汇，既能被理解，也能被正确使用。

（三）语法结构句子的发展

人类所有的言语都具有复杂的语法结构，幼儿要学会某种语言，就必须掌握该语言的语法结构。语法是组词成句的规则，通过句子的发展状况可以反映对基本语法结构的掌握。根据我国心理学研究者已有的研究，幼儿句子的发展可以从以下三方面进行分析。

1. 句型从不完整句向完整句发展

儿童最初的句子结构是不完整的。儿童的不完整句大多发生在2岁以前，主要是单词句和双词句。大约2岁以后，儿童逐渐出现比较完整的句子。完整句的数量和比例随着年龄的增长而增长。到6岁左右，儿童98%以上使用完整句。完整句又可以分为简单句和复合句、陈述句和非陈述句、无修饰句和修饰句。

（1）从简单句到复合句。

简单句是指句法结构完整的单句。从2岁以后，简单句逐渐增加。我国近年来的许多研究都表明，学前儿童主要使用简单句。发展的趋势是，简单句所占比例逐渐减少，复合句逐渐发展，但总的来说，学前儿童使用简单句的比例较大。学前儿童使用简单句的主要类型有：主谓结构句，如"宝宝睡觉"。谓宾结构句，如"坐车车""找妈妈"。主谓宾结构句，如"宝宝坐车"。主谓双宾结构句，如"阿姨给宝宝糖"。

儿童复合句的主要特点首先是数量较少，比例不大。学前初期，复合句的比例相当小，虽然复合句的比例随着年龄的增长而增长，但到学前晚期，仍然在50%以下。其次是结构松散，缺乏连词，只是简单句意义上的结合，如"妈妈上班，我上幼儿园"。最后是联合复句出现较早，偏正复句出现较晚。复合句包括联合复句和偏正复句两大类。学前儿童比较容易掌握联合复句。学前儿童常用用的联合复句中主要是并列复句，占有相当大的比例。偏正复句反映比较复杂的逻辑关系，学前儿童较难掌握。学前儿童常用的偏正复句主要有条件复句、因果复句、转折复句（转折复句主要出现在4岁以后）。

（2）从陈述句到非陈述句。

儿童最初掌握的是陈述句。在整个学前期，简单的陈述句仍然是基本的句型，学前儿童常用的非陈述句有疑问句、祈使句、感叹句等。

（3）从无修饰句到修饰句。

儿童最初说的句子是没有修饰语的、如"宝宝画画""汽车走了"。2~3岁儿童的语言有时出现一些修饰语的形式，如"大灰狼""小白兔"，但是实际上他们是把修饰词和被修饰词作为一个词组来使用的，在他们的心目中"大灰狼"就是"狼"，不论那是大狼还是小狼。朱曼殊等的研究发现，2岁半儿童已经开始出现一定数量的简单修饰语，如"两个娃娃搭积木"。3岁儿童已开始出现复杂修饰语，如"我玩的积木"。2岁儿童运用修饰语的仅占20%。3~3.5岁是复杂修饰语句数量增长最快的时期。到4岁，有修饰的语句开始占优势。

2. 语句结构处于不断发展变化之中

(1) 句子结构从混沌一体到逐步分化。

表达内容的分化。学前儿童早期，语句表达情感的、意动的（语言和动作结合表示意愿）和指物的（叫出物体名称）三个方面的功能紧密结合而不分化，表现为同一句话，在不同语境中可以有不同的语义。2岁和2.5岁的儿童经常是边做动作边说话，用动作补充语言所没有完全表达的意思，以后逐渐分化。

词性的分化。学前儿童早期的语词不分词性，表现为将名词与动词混用。例如，"嘀嘀叭叭呜"既可当名词表示"汽车"，又可当动词表示"开车"。以后才逐渐分化出名词和动词等词性。

结构层次的分化。学前儿童最初使用主谓不分的单词句、双词句，以后才发展到出现结构层次分明的句子。这主要是由于其认知水平低下，因为学前儿童早期对客观世界的认知是混沌不分化的，不能细致地分析事物的特征和细节，所以不能掌握相应的描述事物特征和细节的话语，从而犯语法错误。随着年龄的增长，句子表达的内容、词性和结构层次才逐渐分化。

(2) 句子结构从松散到逐步严谨。

最初的单双词句只是一个简单的词链，不是体现语法规则的结构。学前儿童最初的句子不仅简单，而且常常不完整，漏缺句子成分或句子成分排列不当。以后，随着年龄的增长，句子日趋完整和严谨。

(3) 句子结构从压缩、呆板到逐步扩展和灵活。

学前儿童最初的语句结构不能分出核心部分和附加部分，只能说出形式上千篇一律的、由几个词组成的压缩句。稍后能加上简单修饰语，再后来加上复杂修饰语，最后达到简单修饰语和复杂修饰语的灵活运用及语句中各种成分的多种组合。学前儿童句法结构的发展在4~4.5岁之间较为明显，5岁学前儿童语句结构逐渐完善，6岁时水平显著提高。

3. 句子的含词量不断增加

随着年龄的增长，儿童说话所用的句子有延伸的趋势。也就是说，句子的含词量逐渐增加。研究表明，3~4岁学前儿童以含4~6个词的句子占多数，4~5岁学前儿童以含7~10个词的句子占多数，5~6岁的学前儿童多数句子含有7~10个词，同时也出现了不少11~16个词的句子，但3个词以下和16个词以上的句子在学前儿童期较少出现。

（四）学前儿童语言表达能力的发展

1. 从对话言语逐渐过渡到独白言语

口语可分为对话式与独白式。对话是在两人（或多人）之间交互进行的谈话。独白则是一个人独自向听者讲述。

3岁以前儿童的言语基本上都是采取对话形式，往往只是回答成人提出的问题，有时也向成人提出一些问题和要求。

到了幼儿期，随着独立性的发展，幼儿常常离开成人进行各种活动，从而获得了一些自己的经验、体会和印象。这样，独白言语也就发展起来。当然，幼儿的独白言语的发展水平还是很低的，尤其在幼儿初期。3~4岁时时幼儿虽然已能主动讲述自己生活中的事情，但由于词汇贫乏，表达显得很不流畅，常有一些多余的口头语。4~5时岁能独立地讲故事或各种事情。在良好教育条件下，5~6岁的幼儿能够大胆而自然地，生动而有感情地进行讲述。

2. 从情境性言语过渡到连贯性言语

情境性言语只有在结合具体情境时，才能使听者理解说话者的思想内容，并且往往还需要用手势或面部表情甚至身体动作辅助和补充。连贯性言语的特点是句子完整，前后连贯，逻辑性强，使听者仅从语言本身就能理解所讲述的意思，不必事先熟悉所谈及的具体情境。

3岁前儿童的语言主要是情境性语言。单词句和电报句都不能离开具体情境。婴儿只能进行对话，不会独白，这也决定了他们的言语主要是情境性言语。

3~4岁幼儿的语言带有情境性，他们在说话中运用许多不连贯、没头没尾的短句，并辅以一些手势和面部表情。4~5岁幼儿说话常常还是断断续续的，不能说出事物、现象和行为动作之间的联系，只能说出一些片断。

6~7岁幼儿才能比较连贯地说话，开始从叙述外部联系发展到叙述内部联系。

总之，在整个幼儿期随着年龄增长，幼儿情境性言语和比重逐渐下降，连贯性言语的比重逐渐上升。

（五）学前儿童内部言语的发展

内部言语是指不出声的语言，是语言的一种特殊形式，其特点是发音隐蔽，语句简略。内部言语与思维有密不可分的联系；主要执行自觉分析、综合和自我调节的机能，同人的意识的产生有着直接的联系。内部言语是在外部言语发展到一定阶段的基础上派生出来的。

内部言语在幼儿4岁左右开始产生，其特点是出声的自言自语。这是一种介于有声的外部言语和无声的内部言语之间的过渡形式，它既有外部言语的特点：说出声，又有内部言语的特点：对自己说。出声的自言自语有两种形式：

游戏语言，这种语言完整，详细，有丰富的情感和表现力。例如，幼儿在游戏时，常常一面做动作，一面说话，用语言补充和丰富自己的行动。在建筑游戏和绘画中，经常可以看到儿童在边做边说："这支大机枪，嘟嘟……轰！哎呀！啊！打死了！……"幼儿常常用这种游戏语言来补充用动作表达感到困难的内容，发挥自己的想象。

问题语言，这种语言简短，零碎，常常在遇到问题或困难时出现，表示困惑、怀疑、惊奇等。例如，在拼图过程中，幼儿一边注视桌上的拼板，一边自言自语"这个怎么办？放哪儿？……不对，在这儿，呀，不行……这像什么？哈，机器人！……"。儿童常在自言自语中表现出自己解决问题的思维过程和采取的办法。4~5岁幼儿的问题语言最丰富。6~7岁幼儿已能默默地用内部言语进行思考。所以问题语言相对较少，但在遇到较难任务时，问题语言又活跃起来。

（六）学前儿童书面语言的发展

由于对语言交际的态度积极和口头语言的进一步发展，到了学前晚期，儿童往往主动要求识字、读书。这时候的幼儿，形象知觉、图像识别能力较强，适当学习书面语言并不困难，也很有兴趣。但是，由于幼儿生活经验与理解能力有限，特别是小肌肉发育尚不成熟，识大量的字，或识较抽象的词，或学习书写，负担较重，意义不大。因此，在幼儿晚期，如有条件，可适当教给幼儿一些与生活经验密切联系的、常用的、具体的字词。在教书面语言的过程中，应着重培养儿童的学习兴趣和学习习惯。

早期阅读是学前儿童学习书面语言的语言行为。培养幼儿的早期阅读，有利于充分挖掘学前儿童早期发展的潜能。

识字是学习书面语言的一种内容和方式，但不是唯一的内容和方式。准确地说，大量的识字不是学前儿童早期阅读的内容。让幼儿学习阅读，不是要幼儿学会一批字、写文字，而是让幼儿了解一些有关书面语言的信息，增长学习书面语言的兴趣，懂得书面语言的重要性，建立良好的阅读习惯。这样幼儿就能为下一阶段在小学的正式学习识字和写字等做好准备。

三、学前儿童言语的培养

（一）创造条件，让儿童有充分交往与活动的机会

言语本身是在交往中产生和发展的。儿童只有在广泛交往中，感到有许多知识、经验、情感、愿望等需要说出来的时候，言语活动才会积极起来。因此，增加幼儿与成人之间以及小朋友之间的交往，是发展幼儿口语的有效方法。

（二）帮助儿童扩大眼界，丰富生活，增加词汇

生活是语言的源泉，没有丰富的生活，就不可能有丰富的语言。幼儿生活范围狭小，生活内容单调，语言发展就迟缓，语言就贫乏。因此，组织丰富多样的活动，帮助儿童扩大眼界，增长词汇，十分必要。"见多识广"语言也就丰富了。

（三）加强对学前儿童言语的训练

对学前儿童言语进行有计划的训练是很重要的。幼儿园主要是通过语言教学来发展学前儿童语言表达能力的。教学中，要要求学前儿童发音正确，用词恰当，句子完整，表达清楚、连贯，并及时帮助学前儿童纠正语音，好的给予鼓励表扬。要运用有效的教学方法，调动儿童说话的积极性，并给予反复练习的机会，以及做出良好的示范，促进学前儿童语言的发展和规范化。

（四）成人语言规范的榜样作用

模仿是儿童的天性。幼儿十分喜欢模仿周围人们的一举一动，也同样喜欢模仿周围人的语言。成人良好的示范榜样，对学前儿童潜移默化的影响是十分深远的。成人必须有意识地引导幼儿模仿自己规范的语言，纠正错误。这中间，特别要注意不能讥笑和重复儿童错误的发音或语句。

练一练

一、选择题

1. 幼儿词汇中使用频率最高的是（　　）。
   A. 代词　　　　　B. 名词　　　　　C. 动词　　　　　D. 语气词
2. 儿童学习语言的关键期是（　　）。
   A. 0~1岁　　　　B. 1~3岁　　　　C. 3~6岁　　　　D. 5~6岁
3. 儿童学习语言发音最容易的年龄阶段是（　　）。
   A. 2~3岁　　　　B. 3~4岁　　　　C. 4~5岁　　　　D. 5~6岁
4. 幼儿语言发展中最早产生的句型是（　　）。

  A. 陈述句   B. 疑问句   C. 祈使句   D. 感叹句

 5. 幼儿阶段开始出现书面语言的发展，其书面语言发展的重点是（   ）。

  A. 识字   B. 写字   C. 阅读   D. 写作

 6. 幼儿典型的思维方式是（   ）。

  A. 直观动作思维   B. 抽象逻辑思维

  C. 直观感知思维   D. 具体形象思维

 7. 下列哪种活动反映了儿童的形象思维（   ）。

  A. 做游戏，遵守交通规则过马路   B. 过家家，用玩具锅碗瓢盆做饭、吃饭

  C. 给娃娃穿衣、喂奶   D. 儿童能算出 2 + 3 = 5

 8. 学前儿童思维发生的时间是（   ）。

  A. 1岁半左右   B. 2岁左右   C. 2岁半左右   D. 3岁左右

 9. 儿童的理解主要是（   ）。

  A. 直接理解   B. 间接理解   C. 表面理解   D. 客观性理解

二、问答题

1. 简述言语的种类。
2. 幼儿言语发展的基本阶段有哪些？
3. 怎样培养幼儿的言语能力？
4. 思维的种类与过程是什么？
5. 请你说出幼儿思维发展的一般趋势。
6. 如何根据幼儿的思维特点培养其思维能力？

三、案例分析

请根据学前儿童心理发展的相关知识，对下面的案例加以分析：

1. 强强是4岁幼儿，喜欢自言自语。搭积木时，他边搭边说："这块放在哪里呢……不对，应该这样……这是什么……就把它放在这里作门吧……"搭完一个机器人后，他会兴奋地对着它说："你不能乱动，等我下了命令后，你就去打仗！"为什么强强在做游戏的时候会自言自语？

2. 4岁的涛涛讲故事总是边讲边做动作。如讲到"大灰狼"时，会做出大灰狼的样子，讲到"兔子"时，会把手放到头顶上当兔子耳朵，讲到"大灰狼要吃兔子"时，会张大嘴巴做出吃的样子。为什么案例中的涛涛在讲故事时还要做动作？

第五章

学前儿童的情绪与情感发展

【学习目标】

1. 了解情绪与情感的概念、种类及其功能。
2. 掌握学前儿童情绪与情感发展的一般趋势。
3. 掌握学前儿童情绪与情感的发展特点。
4. 能根据学前儿童的特点有针对性地培养其情绪情感。

案例引入

今天是开学的第一天,多多的妈妈与外婆很早就把他送到了幼儿园,多多看到老师,露出了非常害怕的表情,大哭"多多要找妈妈"。多多妈妈与外婆把多多交给老师,转身就走了。多多一边"哭",一边歇斯底里地喊着"多多要回家,快给妈妈打个电话吧",并在教室里不停地来回走动。这个案例反映了幼儿怎样的心理现象?你觉得应怎样调整他的情绪?

第一节 情绪与情感概述

一、情绪与情感的概述

人非草木,孰能无情。人生活在社会中,为了自身的生存和发展,就要不断地认识和改造客观世界,创造人类文明、进步和发展的条件。人们在变革现实的过程中,必然要遇到得失、顺逆、荣辱、美丑等各种情境,因而有时感到高兴和喜悦,有时感到气愤和憎恶,有时感到悲伤和忧虑,有时感到爱慕和钦佩等。这里的喜、怒、哀、乐、忧、愤、憎等都是情绪和情感的不同表现形式。

(一) 情绪与情感的概念

情绪与情感是人对客观事物是否符合自己的需要而产生的态度体验。

需要是情绪产生的基础,人之所以会产生不同的情绪情感体验,是因为客观现实与人的需要之间形成了不同的关系。当客观现实满足人们的需要时,就会引起积极、肯定的情绪情感,如喜爱、满意、愉快、尊敬或自豪等;当客观现实不能满足人们的需要时,就会产生消极、否定的情绪情感,如憎恨、痛苦、忧愁、愤怒、恐惧、羞耻或悔恨等。例如,长期干旱的地区降了一场大雨,降雨符合人们的主观需要,人们会对之采取肯定的态度,产生满意、愉快等内心体验;相反,已经遭受洪涝灾害的地区又降了一场大雨,造成更大的损失,降雨显然不符合人们的主观需要,人们对之持否定的态度,产生不满、厌恶甚至愤怒等内心体验。即使是同一事物,在不同的需要下,也可以引起不同的情绪体验。以铃声为例,当我们在需要冷静地思考以解除烦恼时,铃声就会使我们觉得很讨厌;当你急切地盼望下课时,铃声就会使你感到特别欣喜;当你在车站伫立久候来车时,公共汽车驶来的声音,使人非常高兴,这也说明客体能否引起人的情绪情感体验,是以需要为中介的。

(二)情绪与情感的关系

一般来说,情绪和情感有以下三方面的区别:

其一,情绪出现较早,多与生理性需要相联系。而情感出现较晚,多与社会性需要相联系。婴儿一生下来,就有哭、笑等情绪表现,而且多与食物、水、温暖、困倦等生理性需要相关联;情感是随着幼儿心智的成熟和社会认知的发展而产生的,多与求知、交往、艺术陶冶、人生追求等社会性需要相联系。因此,情绪发生较早,是人和动物共有的,而情感是人类特有的,是个体发展到一定年龄才产生的。

其二,情绪具有情境性和暂时性,而情感具有深刻性和稳定性。情绪往往随着某种情境的出现而产生,又随着情境的变化而消失。所以,人的情绪往往容易变化,很难持久。而情感是在多次情绪体验的基础上形成的、稳定的态度体验,是稳定的、持久的。例如,对一个人的爱和尊敬,可能是一生不变的。

其三,情绪具有冲动性和明显的外部表现,而情感则比较内隐。人在情绪左右之下往往不能自控,高兴时手舞足蹈,郁闷时垂头丧气,愤怒时又暴跳如雷。情感更多是内心的体验,深沉而久远,不轻易流露出来,如人们对自己祖国产生的自豪感和尊严感。

情绪和情感的区别是相对的,而两者的联系是紧密的。一般来说,情感是在多次情绪体验的基础上形成的,并通过情绪表现出来;反过来,情绪的表现和变化又受已形成情感的制约。可以说,情绪是情感的基础和外部表现,而情感是情绪的深化和本质内容。当人们从事一项工作时,经常体验到轻松、愉快,时间长了,就会爱上这一工作;反过来,在他们与工作建立起深厚感情之后,会因工作的出色完成而欣喜,也会因工作中的疏漏而伤心。

二、情绪与情感的种类

(一)情绪的分类

关于情绪的分类,我国古代名著《礼记》中提出"七情"说,即喜、怒、哀、惧、爱、恶、欲,《白虎通》中提出了"六情",即喜、怒、哀、乐、爱、恶等。现代根据标准的不同,情绪有不同的分类,但一般认为有四种基本情绪,即快乐、愤怒、恐惧和悲哀。

根据情绪发生的强度、持续时间和紧张度,可把情绪分为心境、激情和应激。

1. 心境

心境是指人比较平静而持久的情绪状态,具有弥漫性,也就是平时说的心情。它不是指关于某一事物的特定体验，而是以同样的态度体验对待一切事物。当心情愉悦时，喜笑颜开，看什么都是美好的，生活中我们常说"人逢喜事精神爽"，指碰到喜事会让我们长时间保持着愉悦的心情；当心情不佳时，那些不如意的事情也会让我们很长时间忧心忡忡，情绪低落，这都是心境的表现。

虽说情绪具有情境性，但心境中的喜悦、悲伤、生气、恐惧却是要维持一段较长的时间，有时甚至成为人一生的主导心境。如有的人命运多舛，却总是以坚强乐观的心境去面对生活；有的人却觉得命运对自己不公平，总是抑郁愁闷的心境。

2. 激情

激情是一种强烈的、爆发性的、为时短促的情绪状态，类似于平时所说的激动。这种情绪状态通常是由对个人有重大意义的事件引起的。重大成功之后的狂喜、惨遭失败之后的绝望、亲人突然死亡引起的极度悲恸等，都是激情状态。和心境相比，激情在强度上更大，但维持的时间一般较短暂。

激情对人的影响有积极和消极两个方面。一方面，激情可以激发人内在的能量，形成巨大的动力，如我国发射卫星成功时的兴高采烈、我国运动员在国际比赛中取得金牌时的欣喜若狂，在这些激情中包含着强烈的爱国主义情感，是激励人上进的强大动力；另一方面，激情也有很大的破坏性和危害性，激情状态下人往往出现"意识狭窄"现象，即认识活动的范围缩小，理智分析能力受到抑制，自我控制能力减弱，进而使人的行为失去控制，甚至做出一些鲁莽的行为或动作。一些青少年犯罪，就是因为一时冲动，在激情的冲动下有时任性而为，不计后果，酿成大错。要知道，任何人对在激情状态下的失控行为所造成的不良后果都是要负责任的，要善于控制自己的激情，做自己情绪的主人。所以，在生活中应该适当地控制激情，多发挥其积极作用。

3. 应激

应激是人在出现意外情况时，所引起的急速而高度紧张的情绪状态。例如，人们遇到某种意外危险或面临某种突然事变时，必须集中自己的智慧和经验，动员自己的全部力量，迅速做出选择，采取有效行动，此时人的身心处于高度紧张状态，即为应激状态。例如，飞机在飞行中，发动机突然发生故障，驾驶员紧急与地面联系着陆；正常行驶的汽车遇到意外故障时，司机紧急刹车；旅途中突然遭到抢劫；日常生活中突然遇到火灾、地震等。在这种情况下人们所产生的一种特殊紧张的情绪体验，就是应激状态。

应激状态的产生与人面临的情境以及人对自己能力的估计有关。出现应激状态时，有的人急中生智，当机立断，集中全部精力去应付突变，从而化险为夷；而有些人则张皇失措，目瞪口呆，手足无措；有些人多余动作增多，出现一些盲目的无效活动。

(二) 情感的分类

情感是同人的社会性需要相联系的主观体验，是人类所特有的心理现象之一。人类高级的社会情感主要有道德感、理智感和美感。

1. 道德感

道德感是根据一定的道德标准在评价人的思想、意图和行为时所产生的主观体验，是个人根据社会道德准则评价自己或别人行为时所产生的情感，是一种高级形式的社会情感。道德感属于社会历史范畴，不同时代、不同民族、不同阶级有着不同的道德标准。在社会主义国家，崇尚爱国主义、集体主义、见义勇为和互帮互助等情感。

道德感按其内容包括对民族、祖国的自豪感和尊严感；对社会劳动和公共事务的责任感、义务感；对集体的集体主义感、荣誉感以及国际主义情感等。

2. 理智感

理智感又称智慧感，是在智力活动过程中，认识和评价事物时所产生的情绪体验。这类感情与人的认识活动、求知欲、人生观、世界观等有着密切的联系，是人们从事学习活动和探索活动的动力。当一个人认识到知识的价值和意义时，他就会不计名利得失，以一种忘我的奉献精神投入学习和工作中。居里夫妇提炼镭的艰辛历程以及发现镭的那一刻，所体验到的理智感不是一般人所能体验的。人们越积极地参与智力活动，就越能体验到强烈的理智感。

理智感的表现形式有：人们在探索未知的事物时所表现的求知欲望、认识兴趣和好奇心；在解决问题过程中出现的迟疑、惊讶、焦虑以及问题解决后的喜悦、快慰；在评价事物时坚持自己见解的热情；由于违背和歪曲了事实真相而感到羞愧；对谬误与迷信的鄙视和憎恨；等等。

3. 美感

美感是根据一定的审美标准评价事物时所产生的情感体验。在客观世界中，凡是符合人们审美标准的事物都能引起美的体验。人在感受美的时候通常会产生一种愉快的体验，而且表现出对美的客体的强烈的倾向性。由于不同民族、不同阶层的人们对美的评价标准不尽相同，对美的体验也自然不同。如有的人喜欢花好月圆的美，有的人却喜欢残缺的美；有的人喜欢精致绚丽的美，有的人却喜欢悲壮苍凉的美。

美感主要由两方面引起：一方面由客观景物引起，如桂林山水的秀丽、内蒙古草原的苍茫、故宫的绚丽辉煌、长城的蜿蜒壮美，使人体验到大自然的美和人的创造之美；另一方面由人的容貌举止和道德修养引发，甚至一个人的善良、淳朴、率直、坚强的品质，比身材和外貌更能体现人性之美。

三、情绪和情感的功能

1. 适应功能

有机体在生存和发展的过程中，有多种适应方式。情绪和情感是有机体适应生存和发展的一种重要方式。

情绪是人类早期赖以生存的手段。婴儿出生时，还不具备独立的生存能力和言语交际能力，这时主要依赖情绪来传递信息，与成人进行交流，得到成人的抚养。成人也正是通过婴儿的情绪反应，及时为婴儿提供各种生活条件。在成人的生活中，人们通过情绪、情感进行社会适应，如用微笑表示友好；通过移情维护人际关系；通过察言观色了解对方的情绪状况，以便采取适当的、相应的措施或对策等。人们通过情绪、情感，了解自身或他人的处境与状况，以适应社会的需要，求得更好的生存和发展。

2. 动机功能

情绪是幼儿认知和行为的唤起者与组织者。也就是说情绪对幼儿心理活动和行为具有非常明显的动机和激发作用。一般来说，积极的情绪和情感可以提高活动的积极性，推动活动的进行；消极的情绪和情感则会降低活动的积极性，干扰活动目标的实现。

幼儿的心理活动和行为的情绪色彩非常浓厚。情绪直接指导、调控着儿童的行为。例如，喜爱小动物的幼儿，就会经常接近小动物，在接触过程中，逐渐了解了小动物的生活习性，掌握了很多关于小动物的知识。这对于那些害怕或讨厌小动物的幼儿来说，是很难做到的。

3. 组织功能

情绪是心理活动中的监控者，它对其他心理活动具有组织作用。这种作用表现为积极情绪的协调、组织作用和消极情绪的破坏、瓦解作用。中等强度的愉快情绪，有利于提高认知活动的效果，而消极的情绪如恐惧、痛苦等会对操作效果产生负面影响，消极情绪的激活水平越高，操作效果越差。在日常生活中，我们可以看到，虽然很多孩子在学习各种技能，如弹琴、画画等，但学习效果差别非常大，这当然不能排除孩子天赋的作用，但更重要的还是孩子的兴趣。有兴趣的孩子在活动过程中，充满愉快的情绪，这种愉快和兴趣对他的活动起到了协调和组织的作用，能提高其活动的效果。而那些缺乏兴趣的孩子学习时，更多的是由于父母的压力，甚至产生害怕、厌恶等消极情绪，其活动效果就非常差。

情绪的组织功能还表现在人的行为上，当人们处在积极、乐观的情绪状态时，易注意事物美好的一面，其行为比较开放，愿意接纳外界的事物。而当人们处在消极的情绪状态时，容易失望、悲观，放弃自己的愿望，有时甚至产生攻击性行为。

4. 信号功能

情绪和情感是人们表达、传递自身需要及状态的信号。这种信号功能主要是通过情绪的外部表现，即表情来实现的。表情是思想的符号，在许多场合，人们只能通过表情来传递信息，如用微笑表示赞赏、用点头表示默认等。表情也是言语交流的重要补充，如手势、语调等使言语信息表达得更加明确或确定。从信息交流的发生上来看，表情的交流比言语交流要早得多。

儿童在与父母、教师的交往中，更多的是从父母、教师的言行中获得一种感情的信号——喜爱或不喜爱。幼儿接受这些信号之后，就会逐渐学会将类似的信号（友好或不友好）传达给周围的人，并产生相应的友好或不友好行为。

四、情绪的发生与分化

（一）情绪的发生

观察和研究普遍表明，婴儿出生后就有情绪。初生的婴儿即有情绪反应，如新生儿或哭，或安静，或四肢舞动等，可以称为原始的情绪反应。

经过多年的研究，现在人们普遍倾向认为，原始的、基本的情绪是进化来的，是不学就会的、天生的，儿童先天就有情绪反应。这种情绪反应与生理需要是否得到满足有直接关系。

（二）情绪的分化

对初生婴儿的情绪是否分化，是只有一般性的、未分化的情绪，还是具有各个分化的、不同的情绪，这一直是个有争议的课题。下面，我们介绍几个有代表性的研究。

1. 华生的研究

行为主义的创始人华生根据对医院 500 多名婴儿的观察提出：新生儿有三种主要情绪，即怕、怒和爱。华生还详细描述了这些情绪产生的原因和表现，具体如下。

（1）怕。华生认为新生婴儿的怕是由于大声和失持引起的。当婴儿安静地躺着时，在其头部附近敲击钢条，会立即引起他的惊跳、肌肉猛缩，继之以哭；当身体突然失去支持，或身体下面的毯子被人猛抖，婴儿会发抖、大哭、呼吸急促、双手乱抓。

（2）怒。怒是由于限制婴儿运动引起的。例如，用毯子把孩子紧紧地裹住，不准活动，婴儿会发怒，他会把身体挺直，或手脚乱动。

（3）爱。爱由抚摸、轻拍或触及身体敏感区域产生。例如，抚摸孩子的皮肤，或是柔和地轻拍他，会使婴儿安静，产生一种广泛的松弛反应，或是展开手指、脚趾。

随着行为主义的兴起，关于新生儿有三大基本情绪的推论也随之流行起来。但是后来的一些研究都未能证实华生对原始情绪的划分。有人将新生儿自由落下 2 尺的距离，85 个新生儿只有 2 个号哭，有些新生儿根本就没有发生明显的身体反应。谢尔曼（Shermen，1927）曾用四种不同的刺激情境（针刺、过时不喂、身体突然失去支持、束缚手和脚的运动）来引起新生儿的情绪反应，然后叫医生、大学生进来观察新生儿的反应情况，要求他们指出新生儿的哭有什么不同、这些不同的哭是由什么原因引起的。结果这些观察者对新生儿表现出来的情绪以及造成这些反应的可能原因，都未能取得一致意见。因此，一些学者认为新生儿的情绪状态是笼统的。

2. 布里奇斯（K. M. Bridges）的情绪分化理论

加拿大心理学家布里奇斯于 1932 年提出一个新的观点：新生儿的情绪只是一种弥散性的兴奋或激动，是一种杂乱无章的未分化的反应。主要由一些强烈的刺激引起，包括内脏和肌肉不协调的反应。在以后学习和成熟的作用下，各种不同的情绪才逐渐分化出来。

他认为，出生婴儿只有未分化的一般性的激动，表现为皱眉和哭的反应；3 个月时分化为快乐、痛苦两种情绪；6 个月时，痛苦又进一步分化为愤怒、厌恶、害怕三种情绪；12 个月时，快乐情绪又分化出高兴和喜爱；18 个月时，分化出喜悦与嫉妒。

布里奇斯的理论在 20 世纪 80 年代伊扎德等提出其理论前，一直为较多的人所接受。但现在这一理论由于缺乏有效判断情绪反应的客观指标，难以根据婴儿情绪反应本身来判别婴儿情绪，因而受到不少批评。

3. 林传鼎的情绪分化理论

我国的心理学家林传鼎于 1947—1948 年，亲身观察了 500 多个出生 1~10 天的新生儿的动作变化，根据其观察提出了自己的观点。他认为，新生儿已具有两种完全可以分清的情绪反应。一种是愉快的情绪反应，代表生理需要的满足（如吃饱、温暖和舒适等），愉快的反应是一种积极生动的反应，它表现为某些自然动作，尤其是四肢末端自由动作的增加，且不僵硬；另一种是不愉快的情绪反应，代表生理需要的未满足（如饥饿、寒冷、疼痛等），其表现是自然动作的简单增加，如连续哭叫、脚蹬手刨等。

他把情绪分化的过程分为以下三个阶段：

（1）泛化阶段（0~1 岁）。

这一阶段儿童的情绪反应比较笼统，而且往往是生理需要引起的情绪占优势。

0.5~3个月，出现了6种情绪：欲求、喜悦、厌恶、忿急、烦闷、惊骇。但这些情绪不是高度分化的，只是在愉快与不愉快的基础上增加了一些面部表情。4~6个月，开始出现由社会性需要引起的喜欢、忿急。

(2) 分化阶段（1~5岁）。

这一阶段儿童情绪开始多样化，从3岁开始，陆续产生了同情、尊重、爱等20多种情感，同时一些高级情感开始萌芽，如道德感、美感等。

(3) 系统化阶段（5岁以后）。

这一阶段的基本特征是情绪升华的高度社会化。这个时期道德感、美感、理智感等多种高级情绪达到一定的水平，有关世界观形成的情绪初步建立。

林传鼎的情绪发展理论对我国情绪发展研究和理论产生过很大的影响，直到今日，不少观点，如新生儿已有两种完全可以分清的情绪反应，4~6月龄婴儿出现与社会性需要有关的情感体验，社会性需要逐渐在婴儿情感生活、交流中起越来越大的作用，始终为人们所接受，并不断为今天的研究证实是正确的。

4. 伊扎德的"情绪动机分化理论"

伊扎德是当代美国和国际著名的情绪发展研究专家。他关于婴儿情绪发展的研究及据此提出的情绪分化理论，在当代情绪研究中有很大的影响。

伊扎德认为婴儿出生时具有五大情绪：惊奇、痛苦、厌恶、最初步的微笑和兴趣；4~6周时，出现社会性微笑；3~4个月时，出现愤怒、悲伤；5~7个月时，出现惧怕；6~8个月时，出现害羞；0.5~1岁，出现依恋、分离伤心、陌生人恐惧；1.5岁左右，出现羞愧、自豪、骄傲、焦虑、内疚和同情等。

伊扎德的研究较之前人的研究，无论在科学性和可测性上都大大前进了一步，每一种新出现的情绪反应都有一定的具体、客观指标，易于鉴别、判断。

第二节　学前儿童的情绪与情感

一、学前儿童情绪的发生和分化

人类的基本情绪是先天的。刚出生1~2天的新生儿就有痛苦、厌恶和微笑等反应，这些反应是生物性的。但是新生儿从出生那一刻起，就需要依靠成人的抚育维持生命，这是人际互动的社会化开端，学前儿童的情绪在人际互动的社会环境中分化发展，因而情绪又是社会的产物。

(一) 哭

婴儿出生后，最明显的情绪表现就是哭。哭代表不愉快的情绪。

哭最初是生理性的，以后逐渐带有社会性。新生儿的哭主要是生理性的，幼儿的哭，已主要表现为社会性情绪了。

新生儿啼哭的原因主要是饿、冷、痛和想睡觉等。也有由其他刺激引起的，如环境变了要哭。新生儿还有一种周期性的哭，许多孩子每天晚上都要哭一阵子，这种哭是新生儿在表达内在的需要，也可以说是他的一种放松。刺激太多也容易引起新生儿啼哭。

婴儿啼哭的表情和动作所反映出来的情绪日益分化。随着孩子长大，啼哭的诱因会有所增加。

随着年龄的增长，儿童的啼哭会减少：一方面，是由于儿童对外界环境和成人的适应能力逐渐增强，周围成人对儿童的适应性也逐渐改善，从而减少了儿童的不愉快情绪；另一方面，儿童逐渐学会了用动作和语言来表达自己不愉快的情绪和需求，取代了哭的表情。

（二）笑

笑是愉快情绪的表现，儿童的笑比哭发生得晚。主要有以下类型。

1. 自发性的笑

婴儿最初的笑是自发性的，或称内源性的笑，这是一种生理表现，而不是交往的表情手段。

内源性的笑主要发生在婴儿的睡眠中，困倦时也可能出现。这种微笑通常是突然出现的，是低强度的笑。其表现，只是卷口角，即嘴周围的肌肉活动，不包括眼周围的肌肉活动。这种早期的笑在出生3个月后逐渐减少。出生后一个星期左右，新生儿在清醒时间内，吃饱了或听到柔和的声音时，也会本能地嫣然一笑，这种微笑最初也是生理性的，是反射性微笑。

2. 诱发性的笑

诱发性的笑和自发性的笑不同，它是由外界刺激引起的。它可以分为反射性的和社会性的两大类。

（1）反射性的诱发笑。

婴儿最初的诱发笑也发生于睡眠时间。比如，在婴儿睡着时，温柔地碰碰婴儿的脸颊，或者是抚摸婴儿的肚子，都可能使其出现微笑。

新生儿在第三周时，开始出现清醒时间的诱发笑。例如，轻轻触摸或吹其皮肤敏感区4~5秒，新生儿即可出现微笑。这些诱发性的微笑都是反射性的，而不是社会性的。

（2）社会性的诱发笑。

研究发现，从第五周开始，婴儿对社会性物体和非社会性物体的反应不同，人的出现，包括人脸、人声，最容易引起婴儿的笑，即婴儿开始出现"社会性微笑"。

婴儿出生后前三四个月的诱发性社会性微笑是无差别的。这种微笑往往不分对象，对所有人的笑都是一样。研究发现，3月龄婴儿甚至对正面人脸，无论其是生气还是笑，都报以微笑。但如果把正面人脸变成侧面人脸，或者把脸的大小变了，婴儿就停止微笑。

出生后4个月左右，婴儿出现有差别的微笑。婴儿只对亲近的人笑，他们对熟悉的人脸比对不熟悉的人脸笑得更多。有差别微笑的出现，是婴儿最初的有选择的社会性微笑发生的标志。

（三）恐惧

恐惧的分化也经历了以下四个阶段。

1. 本能的恐惧

恐惧是婴儿一出生就有的情绪反应，甚至可以说是本能的反应。最初的恐惧不是由视觉刺激引起的，而是由听觉、肤觉、肌体觉刺激引起的，如刺耳的高声、皮肤受伤、身体位置突然发生急剧变化等。

2. 与知觉和经验相联系的恐惧

婴儿从出生后4个月左右开始出现与知觉发展相联系的恐惧，引起过不愉快经验的刺激会激起恐惧情绪，也是从这个时候开始，视觉对恐惧的产生逐渐起主要作用，如"恐高"现象也随着深度知觉的产生而产生。

3. 怕生

所谓怕生，可以说是对陌生刺激物的恐惧反应。怕生与依恋情绪同时产生，一般在出生后6个月左右出现。伴随婴儿对母亲依恋的形成，怕生情绪也逐渐明显、强烈。研究表明，婴儿在母亲膝上时，怕生情绪较弱，离开母亲，则怕生情绪较强烈。另一些研究报告认为，8个月左右的婴儿，会把母亲当作安全基地，对新事物进行探索。他可能离开母亲身边，又不时地返回"基地"。如果由母亲或其他亲人陪同，婴儿接触新事物或新环境的恐惧情绪可以减弱，以后又逐渐地可以和亲人分离。可见，恐惧与缺乏安全感相联系。人际距离的拉近或疏远，影响到婴儿安全感的减少与增加。

4. 预测性的恐惧

2岁左右的儿童，随着想象的发展，出现了预测性恐惧，如怕黑、怕坏人等。这些都是和想象相联系的恐惧情绪，往往是由环境的不良影响而形成的。与此同时，由于语言在儿童心理发展中作用的增加，也可以通过成人讲解及其肯定、鼓励等来帮助儿童克服这一种恐惧。

（四）依恋

依恋是一种社会性情感联结，一般被定义为婴儿和他的照顾者（一般为母亲）之间存在的一种特殊的感情关系。它产生于婴儿与其父母的相互作用过程中。

1. 婴幼儿依恋的特点

有研究认为，婴幼儿依恋突出表现为以下三个特点：

（1）婴幼儿最愿意同依恋对象在一起，与其在一起时，婴幼儿能得到最大的舒适、安慰和满足。

（2）在婴幼儿痛苦、不安时，依恋对象比任何他人都更能抚慰婴幼儿。

（3）依恋对象使婴幼儿具有安全感。当在依恋对象身边时，婴幼儿较少害怕；当其害怕时，最容易出现依恋行为，寻找依恋对象。

2. 婴幼儿依恋的发生

依恋不是突然产生的，而是婴幼儿同主要照看者在较长时期的相互作用中逐渐建立的。依恋发展可分为以下四个阶段：

（1）无差别的社会反应阶段（出生3个月）。

这个时期婴儿对人的反应最大特点就是不加区别、无差别。婴儿对所有人的反应几乎都一样，喜欢所有的人，喜欢听到所有人的声音，注视所有人的脸，只要看到人的面孔或听到人的声音都会微笑、手舞足蹈、咿呀作语。

（2）有差别的社会反应阶段（3~6个月）。

这个时期婴儿对人的反应有了区别，对母亲和他所熟悉的人及陌生人的反应是不同的，婴儿对母亲更为偏爱。婴儿在母亲面前表现出更多的微笑、咿呀学语、偎依、接近，而在其他熟悉的人面前这些反应就要相对少一些，对陌生人这些反应更少，但依然有这些反应。

(3) 特殊的情感联结阶段（6个月~2岁）。

婴儿进一步对母亲的存在特别关切，特别愿意和母亲在一起，当母亲离开时，哭喊着不让离开，别人不能替代他的母亲使他开心。同时，只要母亲在身边，婴儿能安心玩，探索周围环境，好像母亲是其安全基地。婴儿出现了明显的对母亲的依恋，形成了专门的对母亲的情感联结。与此同时，婴儿对陌生人态度变化很大，产生怯生，感到紧张、恐惧甚至哭泣等。

出生后7~8个月时，婴儿形成对父亲的依恋。再以后，与主要抚养者的依恋关系进一步加强，儿童依恋范围进一步扩大。以后随着儿童进入集体教养机构，儿童还对老师形成依恋情感。

(4) 目标调整的伙伴关系阶段（2岁以后）。

2岁以后，婴儿能够认识并理解母亲的情感、需要、愿望，知道她爱自己，不会抛弃自己，这时，婴儿把母亲作为一个交往的伙伴，并知道交往时要考虑到她的需要和兴趣，据此调整自己的情绪和行为反应。这时与母亲空间上的邻近性就变得不那么重要了。例如，母亲需要干别的事情，要离开一段距离，婴儿会表现出能理解，而不会大声哭闹。

3. 依恋的类型

虽然儿童从6~7个月开始，有可能与主要教养者形成依恋，但儿童与不同教养者所形成依恋的性质是有所不同的。安斯次思等的研究发现，儿童一般主要存在以下三种不同类型。

(1) 安全型依恋。

这类儿童与母亲在一起时能安逸地玩弄玩具，并不总是依偎在母亲身旁，只是偶尔需要靠近或接触母亲，更多的是用眼睛看母亲，对母亲微笑或与母亲有距离地交谈。母亲在场使儿童感到足够的安全，能在陌生的环境中进行积极的探索和操作，对陌生人的反应也比较积极。当母亲离开时，其操作、探索行为会受到影响，儿童会明显地表现出苦恼、不安，想寻找母亲回来。当母亲回来时，儿童会立即寻求与母亲的接触，并很容易抚慰、平静下来，继续去做游戏。这类儿童约占60%~70%。

(2) 回避型依恋。

这类儿童对母亲在不在场都无所谓，母亲离开时，他们并不表示反抗，很少有紧张、不安的表现；当母亲回来时，也往往不予理会，表示忽略而不是高兴，自己玩自己的。有时也会欢迎母亲回来，但只是非常短暂的，接近一下就又走开了。因此，实际上这类儿童对母亲并未形成特别密切的感情联结，所以也有人把这类儿童称作"无依恋"儿童。这类儿童约占20%。

(3) 反抗型依恋。

这类儿童每当母亲将要离开前就显得很警惕，当母亲离开时表现得非常苦恼、极度反抗，任何一次短暂的分离都会引起大喊大叫。但是当母亲回来时，他们对母亲的态度又是矛盾的，既寻求与母亲的接触，但同时又反抗与母亲的接触，当母亲亲近他们，如抱他们时，会生气地拒绝、推开。但是要他们重新回去做游戏似乎又不太容易，不时地朝母亲这里看。所以，这种类型又常被称为"矛盾型"依恋。这类儿童约占10%~15%。

上述三类依恋中安全型依恋为良好、积极的依恋。回避型和反抗型依恋又称不安全型依恋，是消极、不良的依恋。

既然依恋对儿童很重要，同时儿童又不一定必然形成积极、良好的依恋，所以，根据依恋形成、发展的过程，成人在儿童半岁前就应该注意儿童的对待，要关爱儿童，与儿童积极、亲切地交往；教师也同样，切不可以为儿童不懂什么情感，随意忽略或对待，应尽可能使儿童与自己之间形成良好的安全型依恋，而避免消极的回避型或反抗型依恋。

4. 依恋的影响因素

（1）抚养方式。

照顾者给孩子提供合适、积极、温柔、细致的照顾，需要"专心致志""身体接触""话语激励""物质激励""及时响应"。婴幼儿期失去母亲的照顾（尤其是3个月~1岁之间）、身体照顾不足或者过度照顾等，都可能造成依恋的问题。

（2）抚养的稳定型。

有些儿童身边并不缺亲密的照顾者，照顾方式也比较合适积极，但却因为各种原因经常调换照顾者而造成依恋障碍。所以照顾者的稳定型与照顾的性质是同样重要的。

（3）家庭因素。

家庭是儿童最重要的生活场所和心理空间来源，所以家庭的各种问题，如父母失业、婚姻问题、经济困难、兄弟姐妹的出生、照顾者无足够的社会支持等都会通过间接的方式影响依恋关系。

（4）儿童的特点。

儿童的特点影响着依恋类型的形成。这种影响主要表现在儿童的体貌特征、身体的健康情况和气质特点。

早产儿、难产儿、患有先天疾病的儿童需要父母更多的照顾，如果父母照顾不足，儿童就容易产生不安全型依恋。

另外，气质也对依恋类型影响很大。每个孩子都有先天的稳定的情绪反应及调节方式，有些儿童天生随和、容易相处，而有些喜欢发脾气；有些经常精力充沛，有些安静小心、动作缓慢，父母要根据孩子的气质及时调整自己的养育风格。

（5）父母的依恋风格。

父母也是有一定的依恋风格的，而它必然会在抚养过程中发挥作用，影响儿童的依恋方式。研究发现，安全型的父母容易养出安全型的孩子，回避型的父母往往会对儿童的要求回应不足，反抗型的父母则在养育遇到困难时表现焦虑、不知所措，对儿童的照顾没有足够的稳定型，这些都会对儿童产生潜移默化的影响。

二、学前儿童情绪和情感发展的一般趋势

（一）情绪情感的社会化

儿童早期出现的情绪是与生理需要相关联的。随着年龄的增长，幼儿的需要不断发生变化，逐渐与社会需要相联系，这是幼儿情绪社会化的过程。因此，社会化成为儿童情绪情感发展的一个主要趋势，主要表现在以下三方面。

1. 情绪中社会性交往的成分不断增加

学前儿童的情绪活动中，涉及社会性交往的内容，随年龄的增长而增加。

2. 引起情绪反应的社会性动因不断增加

1岁以内婴儿的情绪主要由生理需要引起，是与他基本生活需要是否得到满足相联系的，1~3岁幼儿的情绪反应除了与生理需要相关，还与社会需要密切相关，如幼儿自己吃东西、独立行走等。3~4岁的幼儿，引起情绪的动因由主要为满足生理需要向主要为满足社会性需要过渡。例如，中大班幼儿中，社会性需要越来越大，他们希望被人注意、重视、关爱，渴望与别人交往。由此，幼儿的社会性交往和人际关系对儿童情绪影响很大，是影响其情绪情感产生的最主要动因。

3. 情绪中社会性交往的内容不断增加

随着年龄的增长，在学前儿童的情绪活动中，涉及社会性交往的内容不断增加。例如，一个研究发现，学前儿童交往中的微笑可以分为三类：第一类，儿童自己玩得高兴时的微笑；第二类，儿童对教师微笑；第三类，儿童对小朋友微笑。这三类微笑中，第一类不是社会性情感的表现，后两类则是社会性情感的表现。该研究所得1岁半和3岁儿童三类微笑的次数比较，见表5-1。

表5-1 1.5岁和3岁儿童三类微笑的次数比较

年龄	自己笑		对教师笑		对小朋友笑		总数	
	次数	%	次数	%	次数	%	次数	%
1岁半	67	55.37	47	38.84	7	5.79	121	100
3岁	117	15.62	334	44.59	298	39.79	749	100

从表5-1中看到，儿童从1.5~3岁，非社会性交往微笑的比例下降，社会性交往微笑的比例则不断增长。

表情是情绪的外部表现，通过面部表情、肢体语言和言语表情表达。表情提供的信息，对儿童与成人的社会性发展起着非常重要的作用。儿童表情社会化的发展主要包括两个方面：一是理解（辨别）面部表情的能力；二是运用社会化表情手段的能力。研究表明，小班幼儿已经能辨别别人高兴的表情，对愤怒表情的识别则大约从幼儿园中班开始。

（二）情绪情感的丰富和深刻化

从情绪所指向的事物来看，其发展趋势越来越丰富和深刻。

1. 情绪的丰富

幼儿情绪的丰富主要表现在以下两个方面：

（1）情绪体验不断分化。例如，刚出生的婴儿只有少数的几种情绪，随着年龄的增长情绪不断分化、增加。

（2）引起体验的动因不断增多。随着幼儿年龄的增长，先前有些不引起幼儿体验的事物，引起了情感体验。例如，2~3岁幼儿，不太在意小朋友是否和他一起玩，而3~6岁幼儿，对于小朋友的孤立、不和他玩会非常伤心。

2. 情绪的深刻化

情绪的深刻化表现为，情绪从指向事物的表面现象转化为指向事物的内在特征。如幼儿对父母的依恋，主要是由于父母满足他的基本生活需要，而年长儿童则包含了对父母的尊重和爱戴等。

(三) 情绪情感的自我调节能力提高

学前儿童情绪和情感具有以下特点，随着年龄的增长，情绪和情感的自我调节能力不断提高。

1. 情绪的易冲动性

情绪的易冲动性在幼儿初期表现特别明显，他们常常处于激动状态，而且来势强烈，不能自制，往往全身心都受到不可遏制的威力所支配。年龄越小，这种冲动越明显。例如，小班幼儿想要一个玩具而得不到，就会大哭大闹，短时间内不能平静下来。如果这时成人要求"不要哭"，也无济于事，他们甚至一句话也听不进去。这时成人不妨给他擦擦脸，用亲切的口吻对他说话并抚摸他的头部、脸颊，使他的兴奋性逐渐减弱。又如教师宣布要做游戏，幼儿会立刻欢叫起来，教师这时提出游戏的玩法与规则，幼儿往往听不进去。所以在组织幼儿教育活动时，要把握幼儿情绪易冲动的特点，在恰当的时候提出活动的要求。

情绪冲动性还常常表现在幼儿会用过激行为表现自己的情绪。例如，幼儿看到故事当中的"坏人"，常常会把它抠掉，即用动作把"坏人"去掉。

随着大脑的发育以及言语的发展，幼儿情绪的冲动性逐渐减少。起初，幼儿对自己情绪的控制是被动的，是根据成人的要求和指示而控制自己的情绪。到了幼儿晚期，幼儿对情绪的自我调节能力逐渐发展。成人不断的教育和要求，以及幼儿所参加的集体活动和集体生活的要求，都有利于幼儿逐渐形成控制自己情绪的能力，减少冲动性。

正确理解幼儿情绪的冲动性，有助于成人做好教育工作。例如，一位教师发现一个幼儿把大半个苹果扔在桌子上跑了。她认为这个孩子可能是急着去玩，才把苹果扔下的。她理解孩子由于情绪冲动性而产生的这种行为，和这个孩子谈话时，她没有批评孩子，而是引导他找出既能玩又不浪费苹果的方法，这样的教育容易取得良好效果。

2. 情绪的不稳定性

幼儿初期，幼儿的情绪是非常不稳定的，容易变化，表现为两种对立的情绪（如喜与怒、哀与乐）在短时间内互相转换。如当幼儿由于得不到喜爱的玩具而哭泣时，成人递给他一块糖，他就会立刻笑起来。这种脸上挂着泪水又笑起来——破涕为笑的情况，在幼儿身上是常见的。

幼儿情绪的不稳定性与他们易受情境支配有关。幼儿的情绪常常受外界情境的支配，某种情绪往往随着某种情境的出现而产生，又随着情境的变化而消失。例如，新入园的幼儿，看着妈妈离去时，会伤心地哭，当妈妈的身影消失后，经老师劝导，很快就会愉快起来，如果妈妈再次从窗口出现，又会引起孩子的不愉快情绪。

幼儿情绪的易变与幼儿情绪易受感染与暗示也有关。例如，新入园的一个幼儿哭着要妈妈，已经适应幼儿园生活的一些孩子也会跟着哭；有一个孩子笑，其他幼儿也会莫名其妙地跟着笑，如果老师问"你为什么笑"，幼儿往往说"不知道"，或者指指别人说"他也笑"，这些现象在小班较为明显。

幼儿晚期，幼儿的情绪比较稳定，受情境支配和易受感染的情况逐渐减少。幼儿的情绪较少受一般人感染，但仍然容易受到亲近的人——家长和教师情绪的感染。有经验的教师知道，当自己的情绪不稳定时，幼儿的情绪也不稳定。长期潜移默化的情绪感染，往往对幼儿的情绪、心境乃至性格产生重要影响。例如，父母不和或离异家庭的幼儿，常常情绪不佳。因此，家长和教师在幼儿面前必须注意控制自己的不良情绪。

3. 情绪的外露性

婴儿期的孩子，不能意识到自己情绪的外部表现，他们的情绪完全表露在外，丝毫不加控制和掩饰。例如，婴儿想哭就哭，想笑就笑。他们不认为这样做有什么不合理。到了 2 岁左右，孩子从日常生活中，逐渐了解了一些初步的行为规范，知道了有些行为是要加以克制的。例如，一个孩子摔倒会引起本能的哭泣，但刚一哭，马上就自己对自己说：“我不哭！我不哭！”这时的孩子脸上还挂着泪珠，甚至还在继续哭。这种矛盾的情况，说明幼儿开始产生调节自己情绪表现的意识，但由于自我控制的能力差，还不能完全控制自己的情绪表现。这种情况一直持续到幼儿初期。

随着言语和幼儿心理活动有意性的发展，幼儿逐渐能够在一定范围内调节自己的情绪及其外部表现。例如，幼儿学会在不同场合下以不同方式表达同一种情绪，当他想要喜爱的食物时，如果在父母面前，他会立刻伸手去拿或要求分食；但在外人面前，他只是注视着食物，用问长问短的方法表示自己对食物的喜爱。又如，一个孩子从家里带了梨，在幼儿园吃梨的时候，刚吃了几口，梨掉到地上了。当时，老师没在意，就扫走了，也没注意到孩子有什么反应。当晚上孩子见到妈妈时，马上委屈地哭起来，并告诉妈妈，老师把梨扫走了。孩子在父母和他人面前，行为表现有所不同，在父母面前较少克制，而在他人面前时，则有一定的控制力，即使自己有要求，也会比较委婉地表达，这表明幼儿已有一定的情绪调节能力。

在正确的教育下，随着幼儿对是非观念的掌握，幼儿对情绪的调节能力发展很快。幼儿晚期，幼儿能够调节自己的情绪表现，做到不愉快时不哭，或者在伤心时不哭出声音来。例如，6 岁左右的孩子，在打针时可以不哭；当自己的需要不能满足时，大班幼儿也能克制自己的消极情绪，很快开始愉快的游戏。

婴幼儿情绪外露的特点，有利于成人及时了解婴幼儿的情绪，并给予正确的引导和帮助。同时，幼儿晚期的情绪已经开始具有内隐性，成人应细心观察和了解其内心的情绪体验。

在整个幼儿期，幼儿情绪的发展趋势是：情绪从容易冲动发展到能有意识地自我调节；情绪从不稳定到比较稳定；表情从容易外露发展到能有意识地控制；情绪的内容从与生理需要相联系的体验发展到与社会性需要相联系的体验。

三、学前儿童高级情感的发展

情感是同人的社会性需要相联系的态度体验，它调整着人们的社会关系，调节着人们的社会行为。随着幼儿活动的不断增加和认识能力的不断提高，幼儿的情感也在不断发展。

1. 道德感

幼儿形成道德感是比较复杂的过程。3 岁前幼儿只有某些道德感的萌芽，如孩子在 2 岁左右时，开始评价自己乖不乖。进入幼儿园以后，特别是在集体生活环境中，孩子逐渐掌握了各种行为规范，他们的自豪感、羞愧感、委屈感、友谊感和同情感以及妒忌的情感等道德感也逐步发展起来。小班的孩子道德感主要是指向个别行为的，如他们知道打人、咬人是不好的；中班孩子不但关心自己的行为是否符合道德标准，而且开始关心别人的行为，并由此产生相应的情感。如他们看见小朋友违反规则，会产生极大的不满，中班幼儿常常"告状"，就是由道德感激发起来的一种行为。幼儿在对他人的不道德行为表示出愤怒或谴责的同时，还对弱者表现出同情，并表现出相应的安慰行为。到了大班，幼儿的道德感进一步发展和复杂化。他们对好与坏、好人与坏人，有鲜明的不同感情，如看小人书时，往往把大灰狼和坏人的眼睛挖掉。这说明他们的道德感不仅表现在对具体行为是非的体验上，还表现在对更概括的观念的体验上。在这个年龄，爱小朋友、爱集体等情绪和情感，已经有了一定的稳定性。

幼儿的羞愧感或内疚感也开始发展起来。羞愧感从幼儿中期开始明显发展起来，幼儿对自己出现的错误行为会感到羞愧，这对幼儿道德行为的发展具有非常重要的意义。

总的来说，幼儿期的道德感主要表现为规则意识已经初步形成，能以自己和同伴按规则办事或干了好事而愉快、兴奋。幼儿期的道德感是不深刻的，大都是模仿成人、执行成人的口头要求，在集体活动中和在成人的道德评价的影响下逐渐发展起来的。

2. 理智感

幼儿期是幼儿理智感开始发展的时期。例如，3、4岁的幼儿在成人的指导下，用积木搭出一座房子或一辆汽车时，会高兴地拍起手来。5、6岁的幼儿会长时间迷恋于一些创造性活动，如用积木搭出居民小区、宇宙飞船、航空母舰；用泥沙堆成公路、山坡等。6岁孩子理智感的发展还表现在喜欢进行各种智力游戏，如下棋、猜谜等。这些活动不仅使幼儿产生由活动带来的满足、愉快、自豪、独立等积极情感，而且还会成为促进幼儿进一步去完成新的、更为复杂的认识活动的强化物。

幼儿的理智感主要表现为幼儿强烈的好奇心和求知欲。这时的幼儿特别好奇好问，在这方面，这是其他任何年龄的幼儿都无法相比的。幼儿初期的孩子往往问"这是什么"，随着年龄的增长逐渐发展到问"为什么""怎么样"等。例如，一个5岁左右的男孩一年内共提出了25个方面的4043个问题。如果问题得到解决，幼儿就会感到极大满足，否则就会不高兴。

幼儿理智感的另一种表现形式是与动作相联系的"破坏"行为。崭新的玩具刚买回家，转眼工夫，就被孩子拆得四分五裂，一些家长为此感到烦恼。有位母亲告诉我国著名教育家陶行知先生，她的儿子把买回来的手表拆了，她一气之下，把儿子痛打一顿。陶行知先生幽默地说："恐怕中国的爱迪生被你枪毙掉了。"日常生活中，有许多在成人看起来十分平常的现象在幼儿看来却十分新奇，所以他们要问、要拆，这是幼儿理智感发展的表现。作为家长和教师要珍惜幼儿的这种探究热情，保护和满足他们的好奇心。

幼儿理智感的发生，在很大程度上取决于环境的影响和成人的培养。适时地给幼儿提供恰当的知识、注意发展他们的智力、鼓励和引导他们提问等，有利于促进幼儿理智感的发展。

3. 美感

幼儿对美的体验也有一个社会化的过程，幼儿从小喜好鲜艳悦目的东西以及整齐清洁的环境。研究表明，新生儿已经倾向于注视端正的人脸，而不喜欢五官不端正的人脸，他喜欢有图案的纸板多于纯灰色的纸板。小班幼儿主要是对色彩鲜艳的艺术作品或物品容易产生喜爱之情。他们自发地喜欢相貌漂亮的小朋友，而不喜欢形状丑恶的任何事物。在环境和教育的影响下，中班幼儿逐渐形成了自己的审美标准。例如，幼儿对于衣物、玩具的整齐摆放产生快感。同时，他们能从音乐、绘画作品中，从自己的美术、跳舞、朗诵等活动中得到美的享受。大班幼儿开始不满足于颜色鲜艳，还要求颜色搭配协调，对美的评价标准也日渐提高。幼儿往往根据教师的外表来评价教师，幼儿喜欢外貌好、穿戴漂亮的教师。

四、学前儿童情绪情感的培养

情绪在儿童的心理活动中起着非常重要的作用，作为幼儿教师应重视并加强对幼儿积极情绪情感的培养。

（一）重视并加强幼儿情绪和情感的培养

幼教工作中存在一种错误倾向：过分重视知识和技能的价值，过分强调知识的掌握和运用，而轻视了情绪和情感的价值，忽视了幼儿情绪和情感的培养。

情绪和情感在幼儿身心发展中起着非常重要的作用，幼儿情绪和情感的培养，既是幼教工作的工具和手段，也是幼教工作的重要目标之一。《幼儿园工作规程》在幼儿园保育和教育目标中明确提出："激发幼儿爱家乡、爱祖国、爱集体、爱劳动、爱科学的情感……培养幼儿初步的感受美和表现美的情趣和能力。"《幼儿园教育指导纲要（试行）》明确提出："各领域的内容相互渗透，从不同的角度促进幼儿情感、态度、能力、知识、技能等方面的发展。"可见，情绪和情感的发展是幼儿发展中的一项重要内容，是幼教工作的一项重要目标。《幼儿园教育指导纲要（试行）》还提出了五大领域中情绪和情感培养的目标和要求：要让幼儿"生活在集体生活中情绪安定、愉快""建立良好的师生、同伴关系，让幼儿在集体生活中感到温暖。心情愉快，形成安全感、信赖感""乐意与人交往，学习互助、合作和分享，有同情心……""能初步感受并喜爱环境、生活和艺术中的美；喜欢参加艺术活动，并能大胆地表现自己的情感和体验"等。

教师应重视幼儿情绪和情感的培养，应把幼儿情绪和情感的培养作为幼教工作的一个重要目标。在幼教工作中，要尽可能使幼儿处于愉悦的情绪状态之中，要让幼儿在掌握和运用知识的同时，获得各种积极情感和高尚情操的陶冶，使幼儿对教育活动本身产生积极的情感体验。

（二）营造良好的生活环境

生活环境包括物质环境和心理环境两个方面。

1. 营造良好的物质环境

宽敞的活动空间、优美的环境布置、整洁的活动场地和充满生机的自然环境，对幼儿情绪和情感的发展是非常有益的。良好的环境能使幼儿产生轻松、愉快等积极情绪，而不良的环境则容易使幼儿产生厌烦、焦躁等消极情绪。研究表明，幼儿如果整天生活在活动空间狭小的环境中，就会情绪暴躁，经常出现烦躁不安的现象。

幼儿良好的情绪和情感也依赖于幼儿园中丰富多彩的学习环境。单调的刺激容易使人产生厌烦等消极情绪，而变化的、多样化的环境更能激发人的愉快情绪和探索兴趣。因此，创设手工操作区、娃娃乐园区、科学实验区等，增加玩具、教具的品种和数量，可以丰富幼儿的生活，有助于他们形成积极的情绪和情感。

2. 营造良好的心理环境

幼儿园的心理环境主要是指幼儿园人与人之间的关系，包括教师与教师、教师与幼儿、幼儿与幼儿之间的关系。在这些关系中，对幼儿影响最大的是教师与幼儿和幼儿与同伴之间的关系。如果一个幼儿觉得教师喜欢他、小朋友喜欢他，他就会爱上幼儿园，在幼儿园里，他会很愉快；反之，如果教师不理睬或总是训斥他，小朋友也不爱跟他玩，这个幼儿就不愿意上幼儿园，在幼儿园里就会感到孤独、寂寞。因此，要给幼儿创设一种欢乐、融洽、友爱、互助的氛围。教师要特别注意那些受捧的幼儿和被忽视的幼儿，使他们能够和同伴友好相处，在与同伴交往中得到快乐；对那些缺乏温暖的离异家庭的孩子，教师应给予更多的关爱与帮助，让他们在幼儿园里获得更多的快乐，使他们能够健康成长。

幼儿的情绪容易受到周围环境气氛的感染，他们往往在无意中受到别人情绪的影响。教师和父母在日常生活中的情绪，对幼儿的情绪状态也有很大的影响。教师作为幼儿一日生活的组织者，其情绪的变化直接影响着全班的幼儿。因此，不管自己有什么烦恼与痛苦，在幼教工作中都要保持良好的精神状态。

宽敞、整洁、友爱、互助、和谐、优美的生活环境无疑会使幼儿从中受到感染，产生愉快的情绪体验，这种愉快的情绪会成为一种情绪背景，影响幼儿一日生活的各个环节。

（三）采取积极的教育态度

成人对幼儿的态度是影响幼儿情绪和情感发展的一个主要因素。研究表明，父母、教师态度温和，对幼儿多鼓励，热情相助，幼儿往往愉快活泼、积极热情、自信心强；相反，如果父母、教师对幼儿粗暴、冷淡、训斥多，那么，幼儿对周围事物就缺乏主动性和自信心，情绪萎靡，适应性差。

1. 认真了解幼儿的情绪和情感

这是培养幼儿良好情绪与情感的基础和前提。在日常生活中，当孩子信任成人时，当成人耐心倾听孩子说话时，幼儿往往会向成人诉说自己的见闻和感受，通过对幼儿表情、语言和行为的观察，成人还需要进一步分析其内心情感。幼儿的情绪表现往往反映了他们内心的情感。对那些有益部分，要及时肯定并加以保护；而对不良的苗头，则要引导幼儿克服、纠正。例如，独生子女中存在较多的冷漠、自私、依赖、独占或侵犯等不合理的情绪，要积极疏导，使之减弱或消失，并代之以积极的情感。

2. 主动地与幼儿交流情绪、情感

作为教育活动的引导者，应该是情绪和情感交流的主动方，应抓住有利时机与幼儿进行情感交流。例如，活动之初的互致问候，能给双方带来一种期待；活动中的提问与表扬，会给幼儿一份鼓励和认可；善意的批评，换来的是幼儿的悔悟和感激；教师与幼儿平等相待，平等地对待每一个幼儿，得到的是幼儿的信任和支持。这种平等、信任、愉快的情感联系，使得幼儿愿意接受教师的谆谆教诲，教师也能接受幼儿的质疑和与众不同的见解，做到教学相长。

在教育活动中，除了语言之外，表情也是教师与幼儿情感交流的重要方式。有经验的教师善于用表情向学生传达丰富的情绪和情感信息。当幼儿表现良好时，给他一个微笑，或拍拍他的肩膀，都会使他得到激励；当幼儿犯错误时，不是疾言厉色，而是用严肃的目光和轻微的手势加以阻止，最后他可能会主动承认错误。和幼儿交谈时，也要注意说话的语调。一

位苏联教育家曾经说过:"一个合格的教师应该能用十几种语调讲同一句话,他充分认识到了教师的语气和语调对孩子们心理的影响。"

教师在用自己的语言和表情影响幼儿时,要时刻观察幼儿的语言和表情,重视情感的互动和交流。当幼儿信任成人时,他总是愿意向成人诉说自己的见闻和感受。如果成人对幼儿的话不屑一顾,会使孩子感受到压抑和孤独,因而情绪不佳。有时孩子因此会出现逆反心理,故意做错误行为,以引起成人的注意。

耐心倾听幼儿说话,对幼儿的情绪培养十分必要。一位妈妈记录了一段话:"在山上看见太阳落下去,担心太阳掉到河里去了,后来知道山下面没有河,是一条路,我就放心了。"这位妈妈没有笑话孩子的幼稚,反而称赞他心地善良。孩子感到妈妈是朋友,什么知心话都愿意对妈妈讲,孩子的情绪很健康。

有些内向或有心理负担的幼儿在教师面前不愿多说话,但他们的表情会不经意地流露出内心的思想变化,教师应该及时觉察,主动和他们交流、沟通,帮助他们不断进步。

3. 评价要以肯定为主

一些成人常常对孩子说:"你不行!""太笨了!""没出息!"……这些否定性的评价会使幼儿经常处于负面影响下,孩子情绪消极,没有活动热情。而肯定性评价有助于幼儿形成积极的情绪、情感和主动的生活态度。例如,一个幼儿平时画画并不太好,当他在幼儿园画的画第一次拿到奖品——一张小画片回家时,妈妈高兴地说:"太好了!孩子,你画的大红花多么漂亮!"从此,孩子对美术产生了兴趣。每当画完一张,都拿给妈妈看,妈妈总是说他画得好或有进步,孩子果然越画越好了。

幼儿有被别人注意和与别人交往的需要。成人对幼儿不理睬,可以成为一种惩罚手段。小朋友不和他玩,对幼儿来说也是一种痛苦。例如,一个5岁的幼儿,一天早上,到园的时候较早,他帮助老师擦了椅子,老师及时予以表扬,当天,他整天都处于良好的情绪状态,表现很好。又有一天,他同样帮助老师擦了椅子,但老师没有注意他,当天上课时,他就表现出不良的情绪状态。

成人应树立正确的教育评价观,不要苛求幼儿十全十美,要包容幼儿的缺点和不足,允许幼儿犯错误。对于幼儿的优点、长处、进步和成功,要用微笑、点头、口头表扬方式给予肯定。

知识链接

罗森塔尔效应

1968年,美国著名心理学家罗森塔尔和雅各布森来到一所小学,从一至六年级中各选三个班,在学生中煞有介事地进行了一次"发展测验"。他们列出了一张学生名单,声称名单上的学生都极具潜质,有很大的发展空间。八个月后,他们又来到这所学校进行复试,惊喜地发现,名单上的学生成绩进步很快,性格更为开朗,与老师和同学的关系也比以前融洽了很多。

事实上,这是心理学家进行的一次心理实验,用以证明期望是否会对被期望者产生重大的影响。他们所提供的名单完全是随机抽取的,通过"权威性的谎言"暗示教师,并随之将这种暗示传递给学生。尽管教师们悄悄地将这份名单暗藏心中,却在不知不觉中通过眼神、微笑、言语等途径,将掩饰不住的期待传递给那些名单上的学生。他们受到教师的暗示后，变得更加开朗自信，充满激情，在不知不觉中更加努力地学习，变得越来越优秀。心理学上称这种现象为"罗森塔尔效应"或"皮格马利翁效应"。

4. 运用积极的暗示和强化

幼儿的情绪容易受到暗示的影响，成人要多用积极暗示，少用或不用消极暗示，以帮助幼儿形成积极的情绪和情感。例如，一位家长在外人面前总是对自己的孩子加以肯定，说："我们小妹摔倒了从来不哭。"她的孩子果真能控制自己的情绪。另一位家长则常常对别人说"我的孩子爱哭""胆小"，则容易使孩子养成消极情绪。

孩子的情绪发展也往往受成人强化的影响。例如，当孩子摔倒要哭时，大人说"不怕！男孩子跌倒了自己爬起来！"孩子虽然泪水在眼眶里转，硬是自己站了起来。类似这样的强化，对现代幼儿抵御挫折、减少焦虑十分必要。

5. 适度满足幼儿的需要

如今人们的生活条件越来越好，而孩子却只有一个，所以几乎所有家长都舍得在孩子身上花钱，无论是吃的、喝的、穿的还是玩的，只要孩子张嘴，家长就会毫不犹豫地加以满足。对于孩子提出的要求，你满足了他，他会笑得像花儿一样灿烂；你拒绝了他，他可能会哭得令你心疼。所以，虽说无奈叹息，但大多数家长出于对孩子的爱，只要孩子一哭一闹，很少有无动于衷的，要么赶紧哄劝，要么赶紧答应孩子的要求。

习惯了在期待中获得满足的孩子，才能学会主动控制自己的情绪，不会为自己的要求被拒绝或暂时被拒绝而"大动干戈"，将来也能抵挡得住眼前小利的诱惑，权衡怎样做能使自己获得更大的好处，并能有意识地调节和支配自己。人们往往不珍惜轻易得来的东西，有时候迫不及待地要来的东西，真正属于自己的时候，却很快就扔在一边，根本不珍惜。要让孩子在期待中实现愿望，体验这既煎熬又幸福的过程。

（四）帮助幼儿形成积极的情绪和情感

不要以为孩子的年龄小就不懂感情，其实幼儿的情感敏感而脆弱，更需要保护和关心；也不要以为幼儿无忧无虑，幼儿的情感世界同样丰富多彩，风云变幻。幼儿的情感世界需要父母、教师的关注、爱护，并引导其趋向成熟。

幼儿的情绪和情感往往是自然地流露于外的，这为成人提供了观察幼儿情绪、帮助幼儿克服不良情绪的良好条件。怎样及时发现幼儿的不良情绪并及时给予引导呢？要做到以下两方面。

1. 要注意幼儿的个别差异，对不同的幼儿采取不同的方法

如小红较内向，有人说她辫子不好看时，她坐在一旁闷闷不乐，对于这样的孩子要与她交朋友，增进感情的交流；而小明不一样，一不顺心就大哭大闹，这样的孩子"来得快，去得也快"，可以"冷处理"，等孩子冷静下来再与之谈心，而不要"火上浇油"。

2. 帮助幼儿控制不良情绪

幼儿不善于控制自己的情绪，成人可以用以下两种方法帮助他们控制情绪。

（1）转移法。

2、3岁的孩子在商店柜台前哭着要买玩具，成人常常用转移注意的方法："等一会儿，我给你找一个好玩的。"孩子会跟着走了。可是，如果成人不兑现自己的承诺，以后孩子就

不再"受骗"了,这种方法也就不管用了。对4岁以后的幼儿,当他处于情绪困扰之中时,可以用精神的而非物质的转移方法。例如,孩子哭闹时,对他说:"看这里这么多的泪水,我们正缺水呢,快来接住吧。"这时爸爸真的拿来一个杯子,幼儿就破涕为笑。一个幼儿总是爱哭,成人对他说:"你眼睛里大概有小哭虫吧,他总是让你哭,来,咱们一起捉小虫吧!"孩子的情绪也就转移了。

(2) 冷却法。

幼儿情绪十分激动时,可以采取暂时置之不理的办法,幼儿自己会慢慢地停止哭喊。这正是所谓的"没有观众看我,演员也没劲了。"当幼儿处于激动状态时,成人切忌也激动起来,对幼儿大声喊叫:"你再哭,我打你!"或"你哭什么,不准哭,赶快闭上嘴。"这样做会使幼儿情绪更加激动,无异于火上浇油。针对此种情况,一位母亲使用了以下方法。一天,幼儿上床睡觉前非要吃糖不可,妈妈说"没有糖了",幼儿便用高八度的嗓门哭起来。妈妈冷静地打开录音机,录下幼儿的尖叫声,然后放出来。幼儿听见声音,停止哭闹,问:"谁哭呢?"妈妈说:"是个不懂事的孩子,他大哭大闹,吵得别人睡不好觉。他有出息吗?"孩子答:"没出息。"妈妈说:"你愿意和他一样吗?"孩子答:"不愿意。"妈妈又说:"那你就不要大声嚷了,睡觉时吃糖,牙齿要痛的。等明天买了糖,给你吃,好不好?"孩子安静地答应了。

(五) 教给幼儿调节情绪的方法

幼儿表现情绪的方式更多是在生活中学会的。因此,在生活中,有必要教给幼儿调节情绪及其表现方式的技术。例如,幼儿在自己的要求不能满足时,大发脾气、跺脚,甚至在地上打滚,这是不正确的情绪表现方式。在成人的教育下,幼儿逐渐懂得,发脾气并不能达到满足要求的目的,他会放弃这种表现方式。成人可以引导幼儿掌握以下三种调节自己情绪的方法。

1. 反思法

让孩子想一想自己的情绪表现是否合适。比如,在自己的要求不能得到满足时,想想自己的要求是否合理?和小朋友发生争执时,想一想是否错怪了对方?

2. 自我说服法

孩子初入园由于要找妈妈而伤心地哭泣时,可以教他自己大声说:"好孩子不哭。"孩子起先是边说边抽泣,以后渐渐地不哭了。孩子和小朋友打架,很生气时,可以要求他讲述打架的过程,孩子会越讲越平静。

3. 想象法

遇到困难或挫折而伤心时,想想自己是"大姐姐""大哥哥""男子汉"或某个英雄人物等。

随着幼儿年龄的增长,在正确的引导和培养下,孩子能在一定程度上学会调节自己的情绪及其表现方式。

练一练

一、选择题

1. 中班儿童喜欢告状,这体现了学前儿童的（　　　）。
A. 理智感　　　　B. 美感　　　　C. 道德感　　　　D. 实践感

2. 关于情绪在儿童心理活动中的动机作用最恰当的观点是（   ）。
   A. 促进儿童智力的发展　　　　　B. 是认知行为的唤起者和组织者
   C. 使儿童形成良好的性格特征　　D. 阻碍儿童去做不良行为
3. 儿童原始的情绪反应具有（   ）特点。
   A. 出生后适应新环境需要的产物
   B. 与生理需要是否得到满足有直接关系
   C. 情绪天生具有系统化、社会化的特点
   D. 新生儿的情绪和间接动机相联系
4. 幼儿园老师常常把刚入园的哭着要找妈妈的孩子与班内其他孩子暂时隔离开，主要原因是（   ）。
   A. 老师不喜欢哭闹的孩子　　　　B. 该幼儿不适合上幼儿园
   C. 幼儿的情绪容易受感染　　　　D. 幼儿常常处于激动的情绪状态
5. 下列哪种方法不利于缓解或调控幼儿激动的情绪（   ）。
   A. 转移注意　　　B. 斥责　　　C. 冷处理　　　D. 安抚
6. 天天喜欢问问题，并且喜欢探索，还常常乐在其中，这种心理体验属于（   ）。
   A. 道德感　　　　B. 美感　　　C. 智慧感　　　D. 成就感
7. 儿童道德感已有一定的稳定性是在（   ）。
   A. 小班　　　　　B. 中班　　　C. 大班　　　　D. 小学初期
8. 婴儿对看得见而又拿不到的玩具，会产生不愉快的情绪，但当玩具在眼前消失时，不愉快的情绪也很快消失，这是（   ）。
   A. 情绪的内隐性　　　　　　　　B. 情绪的依赖性
   C. 情绪的受感染性　　　　　　　D. 情绪的情境性
9. 最初几天的新生儿或哭或安静，或四肢划动等，可以称为（   ）。
   A. 原始的情绪反应　　　　　　　B. 基本的情绪反应
   C. 混合的情绪反应　　　　　　　D. 高级的情绪反应

二、简答题

1. 简述学前儿童情绪和情感的特点。
2. 如何培养幼儿积极的情绪情感。

三、阅读下面材料，回答问题

星期一，已经上小一班的松松在午睡时一直哭泣，嘴里还一直唠叨地说："我要打电话给爸爸来接我，我要回家。"教师多次安慰他还一直在哭。教师生气地说："你再哭，爸爸就不来接你了。"松松听后情绪更加激动，哭得更厉害了。

问题1：请简评该教师的上述行为。
问题2：提出三种帮助幼儿缓解情绪的有效方法。

第六章

学前儿童意志的发展

【学习目标】

1. 了解动机的概念、作用。
2. 理解动机的构成要素和分类。
3. 掌握意志的概念、意志品质的构成和意志行动的基本特征。
4. 了解幼儿意志发展的过程并掌握培养幼儿良好意志品质的方法。

案例引入

琪琪刚学习弹钢琴时很投入、很喜欢,每天都会坐在钢琴前练习一段时间。看到琪琪的表现,妈妈感到很高兴。有一天,妈妈对琪琪说:"如果你每天能多练习15分钟,妈妈就会给2元钱的奖励。"琪琪非常高兴,每天都会努力多弹些时间,以便得到2元钱的奖励。之后的日子里,她在练琴时经常会为了得到更多的2元钱而拉长练琴时间,但弹琴并不像以前那么认真了。妈妈发现后决定不再给琪琪奖励,琪琪从此也就不想多弹琴了,甚至在正常的练琴时间里也不像以前那么投入了。

第一节 动机的概述

一、动机的概念及其作用

人们进行活动时常常受到某种动机的驱使,正是由于动机的存在,人们的活动才能够启动和维持。

(一)动机的概念

动机是指引起和维持个体活动,并使活动朝向某一目标的内部动力。如果把人们进行活动比喻成行进中的汽车,那么动机就是发动机和方向盘,既能给活动提供动力,又能调整活动的方向,使活动朝向一定目标。

动机是一种内部心理活动,不能直接观察,但是内部动机经常通过外在行为反映出来。我们可以通过观察幼儿外在行为的努力程度、对活动的积极性和坚持性等来简单推断幼儿的内部心理动机。比如,幼儿是否积极主动参与某次活动、能否在活动中坚持下来、在观看和倾听教师的讲解和演示时是否集中注意力,通过幼儿的这些外在行为可以间接地了解幼儿对活动动机的强弱。

动机与行为的关系并非总是一致。一方面,相同的行为活动可能源于不同的动机;另一方面,同一种动机可能会产生不同的行为活动。比如,同样是饥饿,有的幼儿可能是自己去找吃的,有的幼儿可能只是哭闹,还有的幼儿不说话,等待成人的喂养;同样是上课捣乱,有的幼儿是因为本性调皮,有的幼儿却完全是为了寻求老师的关注。

同时,动机和行为结果的关系也并不是直接的,一方面,是因为它们之间往往以行为为中介,而行为不仅受动机的影响,还受一系列主客观因素的制约。比如,幼儿的智力水平、个性特点、健康状况等;另一方面,并不是动机水平越高行为效果越好,只有中等程度的动机水平才能收到最好的行为结果。比如,幼儿出于减轻母亲家务劳动的动机而帮忙擦桌子,但不小心打破了杯子,伤了自己的手。为了获取老师的喜爱,幼儿急于表现,结果适得其反。这是因为幼儿求成心切,动机过强产生的焦虑反倒影响其行为表现。教育者给幼儿提出过高的要求不仅无助于幼儿的行为表现,甚至还有可能对他们的心理造成难以磨灭的伤害。因此,我们应该考虑的是帮助幼儿建立适中的动机水平,表现出真实、从容的好行为。由于动机与行为及行为结果关系复杂,成人有必要深入了解幼儿行为背后的真正动机,进而客观、准确地解释幼儿的行为,才能对以后行动做出准确的预测和必要的调控。

(二) 动机的作用

动机作为一种动力机制,是使人开始行动、维持行动,并决定着行动方向的力量。一般具有以下三方面的功能。

1. 激活功能

动机具有发动行为的功能,它能使有机体由静止状态转向活动状态。比如,因饥饿引起摄食活动,幼儿为受到老师的赞扬而努力跳舞。摄食和跳舞的行动分别由饥饿、获得老师赞扬的动机所驱动。

2. 指向功能

动机不仅引起行动,也使行动朝向特定的目标或对象。动机不同,活动的方向及其所追求的目标也是不一样的。比如,在饥饿动机的支配下,幼儿趋向的是食物而不是游戏;在探究和交往动机的支配下,幼儿可能选择与小伙伴玩耍,而不愿意待在母亲身边。

3. 调动和维持功能

当个体的某种活动产生以后,动机则起着维持这种活动的作用,并调整着活动的强度和持续时间,直至达到预定目标。动机的维持作用是由个体的活动与他所预期的目标的一致程度决定的。当活动指向个体锁定的目标时,这种活动就会在相应动机的维持下,继续下去。所以,当幼儿有强烈的活动动机时,即使遇到困难他也能坚持。动机越强烈,付出的努力也将越多。

二、需要、诱因与动机

动机是一种具有指向性的驱动力,是由需要和诱因组成的,二者互相作用共同决定动机。

(一) 需要

需要是个体内部某种缺乏状态或不平衡状态,它常常以"意向""愿望"的形式表现出来,是激发人们进行各种活动的内部动力。需要包括生理和心理两方面的缺乏或不平衡。比如,饥饿会产生求食的需要;生存环境受到威胁时,会产生对安全的需要;当幼儿看到自己喜欢的毛茸茸小兔子时,就会产生抚摸的需要。随着年龄的增长,幼儿会产生更多的心理需要,如自尊的需要、力求成功的需要等。需要是个体活动的推动力。

马斯洛的需求层次理论——七种层次需求(主要五种)具体如下:

(1) 生理的需要:生理上的需要是人们最原始、最基本的需要,如空气、水、吃饭、穿衣、性欲、住宅、医疗等。若不满足,则有生命危险。这就是说,它是最强烈的不可避免的最底层需要,也是推动人们行动的强大动力。这类需求的级别最低。

(2) 安全的需要:包括心理上与物质上的安全保障,如不受盗窃和威胁、预防危险事故、职业有保障、有社会保险和退休基金等。安全的需要要求劳动安全、职业安全、生活稳定、希望免于灾难、希望未来有保障等。安全需要比生理需要较高一级,当生理需要得到满足以后就要保障这种需要。每一个在现实中生活的人,都会产生安全感的欲望、自由的欲望、防御实力的欲望。

(3) 归属和爱的需要:是指个人渴望得到家庭、团体、朋友、同事的关怀、爱护、理解,是对友情、信任、温暖、爱情的需要。社交的需要比生理和安全的需要更细微、更难捉摸。它与个人性格、经历、生活区域、民族、生活习惯、宗教信仰等都有关系,这种需要是难以察悟、无法度量的,包括对友谊、爱情以及隶属关系的需求。人是社会的一员,需要友谊和群体的归属感,人际交往需要彼此同情、互助和赞许。

(4) 尊重的需要:既包括对成就或自我价值的个人感觉,也包括他人对自己的认可与尊重。尊重需要,包括要求受到别人的尊重和自己具有内在的自尊心。

(5) 认知的需要:求知、理解、探究。

(6) 美的需要:美的欣赏与创作。

(7) 自我实现的需要:是最高等级的需要。满足这种需要就要求完成与自己能力相称的工作,最充分地发挥自己的潜在能力,成为所期望的人物。这是一种创造的需要。有自我实现需要的人,似乎在竭尽所能使自己趋于完美。自我实现意味着充分地、活跃地、忘我地、集中全力全神贯注地体验生活。

(二) 诱因

驱使有机体产生一定行为的外部因素称为诱因。它制约着活动的方向,指向需要的满足,起到吸引的作用。诱因可以是简单的食物、水等,也可以是教师的精彩、生动的表演,或者教师给予幼儿的各种奖励物。其中,凡是个体趋向诱因而得到满足时,这种诱因称为正诱因。比如,一个糖果、成人的表扬。凡是个体因逃离或躲避诱因而得到满足时,这种诱因称为负诱因。比如,坐反思角。

(三) 需要、诱因和动机的关系

需要与诱因共同决定个体的动机。需要比较内在、隐蔽，是支配有机体行动的内部原因；诱因是与需要相关联的外界刺激物，它吸引有机体的活动并使需要有可能得到满足。需要和诱因紧密联系：没有需要，就不会有行为的目标；相反，没有诱因，也就不会有某种特定的需要。比如，面对美食，吃饱的幼儿没有吃东西的需要，也就没有动机；人处荒岛，有交往需要，但是荒岛上缺乏交往的对象（诱因），这种需要就无法转化为动机。

动机是由需要与诱因共同组成的。因此，动机的强度或力量既取决于需要的性质，也取决于诱因力量的大小。

三、动机的种类

动机对行为有不同方面的影响和作用。因此，可以对动机进行不同的分类。

（一）原始动机和习得动机

根据动机产生的先天性和后天性，可将动机分为原始动机和习得动机。

1. 原始动机

原始动机是与人的生理需要相联系的，具有先天性。它通常主要是生理动机。在幼儿教育中，很少直接利用这些原始性动机。但是，当生理动机无法满足时，幼儿可能会出现坐立不安、上课不能专心听讲等现象。随着幼儿的成长，其社会性不断增强，生理需要的满足手段也开始受到人类社会生活的影响，使得其原始动机带有社会生活的色彩。比如，幼儿逐渐学会按时就餐，而不能随时随地、饥不择食地进食。

人类的求知动机中也有一部分具有先天性。比如，新生儿对环境中的新事物表现出好奇和兴奋，这种原始动机推动新生儿注视周围的事物，并产生摆弄、抓握物体的行为。

2. 习得动机

习得动机是与人的社会性需要相联系的，是后天习得的，如交往动机、学习动机、成就动机等。新生儿没有强烈的欲望要得到他人的赞许、与他人交流、被他人接纳，或者证明自己的能力。但是，随着其生活范围的扩大，特别是进入幼儿园以后，会产生更多的社会性心理需要，如社会赞许需要、交往需要、归属需要、求知需要等。这些后天习得的高级社会性动机具有较持久的作用效果，并且具有较大的个体差异。

（二）内部动机和外部动机

根据动机来源于个体内部还是外部，可将动机分为内部动机和外部动机。

1. 内部动机

内部动机是指由个体内在需要引起的动机。例如，幼儿对环境中的事物感到好奇并用心观察、探索，产生学习的行为。学习过程中幼儿获得知识，满足了好奇心，并由此产生愉快的经验和成功的感受。这些体验又有可能成为一股新的动力，激发幼儿后续的学习动机。幼儿的好奇心和成功感都可以看作是内部动机。一般来说，有内部动机支配的行为更具有持久性。

2. 外部动机

外部动机是由活动外部因素引起的一种动机。个体追逐的奖励来自活动的外部，如教师对幼儿的学习提出要求并以表扬、给予小红花作为奖励，幼儿受这种外来刺激物的吸引而产生学习的行为。这种学习行为的产生即受到了外部动机的驱使。

内部动机和外部动机可以互相转化。在学习活动开始时，幼儿可能对知识或活动结果不感兴趣，但可以通过激发幼儿的外部学习动机，如教师的奖赏、表扬；教师在活动中营造良好的活动气氛并变化活动形式等，来调动幼儿活动的积极性。在外部动机的驱使下，幼儿持续参与活动，体验到活动的成功与快乐，他们就会逐步对学习活动本身产生兴趣，从而将外部动机转化成内部动机。值得注意的是，过多的奖励会使持久的内部动机转化成短暂的外部动机。因此，教育者在使用奖励机制时，要注意呵护和培养幼儿的内部动机。

第二节 意志的概述

一、意志的概念与特征

（一）意志的概念

意志是人为了实现确定的目的，支配自己的行动，并在行动时克服困难的心理过程。比如，运动员为了参加比赛获得奖项，不管严寒的冬天，还是酷热的夏天，都坚持每天集中进行大运动量的训练，抛开杂念，克服种种困难等；小伙伴都在外面玩耍，为了完成老师布置的作业，抵制诱惑，坚持完成作业后再出去玩；为了能进入自己梦想的大学，刻苦勤奋地学习等，这些行动当中都有意志活动。这些为实现预定目的、在活动中克服内心矛盾和外部困难的心理过程都属于意志过程。意志就是在实际行动中下决心认真克服困难的内部过程。

意志是人类所特有的心理过程，意志是人的意识能动性的集中表现，它在人主动地变革现实的行动中表现出来。当人在认识客观事物时，感觉到对自己有价值，于是便会组织自己的行动以改变客观现实，从而满足自身需要。动物是没有意志的。动物的行为是动物在自然环境中，长期伴随着日月的周期变化而逐步形成的。动物的行为是无意识的，是盲目、消极地适应环境的结果。例如，灵巧的蜜蜂虽然能建成十分美观规则的蜂巢，但它事先并没有形成蜂巢的目标图样，筑巢过程中也无所谓意志努力，其行为纯粹是一种因生存所需的动物的本能反应。所以，恩格斯说："一切动物的一切有计划的行动，都做不到在地球上打下它们的意志的印记。这一点是属于人的。"马克思也说："蜜蜂建筑蜂房的本领使人间的许多建筑师感到惭愧，但是最蹩脚的建筑师从一开始就显现出比蜜蜂高明的地方，就是他在建筑房屋之前，已经在自己的头脑中构建。"人的意志过程是人的主观能动性的最突出表现，是人对客观现实的能动的反映。人在活动前能自觉地确定目标，在活动中能根据目标主动调节自己的心理和行为，直至达到预定目的。意志在人类认识世界和改造世界的需要中产生，在不断深入认识世界和改造世界的过程中不断发展。所以，意志是人所特有的。

简而言之，意志是决定达到某种目的而产生的心理状态，常以语言或行动表现出来。所以，意志与行动密不可分，人在行动之前，总要考虑做什么、怎么做，并按照考虑好的目的、计划去行动，努力克服在行动中遇到的困难。通常，把这种在意志支配下进行的行动叫意志行动。意志支配着行动，同时也在行动中得以表现。

(二) 意志的特征

1. 明确的目的性

意志是人类所特有的高级心理机能。有目的的行为与本能行为不同。人的本能行为（如咳嗽、眨眼等）或无意识动作（如走路时的姿势等），动物的本能行为（如挖洞筑巢、捕食避害等）都没有什么明确的目的，只是对环境的作用。有目的的意志行动则是一种经过思考的、根据一定目的去支配和调节行动的心理过程，它可以推动人去从事达到目的的行动，也可以制止与预期目的相矛盾的意愿与行动。斯大林有一句名言："伟大的目的产生伟大的毅力。"一个人意志坚强，那么他总是具有一定的目的性，不做无目的的、徒劳的事情。意志坚强的孩子总能为自己确立一定的志向，大大小小的志向、近期远期的志向使他们的生活井然有序，使他们在条理化中不断发展。例如，一个学生已经下决心考上研究生，这种决心就促使他投入枯燥、煎熬的复习备考中，同时又要抵制其他同学们每天睡懒觉、逛街、休闲生活的诱惑。正是这种目的对个体行为（包括外部动作和内部心理状态）有发动、坚持和制止、改变等方面的控制和调节作用，意志才实现着对人的活动的支配和调节。离开了自觉目的，就无意志可言。行动的目的性越强，即当一个人对任务目的认识得越深刻、越透彻，其为实现目的而奋斗的意志就越坚定。

人的行动可以分为无意识行动与有意识行动两大类。盲目、本能的行动是无意识行动，如遇光眨眼、遇火缩手；新生儿饿了要哭，尿湿了会闹。无意识行动是人和动物所共有的，它不是意志行动。意志行动即有意识行动，它有明确的目的，这是人类所独有的在意识之支配下的行动，是人类和动物的根本区别所在。

意志行动是人经过深思熟虑，对行动的目的有了充分的认识之后而采取的行动，它并非毫无目的地一时冲动，也不是目的不明确的勉强行动。离开了明确的目的性，就无意志可言。例如，漫无目的信手拈来一片树叶，不是意志行动，但为了采集标本，一个并不善于爬树的人艰难地爬上大树，这是意志行动。又如，一声巨响，儿童把头转向窗外，这不是意志行动，而当他们自始至终听着老师讲故事，并且为了完成活动努力克制自己不去做别的事，这就是意志行动。

2. 意志表现为意识调节行动

人的行动可以分为不随意运动和随意运动两种。不随意运动是在无意中发生的不由自主的运动。例如，眼睛遇到强光，瞳孔会立即缩小；手碰到刺会立即缩回等。随意运动是受意识支配的运动，是实现意志行动的基础。例如，读书、打球等。意志是以随意运动为基础的，我们头脑中的任何计划打算，都必须有相应的随意运动。

意志表现为人的意识对行动的自觉调节与控制。意识对行动的调节有两种基本表现：一是发动；二是制止。发动行为表现为推动人们从事达到预定目的所必需的行动；制止行为表现为制止与预定目的不相符合的愿望和行动。这两方面在实际生活中是相互联系、相互制约的。例如，学生为了明天的考试而紧张复习，这时即使有精彩的电视节目也只有放弃不看。正如苏联教育家马卡连柯所说："坚强的意志——这不仅仅是想要什么就能得到什么的本事，它还是一种迫使自己拒绝不需要的东西的能力。……没有制动器就没有机器，没有遏制也就不可能有任何意志。"

意志还可以调节人的心理状态。当学生排除外界干扰，把注意力集中完成作业时，就存在着意志对注意、思维等认识活动的调节；当人在危急、险恶的情境下，克服内心的恐惧和慌乱，强使自己保持镇定时，就表现出意志对情绪状态的调节。

意志能按预期目的主动调节人的心理活动与行为，它不能脱离人的行动独立存在。对于行为，意志起着两种调节功能：激励功能与抑制功能。激励功能是推动人去从事达到预定目的所必需的行为，而抑制功能则是制止不符合预定目的的行为。这两种功能在实际活动中是统一的。如儿童在完成教师要求的绘画任务时，激励功能会推动他按教师的要求完成绘画作品。此时，抑制功能则会阻止他因受到其他好玩的玩具或有趣的游戏等吸引他去玩的消极行为。另外，意志不仅能够组织、调节人的外部活动，还可以组织、调节人的内部心理状态。例如，幼儿在打针时，要克服内心的恐惧，使自己保持镇定状态，不哭出来，这时就体现出意志对内部情绪状态的组织与调节。

3. 意志行动需与克服困难相联系

意志对行为的调解和支配并不总是轻而易举的，常会遇到各种外部的或内部的困难。意志行动若不与困难相联系，就不是意志行动，平时轻而易举能够完成的事情，如散步、用手擦汗，就不是意志行动。意志行动突出的特征就是努力克服困难。

这里的困难包括外部困难和内部困难。外部困难主要由自然条件和社会环境造成，如气候、自然地理、生物环境等不利自然因素；缺乏必要的工作条件、人为的障碍、政治经济方面的社会环境因素带来的困难。内部困难主要是人本身身体上和心理上的原因造成的不利因素，如身体上的痛苦疾病，消极悲观的情绪，胆怯、懒惰的性格弱点，知识经验不足等。遇到外部困难时，可能出现新的需要和动机，于是产生内部困难。

> **知识链接**
>
> 我国明代著名地理学家徐霞客为了考察我国的山川地貌，不辞辛苦，长年跋涉于险峰恶水之间，披星戴月、风餐露宿，克服了种种外部困难。在"西望有山生死共，东瞻无侣去来难"的绝境中，在不知几番病重、几回绝粮、几多艰难险阻、几次死里逃生的坎坷磨难中，他也曾经动摇过、气馁过，但是徐霞客最终还是凭着坚强的意志力克服了自身的怯懦与畏难等种种内、外部困难，毫不退缩，继续前行，终于历时30余年徒步走遍大半个中国，并摸清了我国主要山川的源流走向，这才有了千古不朽的经典巨著《徐霞客游记》。此书给后人研究我国的地形地貌提供了宝贵资料。总体来说，外部困难必须经由内部困难而起作用，因而在克服困难的意志行动中，要始终把战胜自我，克服自身的畏难、怯懦、气馁、动摇等内部困难放在极其重要的位置。
>
> 由此而言，困难是人意志力的试金石。孟子曰："天将降大任于斯人也，必先苦其心志，劳其筋骨，饿其体肤，空乏其身，行拂乱其所为，所以动心忍性，曾益其所不能。"因此，在实现目标的意志行动中，所克服的困难越大，就越彰显一个人的坚强意志。列别捷夫说："平静的湖面练不出精悍的水手，安逸的环境造不出时代的伟人。"贝多芬也曾经说过："卓越的人一大优点是：在不利与艰难的遭遇里百折不挠。"可以说："正是逆境与厄运、艰苦和不幸，才磨炼了人的意志，成就了伟业。"正所谓："艰难困苦，玉汝于成。"

二、意志行动的过程

意志行动的基本阶段是指意志对行为的积极能动的调节过程，它有发生、发展和完成的过程。意志行动的心理过程分为两个阶段：确定决定阶段，包括动机斗争、确定行动的目的。执行决定阶段，包括行动方法、策略的选择和克服困难实现所做出的决定。

（一）确定决定阶段

确定决定是意志行动的开始阶段，它决定意志行动的方向以及意志行动的动因。一般来说，要经过动机斗争和目的确定环节。

1. 动机斗争

人的意志行动是由一定动机引起的。动机是激起人去进行意志行动的直接心理和内部动力，但由动机过渡到行动的过程是不同的。在简单的意志行动中，动机单一明确，通过习惯的行为方式就能直接过渡到行动，因此一般不存在明显的动机斗争。在较复杂的意志行动中，行动虽然是由多种动机所引起的，但如果它们之间不矛盾，就不会发生动机斗争。

意志行动中的动机斗争是指动机之间相互矛盾时，对各种动机权衡轻重，评定其社会价值的过程以及解除意志内部障碍的过程。就动机斗争的内容来说，它分为原则性动机和非原则性动机。凡是涉及个人愿望与社会道德准则相矛盾的动机斗争属于原则性动机斗争。例如，当涉及国家、集体、个人三者利益的矛盾时，如何摆正自己的位置。解决这类原则性动机斗争，就要经过激烈的思想斗争，因此，也最能体现出一个人的意志品质。一个意志坚强的人善于有原则地权衡分析不同的动机，及时地选择正确的动机，并确定与之相适应的目的。意志薄弱的人则会长久地处于犹豫不决的矛盾状态中，甚至确定目的以后，也不能坚持，并且会受到其他动机的影响而改变。凡是不与社会准则相矛盾仅属于个人爱好、兴趣、习惯等方面的动机斗争属于非原则性的动机斗争。例如，休闲时间是看电影或看小说还是复习功课，先做数学题还是先记英语单词等并不涉及原则，也不会有激烈的思想斗争。当然，对两种活动孰先孰后的选择，在某种程度也表现出一个人的意志力水平，即是否能根据当时的需要毅然决定取舍。

人行动的产生都有其内在的原因，也就是某种动机存在于人的整个意志行动之中，是推动和激励人进行意志行动的直接心理原因和动力。动机是在需要的基础上产生的。人在同一时间内的需要多种多样，各种需要之间存在着充满了矛盾的冲突。意志行动中的心理冲突情况是很复杂的，现在心理学界比较一致的，从形式上看，大致可把动机冲突分为以下四类：

（1）双趋冲突。

当个体以同等程度的两个动机去追求两个有价值的目标时，但又不能同时达到，只能选择其中之一，像这种从两个所爱或两个趋向中仅择其一的矛盾心理状态，称为双趋冲突。古人云："鱼，吾所欲也；熊掌，亦吾所欲也。二者不可得兼，舍鱼而取熊掌者也。"譬如，一个面临毕业的学生既想参加工作，又想考研究生，为此犹豫不决。当两种目标的吸引力比较接近或相同时，解决冲突非常困难；当两种目标的吸引力差别较大时，解决冲突比较容易。双趋冲突若要解决，需要权衡目标的轻重，趋向更有价值的、更重要的目标。

（2）双避冲突。

一个人以同等程度的两个动机去躲避两个具有威胁性而又力图想躲避的事件情境时，而他又必须接受其一使其能避免其二。像这种从两所恶者或两种躲避中必须择其一的困扰心理状态，称为双避冲突。所谓"前有断崖，后有追兵"就属于这种情况。比如，一个学生犯了严重的错误，想认错又怕挨批评，不认错又担心被人揭发后受更大的处分。对于这种情况，也需要当事人权衡轻重，做出明智的选择。

（3）趋避冲突。

一个人对同一目的同时产生两种动机：一方面，希望接近；另一方面，不得不回避。像这种对同一目的兼具好恶的矛盾心理状态，称为趋避冲突。例如，学生想参加学校里的文体活动锻炼自己，又怕耽误时间影响自己的学习成绩。这类矛盾就是趋避冲突。

（4）多重趋避冲突。

在实际生活中，一个人面对两个或两个以上的目的，而每一个目的又分别具有趋避两方面的作用。像这种对几个目的兼具好恶的复杂矛盾心理状态，称为多重趋避冲突。这时人不能简单选择一个目标，而回避别的目标，必须进行多重选择。例如，开学之初，一个大学生想选修足球，进校足球队为学校争光，但又害怕耽误时间太多，又想参加学校的公关协会学习公关学问，但又怕不能被接受，面子上不好看。

动机冲突从内容上一般可分为原则性与非原则性两种，具体如下：

第一，非原则性动机冲突。即不与社会道德准则相矛盾，属于个人爱好、兴趣、习惯层面的动机冲突。例如，晚上是上自习还是看电影，是先做数学题还是先背外语单词等并不涉及道德准则，由此而产生的内心斗争并不强烈。当然，对两种动机孰先孰后的选择在某种程度上也表现出一个人的意志力水平，即是否能根据当时的需要果断取舍。

第二，原则性动机冲突。凡是涉及个人愿望与社会道德准则相矛盾的动机冲突即属此类。例如，当涉及国家、集体、个人三者利益的矛盾时，如何摆正自己的位置就需要经过激烈的思想斗争，此刻解决这类原则性动机斗争最能体现一个人的意志品质。意志坚强者会选择正确的动机，并确定与之相适应的目的；而意志薄弱者则会长久处于犹豫不决的矛盾状态中，甚至确定目的后也不能坚持，并且会受到其他动机影响而改变。

2. 确定行动的目的

在动机冲突获得解决之后，或者明确了行动的主导动机之后，行动方向与目的就容易确定。每一意志行动都要有预先确定的行动目的，这是意志行动产生的重要环节。

在某种意义上而言，动机冲突的过程也涉及对外界多种行动的权衡。目的有远近、主次的不同之分。一般来讲，我们要先实现近景目标，再实现远景目标。我们既可以选择先实现主要目标，再实现次要目标，也可以选择先实现次要目标，而后集中力量实现主要目标。

意志行动的基本特征之一是目的性。行动若没有明确目的就不称其为意志行动，如果行动的目的只有一个，那么确定目的就不需要意志力。如果行动目的不唯一，则需要意志努力。一般来说，没有目的性的行为毫无成果可言，确定目的可以激励人为实现目的而努力。

但确定目的并非易事。通常，人们在行动之前就往往会有几个待选目的。彼此根据目的的意义、价值、客观条件与自身特点最终确定其中一个。如果有几种目的的适宜，人就会发生内心冲突或动机斗争，难以下定决心做出抉择，这就需要合理统筹安排。个体通过动机斗争解决了思想冲突后，便由优势动机决定行动，行动目的就能够确定下来。行动目的是有层次的，先实现主要的、近期的目的，后实现次要的、遥远的目的。即个体需要做远近或主次的安排，先实现近的目的，再实现远的目的；或者先实现次要目的，准备条件再集中力量实现主要目的。在几个目的中，确定的过程是一个决策过程。决策是意志行动中重要的成分，在整个决策过程中，人的心理过程和个性特征都起着重要作用。在决策实行之初，必须探讨目的的实现意义、价值及其各种方案，同时搜集各种情报，从中筛选出一种最可行的最有前途的方案。

（二）执行决定阶段

1. 行动方法和策略的选择

确立行动目的之后，就需要选择适宜的行动方式方法。有时行动方法与行动目的有直接联系，不需选择。例如，要想升入大学就只有努力学习，而要想娴熟地同外国朋友交流就只能努力学好外语。但在许多情况下，达到同一个行动目的的方法可能不止一种，就需要进行选择。首先要比较不同方式方法之间的优缺点，能否顺利有效地达到行动目的；其次，要考虑行动方式方法是否符合公众利益与社会道德，是为达到个人目的不择手段而损人利己，还是选择既有利于社会，又有利于个人的方式。

经过动机冲突斗争，明确目标之后，需要选择达到目标的行动方法。选择行动的方法是：个人根据需要达到目的的外部条件与内部规律设计自己的行动过程。这一过程既能反映出一个人的经验、认知水平与智力，又能反映出一个人的意志水平。如情况了解得不充分或知识经验不足，就不能做出决定，就会表现出犹豫不决，甚至会使解决的动机冲突与确定的目的发生动摇。对于简单的意志行动，行动目的一经确定，行动方法很快就能提出。但对于复杂的意志行动，达到同一目的的方法可能并不止一种，这时就需要进行选择。在选择之前首先要收集资料，比较各种方案的优劣之后再做出决定。方法的选择必须满足以下两个要求：

①为实现预定目的的行为方法设计是合理的。

②符合客观事物的发展规律与社会准则及要求是合理、合法的。为了达到预定目的，还需要制订行动计划，详细规划意志行动的步骤、每一步骤的要求以及所应采取的具体措施，以便按步骤进行活动。

2. 克服困难实现所做出的决定

在执行决定的过程中，还会碰到许多困难。在克服困难实现中所做出的决定是意志行动的关键环节。

这些困难有些是来自主观上的，如认识模糊，经验不足；情绪情感的低沉，心境不佳，缺乏道德感；个性中的消极品质，如保守、墨守成规、懒惰、马虎、急躁。还有来自客观方面的困难，如客观条件发生改变，与既定愿望、目的相违背的困难等。为了实现预定目的，面对如此众多的困难考验，个体就必须有面对困难的勇气与机智，承受身体与心理上的负荷。此时，一方面，按既定计划发挥人的积极性与主动性，随着主客观情况变化，运用知识经验，迅速分析、判断困难的性质，确定克服困难的方法以及策略，努力实现既定目的；另一方面，努力排除各种困难与干扰，克服自身不足，排除外界干扰，对行动做出必要调整，修正原来的行动计划，根据新的决定而采取行动。

三、意志品质

意志行动在每个人身上表现不同。有的幼儿独立独行，有的幼儿则易受暗示对成人百依百顺，这是因为其意志品质的构成不同。构成一个人行为特点稳定因素的总和称为意志品质。意志品质主要包括自觉性、果断性、坚持性和自制性，它们贯穿于人的意志行为的始终，并构成人的意志的性格特征。

（一）意志的自觉性

意志的自觉性是指是否对行动目的有明确的认识，尤其是认识到行动的社会意义。自觉性是意志的首要品质，贯穿于意志行动的始终。自觉性强的人能够广泛地听取别人的意见并进行取舍，吸收有益的成分，独立自主地确立合乎实际的目标，自觉地克服困难，执行决定并对行动过程及结果进行自觉反思和评价。在行动中能主动积极地完成符合国家和人民需要的任务，并能自觉调整个人利益与集体利益、国家利益三者之间的关系，不为物质利诱而心动。

与自觉性相反的意志品质是指易受暗示性与独断性。易受暗示性的人，行动缺乏主见，没有信心，容易受别人左右，因而会轻易改变自己原来的决定。独断性强的人则盲目自信，拒绝他人的合理建议和劝告，一意孤行。独断性的人表面上看来似乎是独立地采取决定，执行决定，但实际上是缺乏自觉性的表现。易受暗示性与独断性都是意志薄弱的表现。

（二）意志的果断性

意志的果断性是指一个人是否善于明辨是非、迅速而合理地采取决定和执行决定方面的意志品质。果断性强的人，当需要立即行动时，能迅速地做出决断对策，使意志行动顺利进行；当状况发生新的变化，需要改变行动时，又能够随机应变、毫不犹豫地做出新的决定，以便更加有效地执行决定，完成意志行动。

与果断性相反的意志品质是优柔寡断和鲁莽。优柔寡断的人遇事犹豫不决，患得患失，顾虑重重；在认识上分不清轻重缓急，思想斗争时间过长，即使执行决定也是三心二意。鲁莽的人则相反，在没有辨明是非之前，不负责任地做出决断，凭一时冲动，不考虑主、客观条件和行动的后果。优柔寡断和鲁莽决定都是意志薄弱的表现。

（三）意志的坚持性

意志的坚持性是指行动有目的，并能在行动中保持充沛的精力和毅力的意志品质。意志行动性表现为两个方面：一是善于克服和抵制不符合行动目的的主客观因素的干扰，直至实现目的；二是能在行动中做到锲而不舍，百折不挠，勇于克服困难。凡有成就的人，都有极强的意志和坚持性。正如贝弗里奇所说："几乎所有有成就的科学家，都有一种百折不回的精神。"可见，意志的坚持性品质是一个人事业成功的重要条件。

与坚持性相反的意志品质是顽固和动摇。顽固的人对自己的行动不做理性评价，一意孤行，因而常常受到客观规律的惩罚。动摇则是行为缺乏坚定性，容易发生动摇，虎头蛇尾，遇到困难即放弃对预定目的的追求。顽固和动摇的实质都是不能正确对待行动中的困难，都属于消极的意志品质。

（四）意志的自制性

意志自制性是指意志行动中能够自觉、灵活地控制自己的情绪，约束自己的动作和言语方面的品质。自制性强的人在意志行动中，不受无关诱因的干扰，能控制自己的情绪，坚持完成意志行动，同时能制止自身不利于达到目的的行动。

与自制性相反的意志品质是冲动性。冲动性是指不能控制自己的情绪，对自己的动作和言语约束较差的品质。冲动性强的人思想容易开小差，并易受到外界的干扰和引诱，从而产生违反纪律的行为。

以上四种意志品质之间是相互联系的，缺少其中任何一种品质，都会在人的性格上带来某种缺憾。对于意志品质的评价，应从社会、道德的角度与意志品质的具体内容相联系进行，不能抽象地看待。

第三节　学前儿童意志的发展

幼儿进入幼儿园，来到新的环境中儿童的意志有了新的发展。首先，进入幼儿园过上了集体生活，在集体中生活就必须遵守集体的各项规章制度，这有利于幼儿大脑皮质抑制机能的发展，有利于增强幼儿的自制力和自控能力；其次，在与同伴交往游戏活动中，幼儿必须学会遵守游戏规则，否则就不能参与游戏，服从游戏规则是培养儿童意志的"初等学校"；再次，幼儿在集体生活中的交往必须考虑其他小朋友的利益和愿望。例如，当他看到别人玩一件他也十分喜爱的玩具时，他不能立即抢过来玩，必须等到别人玩过以后，轮到他玩才能玩，这就锻炼了他忍耐、自制和延迟满足的能力；最后，按时完成老师布置的学习任务，放弃玩玩具和看动画片的时间，完成老师布置的任务，这需要幼儿付出一定的意志努力才能完成。

一、学前儿童有意运动的萌芽

根据有无目的性和努力的程度，运动分为有意运动和无意运动。无意运动又称为不随意运动，它是在无意中发生的不由自主的运动，是无条件反射活动。例如，刚出生孩子的吸吮动作反应；眼睛受到强光，瞳孔会立即缩小；手碰到刺会立即缩回等。有意运动称为随意运动，它是受意识支配为达到某种目的主动支配自己肌肉的运动，是实现意志行动的基础。例如，用脚去踢球、用力去触摸比自己高的物品等。

刚出生婴儿，除本能的动作外，其他动作都是混乱的，如两眼的不协调、手不受控制地乱摆动。两三个月时，婴儿的手碰到物体会去抚摸它，有时婴儿会用一只手触摸自己另一只手。用手沿着物体的边缘移动或者拍打，此时还不会抓握物体。三四个月的婴儿处于无意抓握阶段，无意、被动地抓握，婴儿抓着玩具乱摇，有时会抓住衣服上或者摇篮床上的绳子，但这只是偶然的无意动作。

四个月时，婴儿手眼动作还不协调，大脑不能很好地支配动作。如婴儿看见眼前的物体、挂在小车上的铃铛、对面人衣服上的配饰，他已经有了想去抓握的愿望，但手不受控制地在想要抓住物体周围打转，抓不住物体。

当婴儿手眼协调以后，婴儿的动作从被动变为主动，并且手眼协调动作是继手动作混乱阶段、无意抚摸阶段、无意抓握阶段后产生的，即有意动作是在无意动作基础上产生的。

大约四到五个月，婴儿出现手眼协调动作。眼睛的视线和手的动作能够相互配合，手能够抓住眼睛看到的东西。动作有了简单的目的和方向性。

一岁以后，儿童逐步学会模仿成人拿东西的动作，开始进入人类使用工具的有意动作阶段。

三岁以后，手眼协调动作在各种活动中不断完善，同时也反过来促进各种活动发展。三岁儿童能自己拿勺子吃饭、自己解扣子等；四至五岁儿童能画画、剪纸和手工；六岁后会握笔写字。

二、学前儿童意志行动的萌芽

意志行动是一种特殊的有意行动，其特点不仅在于自觉意识到行动的目的和行动过程，而且在于努力克服前进中的困难。因此，儿童行动自觉意识性的发展要经过比较长的过程。整个学前期，儿童的意志行动处于比较低级阶段。八个月后，动作的有意性发生很大的变化。一岁以后，意志行动的特征更加明显，表现为通过"尝试错误"来排除前进中遇到的障碍。一岁半至两岁儿童在意志行动中，不仅具有较明确的目的，而且有了明确的根据目的确定的行动方法。这时，儿童在为达到目的而排除障碍时，会运用"尝试错误"或"摸索性调节"去创造达到目的的方法。例如，物体在毯子上离儿童较远处，儿童拿不到，在他试图直接取得而又失败后，偶尔抓住了毯子一角，于是似乎发现了毯子的运动同物体运动之间的关系，逐渐开始拖动毯子，使物体移近自己，然后拿到它。这就是说，儿童能够有意识地用行动引起一些事物的变化，并用各种方法去摆弄物体，以便发现新方法。在重复的摸索中，抛弃无效的方法，把有效的方法保留下来。

三、学前儿童意志的发展及特点

（一）学前儿童的自觉目的性发展

幼儿期是自觉行动目的开始形成的时期。

幼儿初期，儿童的行动往往缺乏明确的目的，其行动带有很大的冲动性。他们常常不假思索就开始行动，因而行动是混乱而无条理的。其行动往往受到外界的干扰，已开始的行动容易停止或易改变方向。三岁孩子做了错事，若问他为什么这样做，他茫然。其实他自己并没有行动目的。

幼儿中期，儿童的行动目的逐渐形成。在活动中，成人往往用具体示范和语言提示的方法为幼儿确定行动目的，指导幼儿按照目的去行动，并且使幼儿在活动中反复实践，不断强化。但是这种目的性不够稳定。通常，他们的目的在活动中能保持5～10分钟。在成人的组织下，幼儿逐渐学会提出行动目的，开始尝试着在某些活动中独立地预想行动的结果，确定行动任务。例如，在游戏、绘画等各种活动中，幼儿能够确定自己的活动主题内容，自己选择行动方法。只是所提目的有时还不够明确，还有赖于成人的帮助。这个时期的儿童，他们能在活动中独立地提出自己的个人目的，而且能提出相当多的共同目的（约占80%）。中班儿童在活动中也常常表现出同时有两三个目的，但恪守一个目的的人数比小班儿童明显增加。通常，他们的目的在活动中能保持15～25分钟。

幼儿末期，儿童已经能够提出比较明确的行动目的。儿童的各种认知活动有意性进一步发展，儿童注意从无意注意逐渐转化为有意注意，尤其是在学习过程中表现得很明显。幼儿能较长时间控制自己，集中注意在教学内容上。随着神经系统的成熟、言语调节机能和智力的发展，逐渐掌握了口头用语，儿童做一件事情能提出明确的目标，计划自己的行动。

行动目的的发展表现从行为的目的性来看，儿童的行为逐渐服务于长远的目的。学前儿童提出的行动目的，往往更关注比较直接的目的，往往只能满足近期的兴趣和需要，如为了得到家长和老师的表扬，或者为了得到好分数和奖励，而克服困难，努力学习。随着年龄的增长，到学前中期和晚期，儿童逐渐关注更长远的目的，为了将来能上一所好学校，或者为了成为一名像某些榜样人物（著名的科学家）那样的人而努力学习。这种长远的目的对儿童的行为具有长期的调节作用。

（二）学前儿童自制力发展

与幼儿相比，学前儿童意志的控制性品质明显增强了，自我控制能力进一步提高了。例如，一个六岁的儿童和两三岁的儿童相比，其自制能力已有很大提高，可以在开展某个活动之前，提出目的、计划，并能用其指导自己的行为，坚持到活动结束；能有意抑制自己的愿望，不去做违反规则和不被允许的事情，如吃饭不能说话、玩具要和同伴一起玩；能够延迟满足，如过年妈妈给自己买了新衣服，要等到过年了才能穿。

入学后，儿童经常被要求延迟满足。在课堂上，幼儿等待被点名回答问题是很普遍的事情，儿童需要掌握耐心等待的策略。午餐时间，只有那些能够安静坐在座位上的儿童才会被老师点到拿饭菜开始吃饭。教会儿童使用加强延迟的策略能够使儿童在延迟享乐的活动中等待的能力大大提高。在延迟满足的任务中等待时间更长的儿童的口语更流利并且对推理更有反应性，更善于集中注意及提前计划，更能成熟地处理压力。

知识链接

20世纪七八十年代，国外心理学家米歇尔等人对儿童早期自控能力进行了一系列研究，延迟满足已成为最经典的研究范式。研究者通常设计一些典型的实验情境，对儿童在实验情境中的表现进行评价，借以测定儿童的自控水平。学前儿童变得更擅长自我控制，他们学习如何抵制诱惑，以及给自己指令来保持注意力的集中。

米歇尔将"延迟满足"解释为一种甘愿为更有价值的长远目标而放弃即时满足的抉择取向，以及在等待期中展示的自制能力。由实验者给被试出示两种奖赏物，如一块软糖和两块软糖，或者是一块椒盐饼干和两块椒盐饼干，让被试在数量不等的两个奖赏物之间做出偏好选择（第一阶段——延迟选择）。然后实验者告诉被试，他现在有事情要做，需要离开房间一会儿，并接着说："要是你能够等到我回来，你就可以吃这个（指向被试选择的奖赏物）；要是你不想等了，你可以按铃随时把我叫回来。但是如果你按了铃，那么你就不能吃这个了（指向被试选择的奖赏物），只能吃这个（指向被试没有选择的奖赏物）。"确信被试理解之后，实验者离开房间，并通过单向玻璃观察记录儿童的延迟时间和延迟等待策略（第二阶段——延迟维持）。实验者15钟后回来，或在儿童按铃（或违规）后回来。

在此情境中，儿童面对的是令人难过的两难选择：一方面，被试要想得到喜爱的奖赏，不得不面对诱惑、干扰而执行艰难的等待任务；另一方面，被试面前无需等待即刻可得的奖赏偏偏又不是自己的最爱。

米歇尔采用自我延迟满足范式，对斯坦福大学附属幼儿园653名4~5岁儿童进行了延迟满足实验。10年后，对其中仍能找到地址的被试家庭发放问卷，进行跟踪调查。调查结果发现，在延迟满足情境中坚持较长时间的儿童，到青少年时期，父母评价他们有较高的学业与社会能力、言语流畅、理性而又专注、有计划，更有能力处置挫折与压力，在学业能力倾向测试（SAT）中比同伴的得分更高。

（三）学前儿童坚持性的发展

学前儿童坚持性发展处于低水平阶段，三岁幼儿坚持性发展水平低，坚持时间短，遇到困难或者任务比较单调枯燥时会失去完成的愿望和行动。四五岁儿童坚持性发生质的变化。由于游戏中本身包含着行为准则，儿童为了游戏，实现角色职能，能抗拒各种诱惑，控制自己的行为，但儿童的坚持性受到诸多因素的影响，如所处的环境、任务的难度、对活动的兴趣、儿童的动机等。儿童的坚持性受参加活动兴趣的影响，兴趣强的活动幼儿的坚持性相对来说较长，兴趣弱的活动幼儿的坚持性较短，当兴趣转移或者遇到困难时常常会半途而废。

儿童的坚持性随着年龄的增长而提高。研究证明，一岁半至两岁的儿童，已经出现了坚持性的萌芽。观察发现，婴儿坚持摆弄某种玩具的时间达3～9分钟以上，连续坚持3～9分钟的时间段累加起来，作为每个儿童的坚持时间。结果发现，10个儿童中有7个坚持时间占被观察的90分钟的50%以上。从婴儿所用的玩具材料看，玩具的数量也相当恒定。

坚持性发生明显质变的年龄在4～5岁，也正是在这个年龄，外界条件对坚持性的影响最大。因此，4～5岁是幼儿坚持性发展的关键年龄，应抓紧对这个年龄幼儿坚持性的培养。在这个阶段，成人的帮助指导对儿童坚持性的提高有很大的作用，特别是幼儿园教师。

四、学前儿童意志的培养

婴幼儿期是儿童意志力萌芽与初步发展的时期。因而，从小培养幼儿良好的意志品质将对其一生的发展产生重要、积极的影响，"对儿童进行的所有的意志训练，其最初、中间和终极目标就是使之成为道德高尚、生活幸福的人。"而儿童良好意志品质的养成，需要遵循一定的准则。

学前儿童意志培养的主要原则。

（一）个性化

每个孩子都是一个独一无二的个体，即使是处于同一年龄段的儿童，由于家庭环境、自身特点、教育状况等复杂因素的影响，也会展现出不同的个性禀赋。例如，有的孩子表现出活泼好动，有的孩子则相对安静沉稳。所以，儿童意志品质的培养应注意尊重每个孩子的个性，并结合学前儿童意志发展的特点与规律，不可完全照搬照抄。

值得注意的是，家长或教师在教育孩子中常犯的错误是：按照自己制订的某些标准来规划培养孩子的意志品质。这无疑违背了个性化原则，其原因正如哈罗德所说："每个孩子的个人意志，都是他个人前进的动力。这种意志并不像是工厂里的锅炉，锅炉和一套运转良好或运转有问题的机械连接在一起，如果人们对它不满意的话，就可以随时更换一个更好的或者对其进行修理。这种意志是活生生的，它和它的精神机制密不可分地联系在一起，能够决定和主宰它的唯有精神力量。因而，它不可能顺从于任何外来强加的标准，除非这种标准是由精神自身带来的。"

（二）循序渐进

人的意志并非生而有之，人的意志品质发展是有阶段性的。随意运动是意志行为的基础，儿童在能够进行意志行为之前，首先要学会各种随意运动。随意运动指有一定目的、受意识调节与支配的运动，它是通过条件反射实现的。

儿童一出生，尚未产生意志，他只有不随意的无条件性运动反射。在出生之后的一年里，儿童逐渐掌握了一些基本的运动，产生了最简单的运动技能、技巧，然而此时未表现出自觉的目的性，因此依然没有产生意志行为。而2～3岁的幼儿，其言语发展很快，已经逐渐能用词语简单地表达自己的目的，并调节自己的行动去达到目的，可谓意志的萌芽阶段。这一阶段一般会持续到6～7岁。即使孩子到了6～7岁，他的意志发展水平还不高，一些主要的品质，如自觉性、自制力等还处于初步展现阶段。

由此而言，对学前儿童意志的培养一定要根据孩子的心理发展规律，不可急于求成，应由浅入深、从易到难，逐步提高要求。在孩子意志品质培养中，家长或教师所提出的要求应是孩子经过努力能够达到的，既要符合幼儿的心理承受能力，又不能过分，否则孩子会因为挫折感而失去信心；也不能过低，否则孩子很容易完成，会失去兴趣。

（三）指导性

有研究表明：有目的、有一定强度的成就动机的活动，能够使肌肉保持适度紧张，脑细胞保持一定的兴奋，观察、理解、记忆等心理活动从而得以顺利进行。而儿童的年龄越小，他对行为结果的兴趣也越小，而更多地关注行为本身。此时如果行为活动过程中出现了问题或困难，儿童的注意就会随之迁移，儿童自然也就没有想去克服困难的意志能力。此时离不开家长或教师的指导，家长或教师应当通过表扬、奖励、提醒等多种正强化的激励方式，帮助幼儿明确行为目标。而一旦幼儿有了一定的目标与成就动机，他就会尝试着去克服行为活动中的困难。

值得注意的是，对于孩子的激励方式，家长或教师可以通过语言、动作、物质等方法，激发幼儿的积极性与自信心。当孩子取得点滴进步时，要多鼓励孩子，成功感能够增加其自信心，有利于孩子意志行动的培养；当孩子遇到困难或失败时，得不到鼓励抑或是被批评，孩子就会失去活动的兴趣和积极性，这时更需要成人的指导与支持。家长或教师的亲近与语言强化，包括提出要求、提示、建议、称赞等，鼓励孩子再接再厉，能够使孩子克服困难，努力把行动进行下去，更有利于良好行为和意志品质的形成。

五、学前儿童意志培养的主要途径

下面简要介绍一些儿童意志力培养的途径与方法。

（一）日常生活实践锻炼

儿童意志力的培养，应当从日常生活小事做起，要鼓励孩子把每一件小事做好。

首先，可以从儿童自身良好生活习惯的养成开始。要求自己的事情自己做，并持之以恒地坚持下去。例如，学会自己饭后擦嘴、饭前、便后洗手、早起、晚睡刷牙、洗脸，按时吃饭，穿、脱衣服，起床整理床铺、收拾玩具等。这些看上去虽然都是些小事，但实际上给儿童创造了良好的锻炼机会。既培养了他们自己动手、独立完成的习惯与能力，又增强了儿童行为的坚持性。另外，当儿童在日常生活中遇到难题时，应及时进行教育与指导。如针对冬天儿童早上怕冷不愿起床的现象，应帮助他们克服畏难情绪，让他们体验成功的喜悦，提高自控能力。

其次，让儿童积极参加身体锻炼，不仅能够增强体质，还可以培养其坚强的意志力。例如，冬天的冷水浴、幼儿园的各种体育运动（如每天坚持做早操、赤足训练）等均是培养儿童意志力的途径。通过这些活动，可以让儿童体验到劳累，锻炼他们的耐受力与吃苦精神，培养他们意志的自制力与坚韧性。

（二）游戏活动锻炼

儿童意志的培养要通过具体的活动来实现，这不仅体现在儿童的日常生活中，也体现在游戏活动中。通过游戏可以培养孩子的忍耐与毅力，而且游戏中有一定的规则要遵守，这也可以培养孩子的纪律性。与之类似的角色游戏还有：学解放军放哨、站岗、埋伏，在医院游戏中学打针、包扎等。这些游戏有利于培养儿童独立做事、有始有终的良好习惯，从而也有助于提高孩子的意志力。另外，还值得指出的是，在游戏过程中，教师应注意加强对孩子的帮助与指导，在游戏过程中产生的问题应注意及时解决。对于中班、大班，还应组织游戏结束之后的评议活动，以促使孩子们游戏水平不断提高，提高其自我教育的能力。

（三）家庭教育与幼儿园教育相互配合

家庭是儿童成长的第一教育资源，它对儿童良好的品德及行为习惯的养成，起着至关重要的作用。而幼儿园教育作为家庭教育的补充与延伸，对幼儿良好品德及行为习惯的培养与完善，更是有着不可忽视的影响。

首先，应发挥家庭教育的重要作用，以保证儿童良好意志品质的养成。

家庭环境、父母的教育、态度与方式方法对孩子意志品质发展的作用是巨大的。和谐的家庭氛围有助于孩子生活态度积极、主动，他们能够自觉主动地参与到家庭活动中。父母对孩子的爱护要适度，要有要求、有疼爱，这能够使儿童正确地认识与评价自己，养成自尊、自信、自主、自控、亲切、责任感等积极情感。

在家庭教育中，家长应注意观察，要学会关心与洞察孩子的内心世界，应多用商量、引导与激励的语气和孩子交流，应多站在孩子的角度去考虑，而不是简单地把自己的看法、观点与要求强加给孩子，更不应常用命令、指责的语气语调对待孩子。对于孩子在意志力培养上的一点一滴的进步，父母都应该及时给予肯定与鼓励，增强其自信心与自尊心。

在家庭教育中，父母要注重孩子生活的独立性与自主性，这是儿童意志品质培养的必然要求。当前的孩子，在家中大多是"小皇帝"，享受着"饭来张口，衣来伸手"的生活，生活自理能力差，这都是由于父母对孩子的过度保护而造成的。如果给孩子养成依赖性，既容易影响孩子的健康生活，对孩子意志品质的养成也十分不利。

其次，作为家庭教育的重要补充与延伸，幼儿园教育对于儿童意志品质的养成有重要作用。

关爱孩子是幼儿教师第一要求，也是幼儿园教育成功与否的关键。教师只有深切地关爱孩子才能得到孩子的信赖，使他们乐于接受教育。再优秀儿童也难免有不足之处，再顽劣的孩子身上也有闪光点。因此，幼儿教师应当学会因势利导，在教育过程中使孩子们产生积极情感，避免负面情感，给他们以温暖，培养他们的自信心。教师恰如其分的鼓励与表扬，往往会产生积极的效果。此时，教师若再对孩子提点高要求，儿童会更乐于接受，并继续努力。

总而言之，良好的意志品质，是一个人成长成才不可或缺的重要因素。因此，家长教师在对学前儿童进行早期教育时，必须重视孩子意志力的培养，将智力开发与意志培养一起抓，从而为其将来成就的取得，打下良好的基础。

练一练

一、选择题

成人按照预定目的，有意识地调节自己的行动、克服困难的心理过程，就是（　　）。

A. 意志　　　B. 情感　　　C. 自我意识　　　D. 性格

二、简答题

幼儿教师如何锻炼幼儿的坚持性？

第七章

学前儿童社会性的发展

【学习目标】

1. 理解社会性等相关概念。
2. 掌握学前儿童社会行为和人际关系发展的特点和影响因素。
3. 能根据相关知识分析学前儿童社会行为和人际关系的表现。
4. 学会运用促进学前儿童社会性和人际关系发展的策略。

案例引入

一个儿童入园时,因为父亲生病住院而心情不好,很少言语,也不像往常一样积极地参与小朋友的游戏。其他幼儿马上发现,并关切地询问:"你怎么了?你为什么不高兴?"当得知其父亲生病时,劝慰他"别着急,你爸爸会马上好起来的,大夫会给他治好的",有的幼儿还马上把自己手中最喜欢的玩具让给他玩,或邀请他参加自己的游戏。你如何看待学前儿童这种同伴关系?

第一节 学前儿童社会性发展概述

当一个人独处时是谈不上"社会"的,但身边只要再有一个人,"社会"就构成了。一个家庭,就是一个小社会;一个单位,也是一个小社会。凡是有人群的地方,就有各种各样的"社会",人的生存一天也离不开社会。人每天都在各种小的、中型的、大的社会群体中,扮演着各种角色,表现着自己的"社会性"。你跟别人打交道的方式、你对别人的态度、你怎样受别人的影响、你怎样影响别人……所有这一切,都是一个人社会性的表现。

一、学前儿童社会性发展的概念

(一) 社会性的产生

人的需要是多种多样的。大多数学者实质上是把人类各种不同的需要归属于两大类,即生物性（生理性）需要与社会性需要。

生物性需要是指保存和维持有机体生命和延续种族的一些需要，如对饮食、运动、休息、睡眠、觉醒、排泄、配偶、嗣后等的需要。动物也有这类需要，所以这些需要也叫生理性需要或原发性需要。

社会性需要是指与人的社会生活相联系的一些需要，如劳动需要、交往需要、认知需要、审美需要和成就需要等。社会性需要是后天习得的，源于人类的社会生活，属于人类社会历史的范畴，并随着社会生活条件的不同而有所不同。社会性需要也是个人生活所必需的，如果这类需要得不到满足，就会使个人产生焦虑、痛苦等情绪。比如，人自出生之后便成为各种社会团体中的一分子。从婴幼儿时期起，人就想与他人亲近、与他人来往，希望得到别人的赞许、关心、友谊、爱护、接受、支持和合作。随着年龄的增长，人们不但没有因为自身力量的壮大而削弱这种需求，反而还增加了这种需求。对绝对孤立状态下的人（如一些宗教团体成员、遇难船上的人、隔离实验的志愿参加者）的个案研究表明，长时间的孤独隔离会使人产生突然的恐惧感和类似忧郁症发生的情感，并且隔离时间越长，产生的恐惧和忧郁就越重。沙赫特也曾做实验说明：人是很难忍受长时间与他人隔绝的。所以，社会性需要是人类的一种基本需要，也是人类区别于动物的一个根本特征。

我们这里所说的社会性，就是源于人类社会性需要而产生的。

首先，社会性是社会生活中人际交往的产物，人在交往中获得了社会性。当人一出生时，由于他的身上还没有任何人类社会的烙印，他只是一个自然的客观存在，即人们通常所说的"自然人"。但是，由于这个自然人生活在人的社会环境中，与人进行某种形式的交往，学习该社会所认可的行为方式、价值取向等，并把这种行为方式、价值取向等内化，变为自己的行为准则，使自己逐渐适应周围的社会生活，他就同时是一个"社会人"。假如一个人远离了社会生活，失去了人际交往，那他只能是个自然人，而永远不具有社会人所具有的社会性。

其次，社会性是人社会化的内容和结果。作为从自然人向社会人转化所获得的特征，社会性几乎涉及了人自身智能以外的所有内容，即使狭义地界定社会性，它也涉及社会生活中的各种个人属性，如情感、性格、交往、社会适应等。

社会性是个体在掌握社会规范、形成社会技能、学习社会角色的社会化过程中所产生的一种心理特征，即作为社会成员的个体为适应社会生活所表现出的心理和行为特征。

学前儿童社会性发展（也称为儿童的社会化）：从一个"自然人"逐渐掌握社会的道德行为规范与社会行为技能，成长为一个"社会人"，逐步进入社会的过程。

自然人——心理社会化——社会人。

（二）学前儿童社会性发展的内容

学前儿童社会性发展的主要内容有：人际关系、性别角色、亲社会行为、攻击性行为。

1. 人际关系

社会性的核心内容就是人际关系。学前儿童的人际关系主要包括三方面：一是学前儿童与父母的关系（亲子关系）；二是学前儿童与同伴的关系；三是学前儿童与幼儿园保教人员的关系。

2. 性别角色

性别角色是由于人们的性别不同而产生的符合于一定社会期望的品质特征，包括两性所持的不同态度、人格特征和社会行为模式等。性别角色是作为一个特定性别的人在社会中的适当行为的总和，是人社会性的主要方面。性别角色的发展是人们根据自己的性别特征获得特定文化中性别角色特征的过程，它构成了人的社会化过程中一个十分重要并延续终生的内容。

3. 亲社会行为

亲社会行为是指个体帮助或打算帮助他人的行为及倾向，具体包括同情、分享、合作、谦让、援助等。一般来说，亲社会行为与侵犯行为相对立，它的最大特征是使他人或群体受益。亲社会行为对人类文明与社会进步具有至关重要的意义。亲社会行为的发展情况是衡量个体社会性发展过程成败的最重要的一个指标。幼儿亲社会行为的发展与他们的道德发展有着密不可分的关系。

4. 攻击性行为

攻击性行为也称侵犯行为，就是任何形式的以伤害他人为目的的活动，如损害他人东西、向他人挑衅、引起事端。攻击性行为是一种不受欢迎却经常发生的行为，是一种不为社会提倡和鼓励的行为。攻击性行为发展状况既影响幼儿人格和品德的发展，同时也是衡量个体社会性发展过程成败的一个重要指标。

二、社会性发展对学前儿童发展的意义

人们经过长期的观察和研究发现，同样是智力中等或智商水平较高的人，为什么有的人与他人的关系和谐，懂得乐群合作、礼貌谦让，受人欢迎；可有的人却与他人的关系紧张、攻击性强、孤僻易怒，受人排斥呢？

经过比较后得出结论：有的人适应他们所生活的社会；有的人不适应他们所生活的社会，与周围人格格不入，甚至逆反、对立。一言以蔽之，两种人的社会适应程度大不一样，即他们的社会化程度不一样。对于学前儿童，社会性同样是其生存发展的必要内容。

1. 社会性是学前儿童社会性情感及社会交往的需要

儿童自出生的那一天起就生活在社会之中，也就是说："儿童一出生就预示着其社会性发展的开始。"按照美国心理学家马斯洛的需要理论，儿童除了基本的生理需要外，还有社会性的需要，如安全的需要、归属和爱的需要等。安全需要表明儿童间接地需要情感支持及社会交往，襁褓中的婴儿因为感到温暖、安全，进而产生与成人主要是母亲的亲近需要。随着儿童的发展，儿童的社会性情感及社会交往的需要也越来越强烈。罗杰斯也指出，儿童有"积极关注"的需要，即对诸如温暖、爱、同情、关怀、尊敬及获得别人承认的需要，而"积极关注"是儿童在社会性情绪、情感交流及社会交往过程中获得的。

同时，哈佛大学心理学博士丹涅尔·戈尔曼的研究表明："孩子的未来20%取决于智商，80%取决于情商。"卡耐基也曾说过："一个人的成功，所学的专业知识所起的作用是15%，与他人的交际能力却占85%。"放眼现实世界，我们确实可以感受到：成功的管理者或企业家都具有很高的情商。在生活中，我们也常常会遇到这样的现象：一些智商很高的人并不见得会成功，婚姻生活也并不一定美满；而情商很高的人则必定事业成功、家庭幸福。智商高的人一般来说是专家，情商高的人却具备一种综合与平衡的才能。而情商的核心就是与别人进行情感交流和社会交往的能力。

因此，好的教育并不单单是智力的训练。因为相比较而言，社会性水平的高低更能决定孩子未来生活中获取幸福和成功的能力，其中也包括家庭关系的成功与幸福。澳大利亚人史迪夫·比道夫说过："无论成人或儿童，不可能总是快乐无忧，但我们都希望能够帮助孩子学会控制自己的情绪，使之向快乐的方向转化。"也就是说，如果想让儿童获得爱的情感，与人相处愉快，良好的社会性是必不可少的。

2. 社会性影响学前儿童身体、心智的发展

首先，良好的社会性会促进孩子的身体健康。因为人生活在社会环境当中，他时时刻刻在接收着来源于周围人、事或自身内部的种种信息，这些信息经过大脑的整理和分析，会对我们的情绪、情感产生影响。例如，当一个儿童和其他小朋友和谐相处时，他会感到自己是开心、愉快的。这种开心与愉快使他的内分泌系统处于平衡状态，全身的各种腺体正常工作，这同样有利于他的生长与发育。而且有医学研究表明："心平气和的孩子比生气、烦躁的孩子免疫力更强，更不易患传染病。"

与此相反，如果有一个儿童社会性发展不良，不适应自己所生活的周围环境，总是与周围人发生冲突、对抗，那么，他必然感到闷闷不乐甚至生气发火。不论他发火或是生闷气，都会使自己的内分泌系统发生某种程度的紊乱，这种紊乱将对他的生长发育产生消极的影响。有医学研究表明，幼儿心情紧张可导致呕吐、腹泻、发热等；长期神经紧张还可导致幼儿生长发育迟缓；成人疾病中的心脏病、高血压、糖尿病、胃溃疡、慢性肠炎，也都与神经紧张有关。

其次，社会性还会影响学前儿童的心智发展。社会性发展得比较好的孩子，适应能力和自制力都比较强，在初入园的时候，他们能比其他幼儿更快地熟悉老师和同伴。在平时，他们更容易与老师、同伴相处得融洽，有更多的机会与老师、同伴交往，从他们那里得到信息，扩大自己的眼界，在与同伴的合作游戏中，提高自己的能力。另外，社会性发展得比较好的幼儿，往往心态积极、情绪稳定、自信心强，比其他幼儿表现得更有毅力，他们能保持较长时间专注地工作，遇到小小的挫折或困难时，他们也能寻找原因，努力克服困难，而不轻易放弃。相反，社会性发展不好的孩子，不仅不会学习如何做人、"学做真人"，还会导致不真诚、虚伪、道德水平低下等。而良好社会性中的自制力、适应能力、毅力、真诚等心理品质，对一个人的学习和工作都是极其重要的，这虽然不能直接提高智力程度，但是它们能使心智能力得到充分的发挥。据教育专家的研究发现：智力水平中等的孩子，如果非智力因素发展得很好，那么，他的学业成就完全可以比智力水平高而非智力因素发展得不好的孩子高许多。同样道理，智力水平很高的孩子也会因为非智力水平的低下而导致智力水平发展一般甚至很差。

3. 社会性认知的需要

儿童很早就表现出对社会事物或现象的兴趣，并在此基础上形成认知的需要。但儿童的社会性认知不等同于对一般客体的认知，它是儿童主体观念（是非观念、价值观念等）形成的过程：不是简单地接受成人的观念，或记住现行社会的规则、规范，而是在了解它们的基础上做出自己的判断、抉择，形成自己的认识。换言之，社会性教育的价值不在于"塑造"儿童，而在于为儿童形成自己的观念提供相应的"材料"，促使儿童自我塑造。

如果能成功培养孩子社会性中的某些能力，其他能力也会随之像滚雪球一样得到提高。

据研究表明：越早发展孩子的社会性，越有助于孩子在同伴关系中处于领导地位，形成孩子的领导气质，也有利于孩子在将来激烈的社会竞争中培养良好过硬的素质。良好的情绪控制能力还能帮助孩子养成良好的学习习惯，掌握以后需要的知识、才干。控制自我、倾听他人、与人合作等这些社会性技能，是品学兼优的孩子必须具备的。

第二节 学前儿童人际关系的发展

一、亲子关系

（一）亲子关系的概念

亲子关系是指父母与子女的关系，也可以包含隔代亲人的关系。亲子关系有狭义和广义之分，狭义的亲子关系是指儿童早期与父母的情感联系，而广义的亲子关系是指父母与子女的相互作用方式，即父母的教养态度与方式。亲子关系是一种血缘关系。

良好的亲子关系对儿童的健康成长具有重要的作用。首先，早期亲子间的情感联系是以后儿童建立同他人关系的基础。儿童早期亲子关系良好，就容易与其他人建立比较好的人际关系。其次，父母的教养态度和方式则直接影响到儿童个性品质的形成，是儿童人格发展的最重要的影响因素。例如，父母态度专制，孩子容易懦弱、顺从；而父母溺爱则容易导致孩子任性等。

（二）亲子依恋的发展

美国心理学家艾恩斯沃斯及其同事运用陌生情境实验法研究依恋。在陌生情境研究中观察一批白人中产阶级母亲与其婴儿的相互作用，在标准程序的第一步，儿童被带进一个有很多玩具的陌生房间，在母亲在场的情况下，儿童被鼓励去探索房间和使用玩具。几分钟后，一个陌生人走进屋和母亲交谈，并接近这个儿童。接着，母亲离开房间。经过短暂分离后，母亲返回，与儿童在一起，陌生人离开。观察发现，不同婴儿对陌生情境的反应有明显的差异。根据儿童和依恋对象的关系密切程度、交往质量不同，儿童的依恋存在不同的类型。

1. 安全型

大部分婴儿明显地或安全地依恋于其母亲，称作安全型依恋。儿童在母亲离开房间时，显得很忧伤，在母亲回来后寻求亲近、安慰和接触；然后慢慢地又去游戏。当有母亲在场时，这些婴儿感到足够安全，能在陌生的环境中进行探索和操作。

2. 回避型

回避型依恋的婴儿极少对母亲不在身边表现不安。当母亲回到身边时，他们也避免与母亲的相互作用，不理睬母亲与他们交往的表示。实际上，这类儿童并未形成对人的依恋，所以也被称为"无依恋的儿童"。这些婴儿的母亲对孩子的信号是不敏感的，她们很少与孩子有亲密的身体接触，她们不是充满感情的，而是以淡漠的或怒气冲冲的、不可捉摸的方式与婴儿交往。

3. 矛盾型

矛盾型依恋的婴儿无论他们的母亲在不在身边，经常表现出强烈的不安和哭闹，又被称作焦虑型。他们要么对与母亲的联系不感兴趣，要么对这种联系表现出矛盾，这种矛盾为时而追寻靠近母亲，时而又发怒地推开和拒绝母亲。这类婴儿的母亲在与孩子相互作用中是不敏感的、笨拙的，情感活动水平较低，但其拒绝倾向没有回避型依恋儿童那样强。

4. 混乱型

混乱型依恋的婴儿没有固定的模式，他们看起来总是害怕抚养者，对抚养者表现出惧怕、过分任性，并对其感到迷惑。在陌生情境中表现出杂乱无章和缺乏组织的行为，表现出不安全感。这类儿童更容易发展成为精神障碍患者，这种依恋类型的婴儿和抑郁的抚养者或儿童虐待有关。

依恋类型的差异是存在的，那么这些差异是否在长时间内保持稳定呢？研究表明：亲子依恋的一般类型可能是稳定的，而表达这种关系的特定行为则随着儿童的发展而有所变化。年龄小的婴儿可能倾向于身体上靠近母亲，年龄大一点的儿童则通过细微的言语来沟通联系。

（三）依恋对儿童发展的影响

依恋是一个毕生发展的系统，在这个系统中，通过身体、认知和交流策略形成强烈的情感纽带，使儿童获得他们成长与发展所需的支持。依恋是儿童在与其所处的环境的相互作用中，其心理发展到一定阶段的产物。早期亲子依恋的质量影响着儿童后来的行为。

1. 对儿童认知的影响

在认知发展中，这一点很突出地表现在探索行为和问题解决的风格上。早期安全型依恋者在2岁时产生更多复杂的探索行为。随着儿童的发展，这种理智上的好奇心在问题解决情境中反映为高度卷入的持久性和愉快感，而早期不是安全型依恋的儿童则没有这些表现。

2. 对情绪和社会能力的影响

早期依恋模式对情绪和社会能力影响的证据是混合的。年幼的儿童在温暖、亲密而持久的关系中既获得了满足又能感到愉悦，反之则是紧张消极的情绪体验。同伴社会开始于婴儿期，在生命第2年，孤立的社会活动逐渐由相互交流所取代，主要以项目模仿的形式存在。照料者与儿童之间敏感的相互作用促进同伴社交的发展，反之则会影响。

（四）建立良好亲子关系的策略

首先，注意"母性敏感期"期间的母子接触。有研究认为：最佳依恋的发展需要在"母性敏感期"。对于孩子与母亲的接触，医院的标准做法是：出生时让妈妈看一下，10个小时后孩子再在妈妈边稍留一会儿，然后每隔4小时喂奶一次。理想条件下的做法是：出生后3小时起便有定时的母子接触，在开始3天里，每天另有5小时让妈妈搂抱孩子。结果发现，理想条件下的孩子与妈妈更密切，面对面注视的次数更多，且后期依恋关系好。

其次，尽量避免父母亲与孩子的长期分离。研究表明：孩子与父母的长期分离会造成孩子的"分离焦虑"，从而影响孩子正常的心理发展。

最后，父母对孩子发出的信号要做出及时、恰当的反应，并与孩子之间保持经常的身体接触。

（五）父母的教养方式对学前儿童发展的影响

父母的教养行为归结起来主要在两个方面表现出差异：一是父母对待儿童的情感态度；

二是父母对儿童的要求和控制程度。美国著名的儿童心理学家麦考比和马丁概括提出了家长教养方式的四种主要类型，具体如下：

1. 权威型

父母对儿童的态度积极肯定，热情地对儿童的要求、愿望和行为进行反应，尊重孩子的意见和观点，鼓励他们表达自己的想法并参与讨论；他们对儿童提出明确的要求，并坚定地实施规则，对孩子的不良行为表示不快，而对其良好行为表现则表示支持和肯定。这种高控制、情感上偏于接纳和温暖的教养方式，对儿童的心理发展带来许多积极的影响。这些父母教养下的孩子多数独立性较强，善于自我控制和解决问题，自尊感和自信心较强，喜欢与人交往，对人友好。

2. 专断型

专断型也属高控制教养方式，但在情感态度方面，与权威型有明显不同，父母倾向于拒绝和漠视孩子。这种类型的父母对儿童时常表现出缺乏热情的、否定的情感反应，很少考虑儿童自身的愿望和要求；父母往往要求孩子无条件地遵循有关的规则，但却又缺少对规则的解释，他们常常对儿童违反规则的行为表示愤怒，甚至采用严厉的惩罚措施。这种方式下教养的儿童大多缺乏主动性，容易胆小、怯弱、畏缩、抑郁，自尊感、自信心较低，不善于与人交往。

3. 放纵型

这类父母和权威型父母一样对儿童充满积极肯定的情感，但是缺乏控制。他们甚至不对孩子提出任何的要求，而让其自己随意控制、协调自己的一切行为，对孩子违反要求的做法采取忽视或接受的态度，很少发怒或训斥、纠正孩子。这种方式下的孩子往往具有较高的冲动性和攻击性，而缺乏责任感，不太顺从，行为缺乏自制，自信心较低。

4. 忽视型

父母对孩子既缺乏爱的情感和积极反应，又缺少行为的要求和控制。亲子间交往很少，父母对儿童缺乏基本的关注，对儿童的任何行为反应都缺乏反馈，且容易流露厌烦、不想搭理的态度。这种教养方式下的儿童也容易具有较强的冲动性和攻击性，不顺从，且很少替别人考虑，对人缺乏热情与关心，这类孩子在青少年时期更有可能出现不良行为问题。

二、同伴关系

随着幼儿运动能力和交流技能的发展，幼儿期活动扩展了许多。除了在家庭这样一个重要的成长环境里与父母亲交往之外，儿童的同伴交往逐渐成为幼儿生活中第二个重要的成长环境。

同伴关系是指年龄相同或相近的儿童在共同活动中相互协作的关系。它是同龄人之间或心理发展水平相当的个体之间在交往过程中建立和发展起来的一种人际关系。同伴关系的建立受到早期亲子交往经验、个体特征和社交技能等因素的影响。

（一）学前儿童同伴关系的发生和发展

1. 婴幼儿同伴关系的发展是从最初的、简单的、零散的到各种复杂的、互惠性的相互作用的过程

同伴的发展，最早可以在6个月的婴儿身上看到，6个月婴儿的交往还不具备真正的社会性，但是这时的婴儿可以相互触摸和注视，甚至一个婴儿哭泣，另一个也会以哭泣做出反应。6个月以后，婴儿之间的交往是相互触摸和观望，甚至以哭泣来应对其他婴儿的哭泣。有报告表明，1岁以后的婴儿更喜欢和同伴进行交往，把注意力放在共同感兴趣的物体上，并在交往中协调自己和同伴的行为，表现出初步的相互交往能力。缪勒和白莱纳把婴儿的同伴相互作用划分为以下三个阶段：

（1）物体中心阶段。儿童的大部分注意都指向玩眼前物体，而不是指向其他儿童本身。

（2）简单的相互作用阶段。儿童对同伴的行为能做出反应，并常常试图支配其他儿童的行为。例如，一个孩子坐在地上，另一个孩子转过来看他，对他微笑或者拿走玩具，希望通过这些行为引起对方的注意，与对方取得联系，另一个则会留心注意这些行为，并以微笑、注视、说话、递给玩具等方式做出响应。这个孩子的动作就是一种指向其他儿童的社会交往的接触。

（3）互补的相互作用阶段。出现了一些更复杂的社会性互动行为，对他人行为的模仿更为常见，出现了互动的或互补的角色关系。

2. 游戏中的同伴关系

关于儿童游戏的社会性发展，心理学家帕顿根据幼儿在游戏中的社会性参与程度，对儿童游戏的社会化发展进行了研究，将儿童的游戏分为以下六种类型：

第一，无所用心的行为。儿童似乎不在游戏，碰上有吸引力的玩具时做一做。

第二，单独游戏。儿童独自一人摆弄玩具，并不关心他人的行为。

第三，旁观者行为。儿童绝大部分时间在观看其他儿童游戏，并常常向游戏者提出问题或者建议，但自己并不参加游戏。

第四，平行游戏。儿童与同伴一起游戏，但很少交谈，常常是各玩各的，互不干扰。

第五，联合游戏。儿童与同伴一起游戏，有交谈，有时还会相互借玩具，但不会围绕同一个目标分工或组织游戏。

第六，合作游戏。儿童与同伴为某些共同的游戏目标而在一起游戏，彼此分工、合作，有一定的组织性。

在儿童的发展过程中，游戏的形式会随着年龄的增长依次出现，而且不同形式的游戏在学前期是并存的。游戏水平的提高，反映儿童社会性交往能力的发展。在3~6岁期间，儿童独立游戏和平行游戏的发展相对稳定。学前儿童的游戏活动中，平行游戏和联合游戏较多。

（二）同伴关系的作用

从发展的角度来看，同伴交往对儿童的发展有着极其重要的作用，这已成为发展心理学的共识。同伴的作用可以促进儿童积极情感、认知和自我意识及社交技能的发展。

1. 同伴是榜样和强化者

随着儿童的成长，同伴作为榜样和强化者的重要性越来越突出。

在儿童的同伴交往中，一方面，儿童发出社交行为，如微笑、请求、邀请等，从而尝试、练习自己学会的社交技能和策略，并做相应的调整，使之巩固；另一方面，儿童在交往中观察对方的交往行为，通过观察、积极的探索，从而丰富自己的社交行为。儿童倾向于模仿群体中的支配性人物，而这些人往往有好的社会技能，这使儿童能通过模仿学到新的社会技能。在与同伴交往的过程中学习社交技能，促进其社会行为向友好、积极的方面发展。

有些榜样比其他榜样更易于受到儿童的模仿。儿童倾向于模仿同伴榜样中那些热情而又能给人以报偿的、有能力的、受到他人称赞的以及他们认为与自己相似的人。成为榜样则能够增强儿童的自我控制，而担当了自我控制榜样的儿童能更强地抵制诱惑。并且，大多数儿童喜欢受到别人的模仿。考虑到儿童模仿的以上规律，幼儿园的混龄编班可增加儿童向不同同伴学习的机会。

2. 同伴是社会比较的参照

同伴交往为儿童进行自我评价提供了有效的参考标准，而且对行为的自我调控提供了丰富的信息和参照标准。例如，4岁左右的孩子就会和自己的同伴做简单的对比，我画得比你好，我跑得比你快等。儿童进行比较时更多是以同伴群体作为对象，儿童的自我形象和自我接受与他被同伴接受和受欢迎的程度密切相关。同伴对于儿童的态度、行为、自我概念等起到重要的塑造作用，这种社会性比较的过程是儿童自我意识发展的重要基础。

（三）影响同伴关系的因素

1. 早期亲子经验

早期的亲子关系会影响儿童的行为。大多数儿童从出生便开始了与父母的交往，这种亲子关系不仅满足了儿童的生存需要，还为他们以后的交往提供了丰富的经验。儿童对同伴的态度和行为大多数是与其父母交往的翻版，儿童早期与父母的交往经验对其与同伴的交往有着至关重要的作用。

2. 个体的特征

儿童身心方面的特征，一方面制约着同伴对他的态度和接纳程度；另一方面也决定了他们自身交往的行为方式。

儿童的性别、年龄、外貌等这些生理因素会影响儿童是否接纳和受欢迎的程度，甚至姓名也会影响到这一点。幼儿倾向于选择与自己同年龄、同性别的儿童做朋友。而对于年幼儿童来说，外表往往成为影响同伴交往的一个明显因素，这一点和成人相似。如纪录片《幼儿园》中的一个小朋友被问及"为什么喜欢她"时的回答是"她长得很漂亮"，幼儿园的孩子更喜欢和那些漂亮、穿戴干净整齐的孩子玩。

值得注意的是，那些被教师认为差的孩子，在一些人格测验、平均年级分数、自评定方面得分都较低。同伴和成人对体形和面孔不漂亮的儿童所抱的消极期待可能促使这些特点在儿童身上出现，因为儿童在某种程度上是以与他人的期望一致的方式来行动的。

儿童的气质、性格、能力等个性、情感特征也会影响他们在同伴交往中的接纳程度和受欢迎程度。

幼儿期是从自然人过渡到社会人的关键期，教师和家长要尽量帮助那些交友困难的幼儿，使同伴接受他们。首先，在家庭方面：创设良好的（民主的、平等的、和谐的）家庭氛围，使儿童对社会交往产生积极的心理期待，家长要以自身关爱他人的实际行动感染孩子，言传不如身教，为孩子创造更多的交往机会；其次，在幼儿园方面：创设良好的心理氛围，创设不同的游戏活动区，注重角色游戏的指导。教给他们最基本的交往规则、技巧，客观地评价，争取家长的配合和支持，共同提高儿童的交往能力。

三、师幼关系

（一）师幼关系的概述

幼儿进入幼儿园后，他们在教师身边的时间几乎与在父母身边的时间一样多（睡眠时间除外）。可以认为，教师是幼儿家庭成员以外的第一个在他们的生命中扮演重要角色的成人。教师的功能在儿童受教育的过程中会不断改变。

师幼关系是指幼儿园教师与幼儿在保教过程中形成的比较稳定的人际关系。研究者普遍认为，教师与幼儿之间不是单纯的教育者与被教育者之间的事务性关系，它是一种"教学"关系，带有明显的情感性特征，幼儿所经历的师幼关系状况对幼儿自身具有重要意义。

（二）师幼关系的类型

潘恩塔的研究从教师角度出发，以教师指向幼儿的情感与行为两个维度将师幼关系分为两种模式：积极的关系与有障碍的关系。在积极的师幼关系中，教师对待幼儿比较热情、关爱，并跟孩子密切交流；在有障碍的师幼关系中，教师对幼儿很冷淡，经常与幼儿发生冲突。豪斯·C等研究者从幼儿角度出发，根据幼儿在互动中的情感表现与行为方式将师幼关系分为安全型、依赖型、积极调适型与消极调适型四种。通过这些研究我们不难发现，师幼关系虽然是所有幼儿经历的一种人际关系，但是，即使在同一个班级，面对同一教师，不同幼儿在与教师的交往中所获得的行为与情感之间的差别是巨大的。

李红结合我国当前幼儿园的实际，将师幼关系概括为以下三种类型：

第一类是亲密型：班级中与教师关系亲近的幼儿，多是积极追随教师的思路，并且能够控制自己行为、遵守班级规则的孩子，教师耐心教导鼓励他们，直接的身体或目光接触较多，彼此建立依恋感，从而形成亲密、融洽的师幼关系。

第二类是紧张型：过度活跃，经常出现纪律问题的幼儿多在师幼关系中处于被拒绝的消极状态，教师对行为习惯不良的幼儿表现得不够耐心，态度生硬，从而造成师幼之间感情疏远，甚至紧张、对立。很多教师往往习惯于用批评和责备去矫正孩子的过错行为而忽视情感。

第三类是淡漠型：教师过多地关注乖巧的、听话的和调皮的孩子，而忽略了中间的孩子，使之产生被漠视、被忽略的感觉，进而产生疏离感。

第三节　学前儿童性别角色的发展

学前儿童性别角色行为的发展

儿童性别角色行为的发展，是在对性别角色认识的基础上，逐渐形成较为稳定的习惯的过程，从而导致儿童之间心理与行为上的性别差异。

（一）性别角色与性别行为的概念

性别角色是社会认可的男性和女性在社会上的一种地位，也是社会对男性和女性在行为方式和态度上期望的总称。每个社会对男性和女性都会提出种种不同的要求，小到服饰、言谈举止、兴趣爱好、性格特征，大到社会分工等，处处都有一把无形的尺子在衡量着你。如在中国传统的社会观念中，男人就应该养家糊口，女人就应该做饭、看孩子，这就是社会对男性和女性不同要求的反应。一个框架在束缚着你，使一个人自觉不自觉地按照社会要求的行为方式去活动交往，这就是性别角色的作用。

性别角色的发展是以儿童性别概念的掌握为前提的，即儿童知道男孩和女孩是不同的，才能进一步掌握男孩和女孩不同的行为标准。性别行为是男女儿童通过对同性别长者的模仿而形成的自己这一性别所特有的行为方式。性别角色属于一种社会规范对男性和女性行为的社会期望。男女两性是由遗传造成的，男女在家庭生活和社会生活中扮演什么角色，则是从幼儿时期起接受成人影响、教育的结果。

（二）学前儿童性别角色发展的阶段与特点

对于学龄前儿童来说，性别角色主要经历以下三个阶段的发展：

1. 知道自己的性别，并初步掌握性别角色知识（2~3岁）

幼儿能区别出一个人是男的还是女的，就说明他已经具有了性别概念。儿童的性别概念包括两方面：一是对自己性别的认识；二是对他人性别的认识。儿童对他人性别的认识是从2岁开始的，但这时还不能准确说出自己是男孩还是女孩。大约2岁半到3岁，绝大多数儿童能准确说出自己的性别。同时，这个年龄的儿童已经有了一些关于性别角色的初步认识，如女孩要玩娃娃，男孩要玩汽车等。

2. 自我中心地认识性别角色（3~4岁）

此阶段的儿童已经能明确分辨自己是男孩还是女孩，并对性别角色的知识逐渐增多，如男孩和女孩在穿衣服和玩游戏、玩玩具等方面的不同。但对于三四岁的儿童来说，他们能接受各种与性别习惯不符的行为偏差，如认为男孩穿裙子也很好，几乎不会认为这是违反了常规。这说明他们对性别角色的认识还不很明确，具有明显的自我中心的特点。

3. 刻板地认识性别角色（5~7岁）

在前一阶段发展的基础上，孩子们不仅对男孩和女孩在行为方面的区别认识得越来越清楚，同时开始认识到一些与性别有关的心理因素，如男孩要胆大、勇敢、不能哭，女孩要文静、不能粗野等。但与儿童对其他方面的认识发展规律一样，他们对性别角色的认识也表现出刻板性。他们认为违反性别角色习惯是错误的，并会受到惩罚和耻笑。如一个男孩玩娃娃就会遭到同性别的孩子反对，认为不符合男子汉的行为。

（三）学前儿童性别行为发展的阶段与特点

1. 幼儿性别行为的产生（2岁左右）

2岁左右是儿童性别行为初步产生的时期，具体体现在儿童的活动兴趣、选择同伴及社会性发展三方面。例如，14~22个月的儿童中，通常男孩在所有玩具中更喜欢卡车和汽车，而女孩则更喜欢玩具娃娃或柔软的玩具。儿童对同性别玩伴的偏好也出现得很早。在托幼机构中，2岁的女孩就表现出更喜欢与其他女孩玩，而不喜欢跟吵吵闹闹的男孩玩；2岁时女孩对于父母和其他成人的要求就有更多的遵从，而男孩对父母要求的反应更趋向多样化。

2. 幼儿性别行为的发展（3~6、7岁）

进入幼儿期后，儿童之间的性别行为差异日益稳定、明显，具体体现在以下方面：

（1）游戏活动兴趣。这方面的差异主要表现在：在学龄前期男孩女孩的游戏活动中，已经可以看到明显的差异。男孩更喜欢有汽车参与的运动性、竞赛性游戏,女孩则更喜欢过家家的角色游戏。

(2) 选择同伴的性别倾向。进入3岁以后,儿童选择同性别伙伴的倾向日益明显。研究发现,3岁的男孩就明显地选择男孩而不选择女孩作为伙伴。在幼儿期,这种特点日趋明显。研究还发现,男孩和女孩在同伴之间的相互作用方式也不相同:男孩之间更多的是打闹,为玩具争斗,大声喊叫,发笑;女孩则很少有身体上的接触,更多的是通过规则协调。

(3) 个性和社会性方面。幼儿期已经开始有了个性和社会性方面比较明显的性别差异,并且这种差异在不断发展中。一项跨文化研究发现,在所有文化中女孩早在3岁时就对照看比她们小的婴儿感兴趣。还有研究显示:4岁女孩在独立能力、自控能力、关心人物三个方面优于同龄男孩;6岁男孩的好奇心和情绪稳定性优于女孩;6岁女孩对人与物的关心优于男孩;6岁男孩的观察力优于女孩。

(四) 影响学前儿童性别角色行为的因素

1. 生物因素

(1) 性激素。研究发现,在胎儿期雄性激素过多的女孩,在抚养过程中虽然按女孩养,但仍然具有典型的假小子的特征,她们喜欢消耗较多精力的体育活动,不喜欢玩娃娃。在异常生理状况下,个体可能分泌过多的与自己生理性别不符的激素。除非能及时借助外科手术改变其激素分泌状况,否则将很难纠正,往往会出现不当的性别化和心理适应不良。

(2) 大脑半球。脑研究表明,行为在一定程度上决定于大脑两半球的组织方式。大脑右半球更多参与空间信息加工,左半球更多参与加工言语信息。大脑的功能随着年龄的增长越来越特异化和两侧分化,一般女性的两侧发展更平衡。比如,男孩通过触摸识别图形时用左手更准确,女孩则用左手和右手同样准确。而大脑半球功能的分化最初往往是受胎儿期分泌的性激素影响的。也就是说,胎儿期激素能使女性大脑更有效地加工言语,使男性大脑更有效地加工空间信息。

当然,总的来看,生物因素只是构成了某些性别差异的早期基础,它往往与社会因素交互起作用。比如,当一名男性在搏斗中反复失败时,他的雄性激素会降低;一名女性如果生长在对抗性的环境中,她的雄性激素则会增多。所以,生物因素并不能起决定性作用。

2. 认知因素

获得性别概念对于性别行为的形成是重要的,正常发展的儿童在获得性别角色和行为的过程中要发展出性别同一性、性别稳定性和性别恒常性。性别同一性即男孩知道他是个男孩,今天是,明天也是。性别稳定性即"他将总是个男孩,他不再想着以后做个妈妈"。性别恒常性即儿童认识到外表和活动的表面变化并不改变性别。女孩穿男孩的裤子、踢足球,或一个男孩留长发、对缝纫感兴趣,他们的性别都将保持不变。

儿童在发展过程中,还会了解到社会、家庭对他的性别角色的期望,即他认为男性应该做什么,女性应该做什么。

3. 社会文化因素

父母是孩子性别行为的引导者。在孩子还不知道自己的性别及应具有什么样的行为之前,父母就已经开始对孩子进行性别行为引导了。如孩子出生以后,大多数父母对孩子房间的布置、玩具的选择、衣服的式样与颜色的安排等,都是根据孩子的性别决定的。随着孩子年龄的增长，父母就更明显地用男孩或女孩的行为模式来约束自己的孩子，男孩应该勇敢、像个男子汉；女孩则应该温柔、文静等。父母的态度行为直接引导孩子朝着符合自己性别的行为方向发展。

父母对孩子性别行为的强化：有人发现，从孩子刚出生，母亲就用不同的方式对待男孩和女孩。例如，在我们中国的传统社会中，当女儿做出女性行为（如安静、不淘气）时，母亲就会做出积极的反应；而当女儿做出男性行为（如淘气、爱活动）时，她会做出消极的反应。

父母自身的特点会对孩子产生影响，父母是孩子性别行为的模仿对象：孩子自从知道自己是男孩或女孩开始，一般会把自己的同性别父母作为模仿对象。如小女孩就开始学妈妈的样子给娃娃喂饭、拍娃娃睡觉等；男孩则更容易看到爸爸做什么就学做什么。如支配型母亲和被动型父亲结合的家庭，对男孩的性别同一性的建立就极为不利，而对女孩的性别化不产生什么影响。如果一个男孩父亲软弱而母亲具有支配权力，那么这个男孩往往表现出女性化特征；而高度男性化男孩，其父亲在奖惩的限制和宽容上往往是果断而有支配性的。

父母的这种强化在孩子形成性别行为过程中起着重要作用，使他们（她们）逐渐形成符合自己性别的行为。

可以说，在儿童性别角色发展中，父母双方都起着一定的作用，但是父亲的作用通常更大一些。尤其对男孩，作用、影响更大。研究表明，男孩在4岁前失去父亲，会使他们缺乏攻击性，在性别角色中倾向于女性化的表现——喜欢非身体性的、非竞赛性的活动，如看书、看电视、听故事、猜谜语等。女孩在5岁前失去父亲，在青春期与男孩交往上会表现得焦虑、不确定、羞怯或者无所适从。

在家庭以外，儿童还会受到其他各类复杂因素的影响，如电视、同伴、教师等。电视等媒体通常会向儿童呈现传统性别角色和行为模式，同伴则会以接纳或排斥的态度来对待儿童性别化的行为，这些都会帮助儿童塑造符合其性别角色的行为模式。与此同时，社会对男孩和女孩在性别化的评判标准不同，也会影响到儿童的性别化。如男孩的跨性别行为更易受到老师、同伴的批评，对女孩则更宽容。

（五）双性化与教育

过去，很长一段时间，心理学家一直都很重视性别定型化的问题，探讨男女性别的差异。一般来说，正确确认性别角色和相应的性别行为是儿童健康发展的一个重要方面。自20世纪70年代开始，以比萨为代表的一些心理学家提出了一个新的概念，即男女双性化，是指一个人同时具有男性和女性的心理特征。就是既有男子气，同时具有女子气的双性化个体。这种双性化理论强调，双性化个体比性别类型化个体更健康，更具有适应性。并认为应该从儿童早期就开始进行无性别歧视的儿童教育，而不过分强调性别差异。

社会对男女性别角色定型化的要求有很多方面的影响。近年来的研究也表明，高水平的智力成就是与柔和两性品质的男女双性化相联系的。过分划分两性不同会妨碍男女儿童的智力和心理发展，双性化人格模式也许会加大发挥个体的潜能。因此，适当淡化幼儿的性别角色和性别行为，对形成男女双性化性格是有利的。

有人曾对幼儿期淡化性别角色的教育方式进行过这样的描述：给幼儿上课的既有女老师，也有男老师；积木区的玩具不但有汽车、动物等，也有洋娃娃及家庭用具；鼓励男女儿童都使用家务区和化妆区；鼓励男女儿童都使用登高设备；允许所有儿童在外表上表露自己的情绪；允许（虽然不鼓励）所有儿童都弄得很脏；老师一视同仁地处理吵架、发脾气或哭喊的儿童，而不考虑性别；老师尊重和鼓励独立自信的行为。作为家长和老师，应该意识到，至少在学龄前期，淡化儿童性别角色的教育对儿童的智力发展和性格发展是有益的。

第四节 学前儿童社会性行为的发展

在幼儿园，教师很容易就可以感受到不同幼儿行为上、言语上的一些差异。有些幼儿吵闹不休，他们不断地骂人、争吵、推撞，甚至打斗；有些幼儿没有参与争斗，仍时不时地跑到老师面前告状；还有一些幼儿乐意跟别人合作，拿自己带的玩具与别人分享，帮助别人，安慰那些由于摔倒或打破玩具而哭泣的幼儿，在被问到为什么会去帮助摔倒的幼儿时，有的幼儿会说："他很疼。"有的幼儿则会说："老师说的。"还有的幼儿说："我昨天摔倒的时候，他扶了我。"这正是幼儿道德行为的不同表现。

一、亲社会行为的发展

（一）什么是亲社会行为

亲社会行为又叫积极的社会行为，对亲社会行为的研究也是最近几十年开始的，是指一个人帮助或打算帮助他人或群体的行为及倾向。儿童的亲社会行为具体包括分享、谦让、援助、合作等。亲社会行为的发展是幼儿道德发展的核心问题。亲社会行为发展对儿童发展具有重要影响，是人与人之间良好关系的基础，是提高集体意识、建立良好的人际关系、形成助人为乐等良好道德品质的重要条件。

（二）学前儿童亲社会行为的发展阶段和特点

1. 3 岁前的亲社会行为

研究表明，1 岁左右儿童已经能够对别人微笑或发声，当看到别人处在摔倒、伤心等困境时，孩子会给予极大的关注并表现出相应的表情。斯特恩在 1924 年从观察中得出结论，2 岁幼儿已经有感受他人悲伤的能力……并力图安慰帮助他人。2 岁左右儿童的亲社会行为已经萌发，而且儿童越来越明显地表现出同情、分享和助人等利他行为。他们经常把自己玩的玩具拿给别人看，或送给别人玩。例如，一个 2 岁的幼儿会说："她哭了，她想吃糖。"

2. 各种亲社会行为迅速发展，并出现明显个别差异（3~6、7 岁）

合作行为发展迅速，幼儿亲社会行为发生频率最多的是合作行为，国内有研究发现，大、中、小班的幼儿亲社会行为存在差异。

（1）合作性游戏。研究发现，在儿童的亲社会行为中，合作行为的发生频率最高，占一半以上。关于幼儿合作行为的发展可以从幼儿同伴交往的发展中看出。

（2）分享行为随物品的特点、数量、分享对象的不同而变化，分享行为是幼儿期亲社会行为发展的主要方面。有研究发现，幼儿分享行为的发展具有如下特点：幼儿的"均分"观念占主导地位；幼儿的分享水平受分享物品数量的影响；当物品在人手有多余的时候，幼儿倾向于将多余的那份分给需要的幼儿，非需要的幼儿则不被重视；当分享对象不同时，幼儿的分享反应也不同；与玩具相对，幼儿更注重食物的均分。

(3) 出现明显的个性差异。有研究考察某儿童被另一儿童欺负时，附近其他儿童对这一事件的反应。结果发现，毫无反应的儿童极少，只占7%；目睹事件的儿童有一半呈现面部表情；有17%的儿童直接去安慰大哭者；其他同情行为包括：10%的儿童去寻找成人帮助，5%的儿童去威胁肇事者，12%的儿童回避，2%的儿童表现了明显的非同情性反应，表明幼儿的亲社会行为存在个别差异，这说明亲社会行为的发展需要适当地引导和教育。

（三）影响因素

1. 社会生活环境

社会生活环境主要包括两个方面：社会文化和大众媒介。每一种文化在赞同和鼓励亲社会行为方面是不同的，东方文化中强调群体和谐，因而赞扬亲社会行为。这种倾向使亚洲国家的人们重视在儿童早期就鼓励儿童的亲社会行为，从而使儿童的游戏和儿童之间的社会互动为孩子进入成人社会打下了基础。因此，从宏观上讲，亲社会行为是社会文化的产物。

大众媒介对儿童亲社会行为也会产生影响，电视是儿童学习亲社会行为的一个重要途径。有实验表明，观看亲社会节目的五六岁儿童不仅能懂得节目的特定亲社会内容，而且能将其应用到其他情境。

2. 儿童日常的生活环境

儿童日常的生活环境主要包括两个方面：家庭和同伴相互作用。一方面，家庭是儿童形成亲社会行为的主要影响因素。而家庭对孩子亲社会行为的影响主要表现在两方面：第一，榜样的作用。父母自身的亲社会行为成为孩子模仿的对象；第二，父母的教养方式是关键因素。霍夫曼的抚养幼儿的研究表明，温和养育型的父母趋向抚养利他幼儿，父母与幼儿的温和养育关系对幼儿亲社会行为有重要的作用。例如，民主家庭的父母是支持孩子独立活动的，他们经常对孩子的行为进行奖赏和指导。大量研究证明，父母如果做出了亲社会行为的榜样，同时又为儿童提供了表现这些亲社会行为的机会，更有利于激发其亲社会行为。另一方面，同伴相互作用。同伴关系对儿童的亲社会行为具有非常重要的影响。美国心理学家对此有较为一致的看法，即在儿童的安慰、帮助、同情等能力形成过程中，同龄人起着决定性的作用。调查表明，对亲社会行为的影响有60%来自同龄人，40%来自成人。同伴的作用不外乎模仿和强化两个方面。

3. 观点采择能力和移情

亲社会行为的发生需要特定的认知技能，其中最重要的是观点采择能力。具有观点采择能力的幼儿，能够充分理解他人的需要，并做出助人行为。然而观点采择能力并不必然导致儿童的助人行为，因为观点采择就是信息收集的过程，只能提供更好地理解他人的认知前提，个体能否获得，还要依赖自己的判断及个人特点。

移情是对他人情绪情感状态的一种替代性的情感体验。霍夫曼等人的研究表明，学前儿童已具有较强的移情能力，会由他人的情绪情感状态而引起自己与之相一致的情感反应。这是一种非常重要而高级的社会性道德情感，表明儿童能将自己置身于他人处境，设身处地地为他人着想，接受他人的情绪情感。它是促使儿童做出亲社会行为和抑制攻击行为的重要动因。有较强移情能力的儿童亲社会行为更多。并且，提高儿童的移情能力，能显著地提高儿童的亲社会行为。我国张莉的研究进一步证实，移情训练能导致儿童良好道德行为的明显增多和攻击行为的减少。不论是社会生活环境的影响，还是儿童具体生活环境的影响，最终都要通过儿童的移情而起作用。移情是导致亲社会行为的根本的、内在的因素。移情的作用已被实验所证实。对于学前儿童来说，由于其认识的局限，特别是容易自我中心地考虑问题，因此，帮助幼儿从他人角度去考虑问题，是发展幼儿亲社会行为的主要途径。

二、攻击行为的发展

（一）含义

反社会行为又叫消极的社会行为，在幼儿中最突出的表现是攻击性行为，是一种以伤害他人或他物为目的的行为。攻击行为有很多形式，有时候它涉及身体暴力，如打、推挤、打架，但是有时候造成的痛苦是心理上的，如人们对他人侮辱、散布恶意的谣言。攻击性行为分为敌意性攻击和工具性攻击，但幼儿在一起玩耍时无敌意的推拉动作则不是攻击性行为。攻击性行为在不同年龄阶段的幼儿身上都会有或多或少的表现，它一般表现为打人、推人、踢人、抢别人的东西等。根据班杜拉的社会学习理论，儿童攻击性的行为是通过外部强化、替代性强化、观察与模仿获得的。

（二）特点

1. 攻击行为的发生原因

年龄小的儿童攻击行为的原因多数是因争抢东西而产生的。有研究发现，从一岁左右开始就发生了因为物品和玩具的争抢而产生的攻击行为；随着年龄的增长，由游戏规则、社会行为等社会性问题引起的攻击行为占的比率越来越大。

2. 攻击行为的方式

年龄小的儿童更多采用身体攻击；随着年龄的增长，身体攻击的比率逐渐下降，言语攻击所占的比率逐渐增大。

3. 攻击行为的类型

年龄小的儿童工具性攻击多于敌意性攻击；随着年龄的增长，敌意性攻击所占的比率逐渐超过工具性攻击。

4. 攻击行为存在显著的性别差异

表现为男孩参与更多的冲突，男孩比女孩更多地卷入攻击事件。

（三）幼儿攻击行为的成因及应对策略

1. 观察与模仿

社会学习理论认为，幼儿是通过学习和模仿习得攻击行为的。在家庭中对于父母使用体罚来惩罚教育孩子，孩子对这种体罚造成的痛苦可能会以更具有攻击性的行为来回应。惩罚对攻击型和非攻击型的儿童能产生不同的影响。惩罚对于非攻击型的儿童能抑制攻击性，但对于攻击型的儿童则不能抑制攻击性，反而会加重攻击性行为。因此，以惩罚作为抑制孩子攻击性行为的方法往往并不奏效，因为父母的惩罚本身就又给孩子树立了攻击性行为的榜样。另外，大众传播媒介上的攻击型榜样会增加儿童的攻击性行为，幼儿会从这些电视、电影、节目中观察学习到各种具体的攻击性行为。

班杜拉曾做过一个实验：一组孩子观看成人对玩具娃娃的攻击行为（拳打、脚踢、口骂），另一组孩子观察人平静地玩同样的玩具娃娃。然后让两组孩子单独玩这些娃娃，观察其行为表现。结果发现，前者攻击性行为是后者的 12 倍以上。儿童不仅能从暴力节目中学习到攻击性行为，更为重要的是，电视、电影人物的经历会使许多孩子将武力视为解决人际冲突的有效手段，并在现实生活中实际依靠攻击行为来解决与他人的矛盾。

2. 外部强化与替代性强化

人们只有通过学习知晓攻击对他们有益的时候，才会有攻击性。另外，我们必须看到他人通过攻击获取了成功，或者通过攻击为自己赢得胜利，我们才会成为具有攻击性的人。某些幼儿的攻击性行为是其在与周围的人或物交互作用的过程中习得的，他的经验具有重要作用。比如，一个幼儿攻击另一个幼儿，抢他的东西，被欺负者哭着躲开，攻击者得到了自己想要的东西，下一次他还会对同一幼儿或别的幼儿采用攻击性行为来达到自己的目的。在这种情况下，被欺负者退缩谦让，鼓励了攻击者的攻击性行为。

3. 心理挫折

根据挫折—侵犯假说，攻击性行为产生的直接原因主要是挫折。认为儿童受到挫折或挑衅后的反应，不仅依赖于情境中的社会线索，还依赖于个体对信息的解释。研究表明，一个受挫折的幼儿比一个心满意足的幼儿更具攻击性。比如，经常被班里的老师批评或者忽视的幼儿，有时候为了引起老师和同伴对他的关注，可能会突然爆发出极强的攻击性行为，这是因为幼儿的需要被忽视而产生了攻击性行为。

为了减少儿童的攻击性行为，教师应该注意的是：

幼儿的心理需要是其发展的动因，尽量满足儿童合理的心理需要、公正地对待每个儿童，尽可能多地关注和尊重每一个儿童，让每个儿童都有成功和表现自我的机会。

首先，学会识别他人的情绪。在日常生活中，教师、家长可以引导幼儿"察言观色"，让幼儿知道高兴、生气、害怕、讨厌、好奇等多种情绪，正确感受他人的内心活动。试着让幼儿了解自身和他人在某种情境下的感受，以及不同的表情透露出的内心感受。

其次，鼓励幼儿表达自己的情感，正确表达自己的情绪。如让幼儿扮演"他人"，转换到他人的位置，体验他人在不同情境下的心理活动，促使幼儿以某种角色进入情感共鸣状态。

需要特别注意的是，应避免让儿童通过摔打物品的方式来发泄其内心的不满情绪。因为大量研究表明，这样的宣泄并不能减少儿童的攻击性行为，有可能还会在其宣泄后习得更多的攻击技能，产生更强烈的攻击倾向。

再次，树立正面的非攻击性的榜样，强化儿童的积极行为，不接触或少接触攻击性行为的范型。家长是幼儿最好的老师，父母平时的所作所为对幼儿的影响非常大。幼儿伤心难过时家长有没有去安慰他，看见有需要帮助的人时你有没有及时伸出援手等，都对幼儿有潜移默化的作用。运用精神奖励，能有效地促进学前儿童亲社会行为的发展，抑制儿童的攻击行为，消除或者避免引起攻击性行为的环境因素。

最后，创造非攻击的环境。在婴幼儿期，攻击的主要原因是物品的抢夺，资源的短缺会造成孩子们之间的冲突进而引发攻击行为，因此应给孩子提供充足的物品。另外，在环境中应尽量减少具有攻击性的玩具如枪、刀等。创造一个温馨和谐的氛围以减少攻击性行为。

总之，幼儿产生攻击性行为的原因和形式是多种多样的，教师在纠正幼儿攻击性行为时，首先要注意深入了解其产生的内因和外因，然后对其进行有针对性的教育。只有这样，教育工作才能取得预期的效果。

第五节 学前儿童社会道德的发展

幼儿期作为儿童社会化的初级阶段，在儿童道德发展中占有重要的地位。可以说，幼儿期是培养道德品质、形成良好道德行为习惯的基础阶段，是道德养成教育的关键期。

一、幼儿社会道德的概念

幼儿道德教育在幼儿园教学中占有重要地位。幼儿园促进孩子在德、智、体、美的全面发展中，德占首位。德包括道德情感、道德认知等方面。

幼儿的道德认知主要是指幼儿对是非、善恶行为准则及其执行意义的认识。它包括道德概念的掌握、道德判断能力的发展以及道德信念的形成三个方面。幼儿社会化的核心，就是使幼儿成为一个有道德、能遵守社会规定的道德规范和行为准则的人。衡量一个幼儿的道德水平，不仅要看他的行为动机、对自己和别人行为的判断和认识，更重要的是看他实际行为的性质和意义。

二、影响儿童道德发展的因素

心理学家研究儿童道德行为发现，影响道德行为发展的因素主要有以下五个方面。

1. 智力

智力与儿童的道德判断及道德行为之间的关系甚为密切。儿童心理学家柯尔柏认为，较为成熟的道德判断需要成熟的抽象推理能力作为基础，抽象的运思能力是高尚的"泛人类偷道德"的主要条件。研究发现，16～18岁的中国青年，其道德判断与认知发展间的关系是55%。另一研究显示，智力较高的儿童，其道德判断发展的阶段也较高，而诚实行为与智力间的相关在39%左右，均显示出密切相关。

2. 性别

关于男女在道德发展上有无性别差异的问题，学者们的研究结果颇不一致。有些外国的研究显示男学生的道德判断较女学生高，而一些关于中国儿童的研究则显示并无明显的性别差异存在。

3. 亲子关系

无论道德知识、道德情绪还是自我控制的意志力的培养，都是从家庭中开始，父母平时的教诲、奖励与惩罚的控制方式、管教方法与态度、行为示范等，对于儿童的抗拒诱惑、罪咎感态度以及是非善恶的判断，均能产生决定性的影响。目前我们所了解的是，温馨的家庭气氛、和谐的亲子关系、关怀与爱护的父母态度，有助于亲子之间的认同倾向，是发展道德良知的最佳环境。诱导型纪律方式强调说理，促使儿童了解其行为对于自己或他人所产生的影响，有助于自我反省，加强罪咎感的情绪制裁力量；而权威型的纪律方式注重硬性规范与强制执行，强调严厉惩罚与威胁。因此，儿童因惧怕而服从，而非真正洞察行为的过错，结果反而削弱了罪咎感的制裁力量。此外，父母约束方式不一致，则有减弱儿童抗拒诱惑力量的倾向。

4. 友伴关系

为了发展道德良知与遵从社会规范，儿童的社会经验也甚为重要，其中尤以友伴关系为甚，它能使儿童体验到更多的平等互惠以及取予关系。在友伴参与的活动中，心理学家皮亚杰认为有两方面对儿童道德发展很重要：一方面是儿童友伴共同制定游戏的规则，这种新的经验，使儿童了解规则是由人们共同制定，在特殊的需要与协议下是可以更改的；另一方面在友伴交往的经验中，使儿童逐渐了解每个人均有不同的意见，彼此间互相影响，因而促进儿童认知能力的改变，对规则产生新的认识，并增进了解他人的能力，而这些能力均为成熟的道德判断与行为所必须具备的。此外，与友伴交往也能逐渐修正其儿童自我中心倾向，发展合作、容忍、同情、利他、诚实无欺的行为。

5. 社会文化背景

不同文化背景的儿童在道德判断的发展上，均依发展的阶段循序渐进，唯发展的速度及道德的内容受文化的影响而有所不同。例如，与美国相比较，中国儿童较为相信隐含的正义、惩罚的集体责任以及因果报应的观念。道德行为诸如诚实、利他、打抱不平等，更易受环境的影响。

三、幼儿品德教育的内容与途径

1. 萌发幼儿对祖国的爱

对祖国的爱是人类的美德，是中华民族的光荣传统和珍贵遗产，是成才的巨大推动力。对幼儿来说，培养他们对祖国的爱，要从身边做起。因此，家长要教育幼儿努力给母亲、父亲、祖父、祖母带来欢乐，为他们分担忧愁和不幸，关心、体贴照顾大人病痛，有好吃的东西要先让父母和亲人吃。此外，还可通过游览、参观、旅行使孩子领受到祖国山河、江海、河川的美丽风光，知道祖国领土的辽阔、物资的丰富，这些都能对幼儿进行爱的熏陶，萌发他们对祖国的爱。另外，还可以采用生动活泼、形式多样的教育活动。例如，节日、故事绘画、过生日等，让孩子感到做中国儿童的幸福，知道自己今日的幸福是靠老一辈革命家、英雄、科学家的奋斗、牺牲换来的。

2. 使孩子养成讲文明、讲礼貌的好习惯

文明、礼貌的行为是社会主义精神文明的标志。文明礼貌的行为习惯是从小开始并经长期实践而形成的。热情、有礼貌，别人讲话不插话，不打断别人说话，要尊老爱幼；在别人家做客时，不乱翻东西，吃饭要守规矩等。

3. 培养孩子诚实、讲真话的好品质

教育孩子不论拾到什么东西都要交公，不隐瞒自己的过错，并要勇于改过。要使幼儿切实做到这些，最主要的是家长教育的态度。如果对孩子的过错一味指责，是很难培养孩子这一品质的。家长发现孩子说谎时，应分析说谎的原因，有针对性地解决。例如，孩子要买彩色笔画画，遭到家长拒绝，结果孩子背着家长私拿邻居家的。有的孩子做错了事怕挨骂挨打而说谎，有的为了满足其虚荣心而说谎等。若家长不分青红皂白批评孩子，那是解决不了问题的。

家长应成为孩子的榜样。有的孩子待人不真诚、私拿别人的东西、说谎，是因为受了大人不良行为的影响，这种潜移默化的影响会使孩子形成根深蒂固的恶习，家长不可掉以轻心，要处处以身作则。

4. 培养幼儿勤劳、俭朴的品质

幼儿勤劳、俭朴的品质是通过劳动来培养的，幼儿劳动主要从以下两方面着手：

一是自我服务的劳动。自己穿衣，洗脸、刷牙、吃饭、收拾床铺、玩具等。自我服务的劳动能培养幼儿生活能力，并为幼儿参加家务劳动和社会公益劳动打下良好基础。

二是家务劳动。家务劳动能使幼儿对家庭关心、爱护，成年后主动关心别人，与各类人员保持良好关系。同时，通过劳动获得生活的能力，长大后会用自己的双手创造幸福美满和谐的家庭。通过家务劳动，增强孩子参与意识和劳动观念。可让孩子洗碗筷，打扫居室卫生，捡菜，就近买小物品等。通过劳动，可培养幼儿爱惜劳动成果、热爱劳动和节省、俭朴的好品质。做到不浪费水、电、食品，不与人攀比衣着、玩具，女孩子不化妆、不戴首饰等。

5. 培养幼儿大方、好客、不自私，能约束自己与人友好相处的品格

随着独生子女的增多，孩子独居独食现象也增多。培养孩子大方不自私、与人友好相处十分重要，要求他们事事不能只顾自己，要和小朋友一起玩，共同分享食品和玩具，并能遵守游戏规则，收拾玩具。通过多种活动让孩子与其他孩子友好相处。培养孩子生活的节律性，按时起床、就寝、进餐、学习、做游戏。

6. 培养孩子勇敢、坚强、活泼、开朗的性格

勇敢是指人不怕危险和困难、有胆量的一种心理品质。这种品质是与人的自信心和自觉克服恐惧心理的能力结合在一起的，必须从小开始培养。要教育孩子敢于在陌生的集体面前说话、表演；鼓励孩子参加力所能及的体育活动和其他各类游戏活动，培养他们的自信心；要求孩子在黑暗处及听到大声音或遇到打雷、刮风、下雨的天气不惊慌、不害怕，能克服各种困难坚持完成任务，勇于承认自己的过失和错误。

日常生活中，家长要注意运用正确的教育方法，经常鼓励、支持孩子参加各种有益的活动，不要随便指责、嘲笑、挖苦和恐吓孩子，以免形成幼儿遇事胆小畏缩的心理。

为培养孩子的勇敢品质，家长要教给孩子相应的知识和技能，让孩子产生足够的自信心。孩子的胆怯行为大多是因缺乏自信心造成的，而自信心又是建立在必要的知识技能基础上的。例如，幼儿会对雷电、风暴感到恐怖，对黑暗感到不安，就是因为缺乏相应的知识和相应的能力。家长应当给其讲解有关知识，教给其一些相应的技能、方法，孩子的恐惧感就会减轻不少。

如果孩子害怕困难，往往是因为对自己的能力缺乏信心所致。如果孩子确实能力较弱、天赋较差，家长对孩子的要求不但要尽可能符合孩子的实际水平，还应给孩子以具体指导与帮助。当他完成了力所能及的事后，要立即给予肯定，不管这事多么小、多么微不足道。

此外，家长还可以用现实生活中的实事、故事、电影、戏剧等文艺作品中富有勇敢精神的形象来影响和教育孩子，帮助孩子克服恐惧心理。

幼儿天生爱动，在动中发展动作、发展智力、发展品德个性。但无控制的动、过分的动，则会影响他们的组织纪律和注意力的良好发展。因此，家长在多种活动中应正确诱导和培养其自控力，使其成为既活泼开朗，又善于控制自己性格的人。

练一练

一、选择题

1. （　　）是儿童健全发展的重要组成部分，它与体格发展、认知发展共同构成儿童发展的三大方面。
   A. 亲社会行为的发展　　　　　　B. 同伴关系的发展
   C. 兴趣的发展　　　　　　　　　D. 社会性发展

2. 最有益于儿童个性良好发展的是（　　）亲子关系。
   A. 民主型　　　B. 专制型　　　C. 独断型　　　D. 放任型

3. 关于攻击性行为的特点，下列说法不正确的是（　　）。
   A. 攻击型儿童受惩罚时，其攻击性行为加剧
   B. 惩罚能抑制非攻击型儿童的攻击性
   C. 父母的惩罚为孩子树立了攻击性行为的榜样
   D. 惩罚是抑制儿童攻击性行为的有效手段

4. 幼儿园促进幼儿社会性发展的主要途径是（　　）。
   A. 人际交往　　　B. 操作练习　　　C. 教师讲解　　　D. 集体教学

5. 在性别角色发展的过程中，5岁的孩子可能发生的事情是（　　）。
   A. 知道自己的性别　　　　　　　B. 有明显的自我中心
   C. 认为男孩子穿裙子也很好　　　D. 认为男孩要大胆，女孩要文静

6. 在婴儿表现出明显的分离焦虑对象时，表明婴儿已获得（　　）。
   A. 条件反射观念　　　　　　　　B. 母亲观念
   C. 积极情绪观念　　　　　　　　D. 客观永久性观念

二、简答题

1. 什么是同伴关系？同伴交往的作用有哪些？
2. 什么是攻击性行为？学前儿童攻击性行为的成因及应对策略有哪些？

第八章

学前儿童个性的发展

【学习目标】

1. 掌握学前儿童个性发展的基本理论和有关的基础理论知识。
2. 掌握学前儿童个性结构中气质、性格、能力和自我意识发展的特点。
3. 初步运用学前儿童个性发展的基本理论知识,分析幼儿各种个性特征体现的行为特点,并尝试评价学前儿童个性发展的状况。

案例引入

某幼儿园来了一位插班生,名叫毛毛。这孩子长得高高的,皮肤白白的,后脑勺还梳了一个小辫子,穿着很整洁,看起来像读大班的孩子。早晨在操场区域活动时,老师发现他不坐小椅子,喜欢蹲着。小朋友在区域中各自玩着喜欢的游戏,老师让他去玩,他不理睬,好像没听见老师的话,仍在那里蹲着不动。做操时,小朋友都站在自己的点子上,跟着老师学做操,就他一个人又是蹲着,或在操场上走来走去。老师提醒他要站在自己的点子上,不可以随意走动,他又好像没听见似的。老师走过去把他搀扶起来,他软软地又蹲了下去,感觉没力气站。老师教新操,他看也不看老师,根本不想学。上课时间,他总是趴在桌子上,没精打采的样子,对学习活动不感兴趣,有时索性不坐小椅子,蹲在椅子旁边,老师提醒他坐端正也没用,非要走过去把他扶上小椅子坐好。吃小点心时,让他洗手后吃饼干喝牛奶,他坐在椅子上一动不动,什么都不吃。午睡时特别不乖,他不要午睡,在床上翻来翻去,还不要盖被子,老师帮他盖好被子,他马上就拿掉,老师批评他,让他快睡觉,要盖好被子小心着凉,他咯咯地朝老师笑,以为老师在逗他玩。开学一周这个孩子天天如此,令老师很头疼。

第一节　个性的概述

一、个性的概念

心理学上所说的"个性",又称"人格"。它是一个人比较稳定的、具有一定倾向性和各种心理特点或品质的独特结合。个性并不是各种心理活动的随意组合，而是心理活动的有机结合，个性总是一个相对稳定的体系。在心理学看来，任何人都有自己的个性，正如俗语所说"人心不同，各如其面"。

那么，个性由哪些心理成分组成呢？一般来说，个性具有如下内容：

1. 个性倾向性

个性倾向性是个性结构中最活跃的部分，是人的心理活动的动力因素，包括需要、动机、兴趣、理想、信念、世界观等。

2. 个性心理特征

个性心理特征是个性中最能突出表现人的心理个别差异的部分，包括气质、能力、性格等。

3. 自我意识

自我意识是个性中最能体现个性心理结构自控系统的部分，包括自我认识、自我体验、自我调节，保证个性的整体和谐统一。

二、个性的基本特征

一个人独特的个性是如何形成的呢？个性是在先天遗传的基础上，在社会文化历史的背景下发展起来的，对于学前儿童来说，影响其个性发展的主要因素是家庭、幼儿园和学校。个性是一个复杂的、多侧面的、多层次的动力结构系统，它主要有以下特点。

（一）整体性

人的各种心理活动，绝不是孤立进行的，而是一个统一的整体。所谓个性，首先是指这个整体，或我们所说的心理活动的"总和"。因为它不是各种心理活动简单或是机械地相加，而是有机地组织起来的系统，也就是说一个人的个性体现在他心理的各个方面，比如，一个急性子的人往往表现在吃饭快、走路快、做事喜欢一鼓作气，也比较容易冲动等。因此，从一个人行为的一些方面就可以推测出他的个性。

（二）独特性

个性的独特性是指人与人之间没有完全相同的，人的个性千差万别。在现实生活中，我们无法找到两个完全一样的人。即使是躯体相连的兄弟、姐妹之间也存在着明显的差异。

另外，个性的独特性并不排除人与人之间的共同性。虽然每个人的个性是不同于他人的，但对于同一个民族、同一性别、同一年龄的人来说，个性往往存在着一定的共性。一个国家、一个民族的人其心理都有一些比较普遍的特点，如中国人的性格都或多或少地带有儒家思想的烙印。而同一年龄的人身上更是存在一些典型特点，如幼儿期的儿童有一些明显的共同特征——好动、好奇心强等。从这个意义上说，个性是独特性与共同性的统一。

（三）稳定性

个性具有稳定性的特点。个人偶然的行为不能代表他真正的个性，只有比较稳定的、在行为中经常表现出来的心理倾向和心理特征才能代表一个人的个性。

个性相对稳定，但并不是一成不变的，因为现实生活非常复杂，现实生活的多样性和多变性带来了个性的可变性。对于一个处于成长发育期的孩子来说，即使是已经形成了的一些比较稳定的个性特点，在一定外界条件的作用下，也会产生不同程度的改变。所以说，个性是稳定性和可变性的统一。

（四）社会性

人的本质是一切社会关系的总和。在人的个性形成、发展中，人的个性的本质方面是由人的社会关系决定的，如个性中的最高层次——人生观、价值观。这些个性特征的形成，是和一个人所处的社会生活环境及其所受的教育密切联系的。社会因素对个性的影响还表现在，即使一些比较基本的个性特征的形成，也与人所处的社会环境密不可分。比较典型的例子就是不同国家、不同民族的人的个性有比较明显的特点。因此，个性具有强烈的社会性，是社会生活的产物。影响个性形成的社会因素可以分为两个方面，即宏观环境和微观环境。宏观环境主要指一个人的民族、国家、所处的时代及其社会生活条件和社会风气。微观环境主要指家庭、学校及生活、工作环境。对于学前儿童来说，影响其个性发展的微观环境主要是家庭和幼儿园。

个性具有社会性，但个性的形成也离不开生物因素。现代心理学已经证明，生物因素给个性发展提供了可能性，社会因素使这一可能变成现实。而影响个性的生物因素主要是一个人的神经系统的特点。因此，我们说个性是社会性和生物性的统一。

三、幼儿期是个性初步形成的时期

个性是在个体的各种心理过程及其心理成分出现的基础上发生的。2岁前，各种心理过程还没有完全发展起来（还没有很好掌握语言、思维没有形成等），在这一阶段，其心理活动是零碎的、片断的，还没有形成系统，因此，个性不可能发生。个性形成的过程是漫长的。

2岁左右，个性逐渐萌芽，3~6岁是个性开始形成的时期。

所谓个性开始萌芽，是指心理结构的各成分开始组织起来，并有了某种倾向性的表现，但是还没有形成稳定倾向性的个性系统。

幼儿期是儿童个性开始形成的时期，主要表现为以下四个方面：

一是心理活动整体性的形成。

二是心理活动稳定性的增长。

三是心理活动独特性的发展。

四是心理活动能动积极性的发展。这个阶段已经明显出现了个性所具有的各种特点；个性的各种结构成分，特别是自我意识和性格、能力等个性心理特征已经初步发展起来；有稳定倾向性的各种心理活动已经开始结合成为整体，形成各人独特的个性雏形。但入学前儿童的个性，离个性的定型还很远，直至18岁左右个性才基本定型，人的个性定型以后，还可能发生变化。

四、影响个性形成与发展的因素

心理学家认为，个性是在遗传与环境的交互作用下逐渐形成并发展的。

1. 生物遗传因素

研究发现，遗传是个性不可缺少的影响因素，遗传为个性发展提供了可能性。但是，遗传因素对个性的作用程度因个性特征的不同而异，通常在智力、气质这些与生物因素相关的特征上，较为重要；而在价值观、信念、性格等与社会因素关系紧密的特征上，后天环境因素更为重要。

2. 社会文化因素

社会文化塑造了社会成员的个性特征，使其成员的个性结构朝着相似的方向发展，而这种相似性在一定程度上能够维持社会的稳定。社会文化对个性的塑造，反映在不同文化的民族有其固有的民族性格，不同自然环境下的民族也反映出人文地理对个性的影响。

3. 家庭环境因素

家庭环境对个性具有极大的塑造力，尤其是父母的教养方式直接决定了孩子个性特征的形成，不同教养方式对个性差异所构成的影响不同。

（1）权威型教养方式。

父母在对子女的教育中表现为过分支配，一切由父母掌控。这种环境下成长的孩子容易消极、被动、依赖、服从、懦弱，做事缺乏主动性，甚至会形成不诚实的个性特征。

（2）放纵型教养方式。

父母对子女过分溺爱，让孩子随心所欲，教育达到失控状态。孩子多表现为任性、幼稚、自私、野蛮、无礼、独立性差、唯我独尊、蛮横胡闹等。

（3）民主型教养方式。

父母与子女在家庭中处于平等和谐的氛围中，父母尊重孩子，给孩子一定的自主权，并给孩子积极正确的指导，可以使孩子形成一些积极的个性品质，如活泼、快乐、直爽、善于交往、容易合作、思想活跃等。

4. 学校教育因素

学校对个性的形成和定型有深远的影响。

自从迈进学校门槛，个体的主要社会角色就是学生。如果学校生活中的体验是紧张、压抑和沮丧的，那么他就必然容易出现各种心理问题，不利于个性的形成与构建。反之，如果学校生活的体验是轻松、乐观和积极的，那么他的心理状态就会倾向于积极良好，有利于个性的发展。

校风也影响个性的形成。良好的校风、班风促使学生养成勤奋好学、追求上进和自觉遵守纪律等个性特征，不良的校风会形成懒散、无组织、无纪律等特性。

教师的言行对学生的个性形成也会产生潜移默化的作用。对那些具有高尚品格、渊博知识、强烈事业心和责任感，富有同情心的教师，学生会言听计从；而对没有威信、缺乏责任心的教师，学生不愿接受其教育，甚至可能产生自暴自弃、不求上进等不良的影响。

5. 早期童年经验

个性与早期童年经验的关系主要表现在以下方面：

首先，个性发展也受到童年经验的影响，幸福的童年有利于儿童向健康个性发展，不幸的童年会引发儿童不良个性的形成，但二者不存在绝对的对应关系，有些来自顺境的儿童也可能会形成不良的个性特点，出自逆境的儿童则可能具有坚韧的性格。

其次，早期童年经验不能单独对个性起决定作用，它与其他因素共同决定个性。

最后，早期童年经验是否对个性造成永久性影响因人而异。

第二节 学前儿童气质的发展

一、气质的概述

（一）气质的概念

气质是一个古老而久远的话题，千百年来，它像神奇的斯芬克斯之谜一样，吸引着心理学家去探究。在现实生活的场景中，若您有机会去妇产医院参观，就会看到有的新生儿比较活泼且哭声响亮，而有的新生儿则比较安详宁静、声微气小，研究者发现在出生后的几周孩子在气质上就有很明显的个体差异。在周围的同学中，有的人精力充沛、生气勃勃；有的人沉默寡言、举止安详；有的人热情、激动而难以自制；有的人心平气和、活泼开朗；有的人庄重冷静、不露声色；有的人多愁善感、郁郁寡欢；有的人思维灵活、行动敏捷、善于适应；有的人反应迟缓、动作缓慢、不善应变。这些特点都是气质的表现。

气质是人的心理活动表现出来的比较稳定的动力特征，无好坏之分。它表现为心理活动的速度（如言语速度、思维速度等）、强度（如情绪体验强弱、意志努力程度等）、稳定性（如注意集中时间长短）和指向性（如内向或外向）等方面的特点和差异组合。

（二）气质的类型

1. 希波克利特的气质分类

希腊医生希波克利特对气质的分类方法历史久远，一直影响至今。他认为个体内有四种体液，其分布多寡构成了人的气质差异：有的人易激，好发怒，不可抑制，是由于生于肝的黄疸过多，这种人称为"胆汁质"；有的人热情，活泼好动，是由于生于心脏的血液过多，被称为"多血质"；另有一些人敏感、抑郁，是由于生于胃的黑胆汁过多，被称为"抑郁质"；还有一些人冷静、沉稳、是由于生于脑的黏液过多，被称为"黏液质"。虽然希波克利特用体液来解释气质成因是不科学、有点牵强的，但他把人的气质分为四种基本类型则比较切合实际，心理学上一直沿用至今，对学前儿童同样适用。

2. 巴甫洛夫的神经活动说

巴甫洛夫通过实验研究：发现神经系统具有强度、平衡性和灵活性三个基本特性。它们在条件反射形成或改变时得到表现，由于在个体身上存在各不相同的组合，从而产生了各自神经活动类型，其中最典型的四种如下：

（1）强、平衡而且灵活型。条件反射形成或改变均迅速，且动作灵敏，又叫"活泼型"。

（2）强而不平衡型。兴奋占优势，条件反射形成比消退来得更快，易兴奋、易怒而难以抑制，又叫"不可遏制型"或"兴奋型"。

（3）强、平衡而不灵活型。条件反射容易形成而难以改变，庄重、迟缓而有惰性，又叫"安静型"。

（4）弱型。兴奋与抑制都很弱，感受性高，难以承受强刺激，胆小而显神经质。

可见，神经系统的类型就是人的气质的生理机制。换句话说：气质就是由神经系统类型所决定的心理表现（见表8-1）。

表8-1　神经类型与气质类型表

神经类型	气质类型	心理表现
弱	抑郁质	敏感、畏缩、孤僻
强、不平衡	胆汁质	反应快、易冲动、难约束
强、平衡、惰性	黏液质	安静、迟缓、好交际
强、平衡、灵活	多血质	活泼、灵活、好交际

3. 现代的气质学说将气质分为四种典型的类型

（1）胆汁质。

这种人情绪体验强烈，性格外向，思维灵活，精力旺盛，勇敢果断，热情直率，朴实真诚，行动敏捷，生气勃勃，但这种人遇事常欠考虑，鲁莽冒失，易感情用事，刚愎自用。

（2）多血质。

这种人情感丰富，思维敏捷，活泼好动，热情大方，善于交往，适应力强；他们的弱点是缺乏耐心和毅力，稳定性差，见异思迁。

（3）黏液质。

这种人情绪平稳，安静稳重，沉默寡言，考虑问题细致而周到，自制力强，耐受力高，但这种人的行为主动性较差，缺乏生气，行动迟缓。

（4）抑郁质。

这种人情绪体验深刻，情绪抑郁，多愁善感，思维敏锐，想象丰富，不善交际，自制力强，但他们的行为举止缓慢，软弱胆小，优柔寡断。

二、学前儿童的气质

（一）婴儿的气质类型

婴儿一出生就表现出了气质类型的差异。心理学家根据婴儿的运动水平与程度，睡眠、饮食、排泄等行为的规律性，对陌生人或新的刺激的反应，对环境变化适应性，引起应答反应的强度，情绪积极与消极，从事活动的持久性，注意力受外界刺激改变行为的程度，对婴儿的气质分为以下四种类型：

第一，容易抚育型（40%）。这些婴儿，饮食和睡眠习惯很有规律，很容易适应新的时间表、食物和人，情绪反应温和、较积极，醒后常笑，显得很愉快。

第二，缓慢型（15%）。这些婴儿在第一次遭遇到一种新的经验时总要退缩，适应较慢，看起来总带点消极的心境，同时，表现出较低的活动水平。

第三，难以抚育型（10%）。这些婴儿在睡眠和饮食习惯方面相当不规律，很慢才能适应新的环境，情绪反应强烈，心境相当消极，容易表现出不寻常的紧张反应，如大声哭叫、暴躁。

第四，混合型（35%）。是以上三种类型各种特点的混合表现。

（二）幼儿气质发展的特点

1. 具有相对稳定性

有人对198名儿童从出生到小学的气质发展进行了长达10年的追踪研究。结果发现，在大多数儿童身上，早期的气质特征一直保持稳定不变。例如，一个活动水平高的儿童，在2个月时，睡眠中爱动，换尿布后常蠕动；到了5岁，在进食时常离开桌子，总爱跑。而一个活动水平低的儿童，小时候睡眠时或穿好衣服后都不动，到他5岁时穿衣服也需要很长时间，在电动玩具上能安静地坐很久。

2. 具有个体差异

婴儿出生后即表现出气质的个体差异。到幼儿期，幼儿已经比较明显地出现不同的气质类型。幼儿个性初步形成，个性的个体差异在气质方面表现出来。一个有经验的教师很容易发现幼儿的气质特征，找出具有各种气质类型的幼儿。

3. 具有一定的可变性

气质虽然是比较稳定的心理特征，但并不是不能变化的。事实上，高级神经活动具有可塑性，高级神经活动类型也有可变性。幼儿的气质在教育和生活条件的影响下同样可以逐渐改变。进入幼儿园后，在教师和父母的教育下，幼儿一些消极的气质特征逐渐得到改正，甚至完全消除。例如，"胆汁质"幼儿的急躁、任性和"黏液质"幼儿的孤独、畏怯等会逐渐改变。另外，由于成人的积极引导，幼儿行动的敏捷性、注意的稳定性，积极的气质特征逐渐巩固和发展。

幼儿的气质也可能受到生活条件和教育条件的影响而发生"掩蔽"现象。所谓"掩蔽"现象是指一个人的气质类型并没有改变，但形成了一种新的行为模式，表现了一种不同于原来类型的气质外貌。

三、学前儿童的气质和教育

气质对学前儿童的生活和发展起着重要影响，针对学前儿童的气质特点，成人在对学前儿童的教育中应注意以下三点。

（一）要了解学前儿童的气质特征

教师或父母一般不可能应用生理实验或医学检测的方法来鉴定学前儿童的神经活动类型，但可以运用行为评定法来了解学前儿童的气质特点。教师或父母可以对学前儿童在游戏、学习、劳动等活动中的情感表现、行为态度等进行反复细致的观察。

（二）不要轻易对学前儿童的气质类型下结论

学前儿童虽然表现出各种气质特征，但教师或父母不应轻率地对学前儿童的气质类型做出判定，之所以不能轻易下结论的原因主要有如下三点：

（1）在实际生活中纯粹属于某种气质类型的人是极少的。

（2）某一种行为特点可能为几种气质类型所共有。

（3）学前儿童虽然表现出气质的个别差异，但他们的气质还在发展之中，尚未稳定，还可能发生变化。因此，教师必须经过长期的反复观察，比较综合各种行为特点，审慎地确定学前儿童的气质是接近或属于某种类型，以免引起教育上的失误。

（三）针对学前儿童气质的特点采取适宜的教育措施

老师进行教育和教学工作时，要针对学前儿童的气质特点，采用相应的教育措施。对于容易兴奋、不可遏制的儿童，要教会他们自制，午睡先醒时要安静地躺着，不喊叫、不吵闹，养成安静、遵守纪律的习惯；对于容易抑制、行动畏怯的儿童，要多肯定他们的成绩，培养他们的自信心，激发他们活动的积极性；对于热情活泼、难于安定的学前儿童，要着重培养他们专心上课、耐心做事的习惯；对于反应迟缓、沉默寡言的学前儿童，要鼓励他们多参加集体活动，引导他们多与同伴交往，教给他们各种活动技能和工作方法。

气质本身没有好坏之分，每一种气质既有优点又有缺点。教育的目的不是设法改变学前儿童原有的气质，而是要克服其气质的缺点。

第三节 学前儿童性格的发展

现实生活中，我们常常可以看到有些人对别人热情似火，有些人对别人却冷若冰霜；有些人对工作认认真真，有些人对工作却马马虎虎；有些人骄傲自满，有些人谦和有礼；有些人做什么事都积极，有些人却习惯回避退缩。可见不同的人对待客观事物的态度和行为方式都不一样，而且这种态度和行为方式往往是稳定的，我们几乎可以根据每个人稳定的态度和行为方式去预测他在不同环境里会有什么行为。个人对客观现实的稳定的态度和习惯化的行为方式就构成了人的性格，它是具有核心意义的个性心理特征。

一、性格的概念

性格是指表现在人对现实的态度和相应的行为方式中的比较稳定的具有核心意义的心理特征。它表现了一个人对现实的态度，并表现在一个人习惯了的行为方式中。

从起源上看，气质主要受神经系统基本特性的影响，这些特性是出生时已经具备的，而人的性格是后天获得的，是一定思想意识及行为习惯的表现，是现实社会关系在人脑中的反映。从可塑性上看，气质与活动的内容、活动的动机无关，受生物因素制约。在个体的发展中，发生得早，表现在先，难于变化，可塑性小。性格与活动的内容、活动的动机有关，受社会因素制约。在个体发展中，形成得晚，表现在后。性格虽具有相对稳定性，但与气质相比，可塑性较大。从社会评价意义上看，气质无好、坏之分，在不同的社会生活条件下，人的气质可能表现出相同的特点。而性格有好坏之分，在不同的社会生活条件下，人们的性格有明显的差别。

性格与气质的关系更为密切，二者相互渗透，相互制约。气质对性格的形成起有力的促进作用。比如，性格对气质的制约作用，表现在性格形成过程中会在一定程度上掩盖或改造某些气质特点。另外，不论人的气质属于哪一种类型，代表人的个性本质的还是他的性格特征。不同气质类型可以形成相同的性格特性，相同气质类型也可以形成不同的性格特征。

二、性格的类型

由于个人所处的环境不同，生活经历也不一样，人的性格也千差万别。对于性格类型，不同的人有不同的分类方法。

根据人的理智、情绪、意志三种心理机能在性格结构中分别哪种占优势，可以把人的性格分为理智型、情绪型和意志型。理智型的人通常以理智衡量周围发生的事物，并以理智支配自己的行为，他们的理智机能相对于情感和意志来说占有优势；情绪型的人生活中总受情感支配，充满浓厚的情感色彩，他们的情感机能相对占优势；意志型的人具有明确的行动目的和较强的自制能力，他们的意志在性格结构中占优势。

根据个人是倾向外部世界还是倾向内部世界，把人的性格分为外倾型和内倾型两类。外倾型性格的人开朗活跃，爱交际，对外部世界充满兴趣，容易适应环境，内倾型性格的人较集中于内心世界，好沉思，善内省，冷漠，难以适应环境。

三、学前儿童性格的发展

（一）学前儿童性格的萌芽及差异性

儿童刚刚出生，就已经表现出一些独特的，并且有持续性的行为特点了。在其之后的生长发育过程中，儿童的性格特征也渐露端倪，2岁左右出现了最初的性格差异。学前期儿童的性格差异主要表现在以下四方面。

1. 合群性

从儿童与伙伴的相处中就可以看出儿童的性格有明显差异，有的孩子喜欢和伙伴待在一起，而且相处得愉快，看到别的孩子哭了会主动上前安慰，别的孩子有求于他时他会尽量答应，发生争执时他比较容易让步；有的孩子则不太合群，喜欢一个人玩，不理睬他人，也不懂得如何和伙伴相处；还有的孩子富有攻击性，动不动就拉扯他人，甚至打人，成为伙伴们都不喜欢的人。

2. 活动性

有的孩子活泼好动，什么事情都想探个究竟，对周围世界充满兴趣，而且精力充沛；有的孩子则喜欢安静，常常一个人在静静地看书或是做游戏。

3. 自制力

到3岁左右，在正确教育的影响下，有的孩子逐步懂得自我控制，有了一定的自制力。例如，不随便拿人家的东西，不会因为一点小事就和人吵嘴，要求得不到满足时也不会无休止地哭闹；也有一部分孩子自制力则比较差，我们在商场可以看到有些孩子因为父母不给他买他想要的玩具而大哭大吵，滚地不起。

4. 独立性

两三岁孩子的独立性发展较快，我们经常听到孩子说："我来，我自己来。"相当一部分孩子能自己吃饭，自己洗手，自己一个人好好玩，但是也有一部分孩子则对大人有依赖性，要妈妈喂饭，要妈妈陪着玩、陪着睡，离不开妈妈。

（二）学前儿童性格发展的特点

幼儿期的典型性格也就是幼儿性格的年龄特点。幼儿最突出的性格特点如下。

1. 好动

活泼好动是幼儿的天性，也是幼儿期儿童性格的最明显特征之一，不论是何种类型的幼儿都有此共性。好动的特点和幼儿身体发育的特点有关，活动方式多变是幼儿生长发育的需要。在一般情况下，幼儿并不因为自己的不断活动感到疲劳，而往往由于活动过于单调和枯燥感到厌倦。活动对形成幼儿良好、愉快的情绪状态具有积极的意义。

2. 好奇好问

幼儿有着强烈的好奇心和求知欲，主要表现在探索行为和好奇好问两方面。幼儿的好奇心很强。他们什么都要看看、摸摸，许多事物对幼儿来说都是新奇的，特别是对新鲜事物非常感兴趣。在好奇心的促使下，幼儿渴望试试自己的力量，尝试去做大人所做的事情。

好奇心导致思考和探索的倾向。幼儿的好奇心往往表现在探索和提出问题。幼儿的探索行为比较外露，不仅仅是观察，还会用手去摆弄。

好问，是幼儿好奇心的一种突出表现。幼儿天真幼稚，对于提问毫无顾虑。他们经常要问许多个"是什么?"和"为什么?"甚至连续追问，所谓"打破砂锅问到底"。他们总想试探着去认识世界，弄清究竟。

3. 好模仿

幼儿期的孩子爱模仿，模仿性是幼儿行为的显著特性，班杜拉等人认为，模仿不是先天的本能行为，而是在后天的社会化过程中，通过人与人之间的相互影响而逐渐习得的。模仿在儿童心理发展中起着重要的作用，他们经常模仿父母、兄弟姐妹、小朋友，也模仿电影和故事里的人物，更喜欢模仿他们尊敬和喜爱的人物。

4. 好冲动

情绪易变化，自制力不强，是幼儿性格的情绪和意志特征。幼儿的思想比较外露，喜怒形于色。这种性格特征常常被认为是天真幼稚。它的优点是对人真诚、坦率、诚实、不虚伪。在此基础上，如果得到正确引导和培养，幼儿将会养成既善于思考和处理问题，又胸怀坦荡的性格特征。

四、学前儿童性格的培养

性格主要是在社会环境和教育影响下逐步发展起来的。良好性格的形成是一个长期教育的结果。

（一）营造良好的家庭环境

家庭是儿童生活的第一所学校，家庭环境和氛围直接影响幼儿性格的形成。我们把家庭气氛划分为两种——融洽型和对抗型，不同的家庭氛围中成长起来的儿童在性格上有很大的差异。有研究表明，融洽型家庭中亲子关系良好，家庭气氛融洽，宁静而愉快，儿童更有安全感，更有自信心，更合群；对抗型家庭中父母关系紧张，经常争吵甚至发生暴力，儿童的情绪会焦虑紧张，缺乏安全感，长期情绪不良，长大后容易对人缺乏信任，更容易发生行为问题。这一点在对离异家庭儿童心理特点的研究结果中也明显地反映出来。

父母是儿童的第一任教师，父母的文化程度、教养方式、生活习惯对幼儿性格的影响也是不可忽视的。心理学研究认为，父亲对儿童的自制力、灵活性产生显著影响，而母亲则对儿童果断性、思维水平、求知欲、灵活性四项行为特征产生显著影响。因此，一定要做好家园衔接工作，办好家长学校，帮助家长改善教育方式。教师的工作要取得家长的理解支持和配合，再加强社区良好环境的建设，全方位立体辐射，在更大更好的社会背景中培养学前儿童良好的性格。

（二）加强养成教育

"幼儿教育就是做看不到的事情。"所谓"看不到的事情"其中就包括良好行为习惯和良好性格的养成。"播下行为的种子，就收获习惯；播下习惯的种子，就收获性格"，养成良好的行为习惯是优良性格形成的起点。因此，幼儿园要加强养成教育，以此促进幼儿良好性格的发展。

首先，要做好幼儿园一日生活组织和教育工作。幼儿园一日生活常规和生活制度中渗透着良好性格培养的内容，通过常规训练和严格执行生活制度，可以培养孩子形成勤劳、有礼貌、自立、自信、关心他人、做事有条理的良好的行为习惯，促进幼儿优良性格形成。因此，我们要从幼儿一日生活的每一个环节做起，如要求幼儿自己穿脱衣服，自己整理玩具，文明进餐，讲礼貌，专心听课，愉快游戏等。

其次，要组织好幼儿的游戏，游戏在儿童性格培养中有着特别的意义。游戏是幼儿最喜欢的活动，幼儿在游戏中更能接受规则和他人意见，如有的儿童在日常生活中可能表现得固执任性，而在游戏中，为了不使自己被游戏伙伴排斥，便会主动抑制自己的性格缺点，慢慢学会随和与合作。

在养成教育过程中，还要注意从一开始就要坚决制止不良习惯的形成，如果等坏习惯养成了再去纠正，那么一百个坏行为养成的坏习惯就需要两百甚至几百个好行为去纠正它。

（三）树立良好榜样

儿童爱模仿，根据这个特点，我们要重视榜样在儿童性格塑造中的作用。有研究认为，当前儿童大多数是以家长和教师作为榜样，因此，家长和教师在日常生活中应该严格要求自己，处处做幼儿的表率，潜移默化地影响孩子，培养幼儿良好的性格特征。同伴这个榜样是最直接、最具体的，我们可以指导幼儿学习周围同伴的良好行为习惯。此外，电视、电影、戏剧、文学书籍中人物良好的品德和行为也是儿童性格塑造的好榜样。

另外，还要注意培养幼儿辨别是非的能力，引导他们学习正确榜样而不去模仿不良行为的性格特点和行为。

（四）善待儿童，因材施教

教师一方面要严格要求自己，成为儿童良好的行为榜样，另一方面还要灵活地对待幼儿的种种行为表现，任何时候任何情况都要意识到，他们毕竟是孩子，他们还不成熟，有时会哭闹，有时会无礼，有时会退缩，有时会懒散，甚至有时还会暴力相向。教师要善于在教育过程中接纳幼儿的种种表现，善待每位儿童，启发他们的良知，不要把一时的、局部的行为定性为"性格特征"，不要在幼儿身上早早插上"不良性格"的标签。

此外，还要注意因材施教，教师要敏锐地观察和分析幼儿的性格特征和性格类型，针对不同幼儿的不同情况进行不同的教育，如对表现不良的幼儿，要先了解原因，有针对性地提出要求，帮助他克服缺点。对于幼儿不良的行为表现也要具体情况具体对待，如常常使教师头疼的打人的幼儿，其情况往往是不一样的，有的是习惯反应，有的是被打之后的报复，有的是模仿其他人，有的是出于自我保护，等等。

第四节 学前儿童能力的发展

一、能力的概述

能力是指人们成功地完成某种活动所必须具备的个性心理特征。例如，我们评价一个人，经常说某人具有较强的言语表达能力、敏锐的观察力或交往能力等，而这些能力都是通过人的活动体现出来的,反过来,这些能力又是人成功地完成某种活动的必备条件。

(一) 一般能力和特殊能力

按照能力发挥作用的范围不同,可将能力分为一般能力和特殊能力。一般能力是指大多数活动所共同需要的能力,也就是通常所说的智力,观察力、记忆力、思维力、想象力和注意力都是一般能力。一般能力以抽象概括能力为核心。

特殊能力是指为某项专门活动所必需的能力,又称专门能力,它只在特殊领域内发挥作用,是完成有关活动不可缺少的能力,如数学能力、音乐能力、美术能力等。

(二) 模仿能力和创造能力

模仿能力是指仿效他人的举止行为而引起的与之相类似活动的能力。

创造能力是指产生新思想,发现和创造新事物的能力,如科学发现、文学创作等,这些都需要创造能力的参与。

模仿能力和创造能力是互相联系的。创造能力是在模仿能力的基础上发展起来的。但就其独特性而言,模仿是学习的基础,创造则是人成功地完成任务及适应不断变化的新环境的必备条件。

(三) 认知能力、操作能力和社交能力

按照能力发挥作用的领域不同,能力可以分为认知能力、操作能力和社交能力。认知能力就是学习、研究、理解、概括和分析的能力。操作能力就是动作和运动的能力,如平常所说的动手的能力、体育运动能力等。社交能力即人在社会交往活动中所表现出来的能力,如组织管理能力、言语感染能力等。总而言之,人的能力是多种多样、千差万别的。每个人在活动中的能力水平不同,有高有低。有的人在这方面能力强一些,在那方面能力就弱一些。成人应善于发现每个幼儿的长处,不要用统一的标准去衡量幼儿。同时要注意因材施教,使每个幼儿都得到较好发展。

知识链接

美国心理学家卡特尔根据智力测验结果,将能力分为流体智力和晶体智力。

流体智力是指在信息加工和问题解决过程中所表现的能力。它决定于个人的禀赋而较少依赖于文化和知识的内容,且与年龄有密切关系,一般人在20岁以后,流体智力的发展达到高峰,30岁以后随年龄的增长而降低。流体智力属于人的基本能力,其个体差异受文化的影响较少。

晶体智力是指获得语言、数学知识的能力,它与社会文化密切相关,决定于后天的学习。晶体智力在人的一生中一直在发展,到了25岁以后,发展的速度才渐趋平稳。

二、学前儿童能力的发展

(一) 3岁前儿童多种能力的显现和发展

新生儿已表现出一定的智力活动,而且有巨大的潜能。例如,两三个月大的孩子就能感受声音刺激,听到声音时,表现出倾听,三四个月大的孩子会转头寻找声源,5个月大的孩子开始认生,表明孩子已能记住过去的印象,18至24个月大时出现延迟模仿,模仿能力开

始发展起来。

儿童的操作能力最早表现，孩子出生后在先天抓握反射的基础上，经过无意识抓握的练习，逐步学会有目的的抓握动作，六七个月大时，孩子双手协调能力开始发展，手的灵活性也逐步提高。从1岁开始，孩子操作物体的能力逐步发展起来，开始进行各种游戏。

言语能力在儿童3岁前发展迅速，短短两三年里，从咿呀学语到能说出简单句，能掌握800至1 000个词汇，这个发展速度是相当惊人的。而言语的发展，使儿童的智力活动更为精确，更具自觉性。

（二）幼儿能力的发展

1. 智力发展迅速

智力是随着年龄的增长而增长的，但是增长不是等速的，而是有变化的，一般是先快后慢的过程，到了一定的年龄则停止增长。美国心理学家布鲁姆根据近千个从幼儿期一直跟踪到少年期的研究提出：1~4岁是智力发展最迅速的时期。如果把17岁达到的智力水平作为100%，那么从0~4岁发展了50%，4~8岁又发展了30%，8~17岁再发展20%。

在儿童智力的发展过程中，儿童的智力最初已经是复合的、多维度的，其发展趋势是各种智力因素的比重和地位不断变化，复合性因素比重越来越大。不同年龄智力的主要因素是不同的，随着年龄的增长，复合的因素越来越重要。

10个月以前，在幼儿智力中比重最大的是视觉跟踪、社会性反映能力、感觉探索、手的灵活性。

10~30个月，在幼儿智力中最大比重变为知觉的探求（这种早期的能力继续保持下去）、语言发声交际能力、对物体的有意义接触、知觉辨别力。

30~50个月，在幼儿智力中最重要的是与物体的关系、形状记忆、语言知识。

50~70个月，在幼儿智力中最重要的是形状记忆、语言知识。

70~90个月，语言知识、复合空间关系和词汇占重要地位，而形状记忆的重要性减退。

2. 能力的差异

由于遗传、生活环境、早期教育和经历等不同，幼儿的能力发展存在差异，具体表现在以下两方面。

（1）能力类型的差异。

我们在日常观察中就可以发现，幼儿能力类型存在差异，如有的儿童记忆能力很强，很长的故事、儿歌很快就能记住，而且不容易忘记；有的儿童则理解能力较好，对故事、图片的内容很容易理解；有的儿童的语言表达能力很强，说话清晰连贯，能够完整地表达自己的意思；有的儿童则喜欢思考，独立操作能力强。就是在特殊能力上也存在明显的个别差异，如有的儿童绘画能力强，有的儿童则擅长于音乐。这些差异提醒我们在教育活动中首先要了解每个儿童的能力类型差异，并给予适当的激发和关怀。

（2）能力水平的差异。

我们以智力发展为例，儿童的能力发展水平存在不均衡现象，大体上呈正态分布的态势，分布特点是处在中间位置即中等水平的人居多，处于两头即极高和极低这两个极端水平的人数较少。也就是说超常和低常在全部儿童中所占比例大约都是3%。绝大多数儿童的能力处于中常水平，相差不明显。

（3）能力表现早晚的差异。

人们能力表现存在着早晚的差异，智力超常儿童往往在年幼时就表现出非凡的才能，我们把这类儿童称为"早慧""神童"，如我国大文学家杜甫5岁能作诗，王勃6岁善文辞，李白"五岁通六甲，七岁观百家"，奥地利音乐家莫扎特5岁就开始作曲，8岁时试作交响乐，还有数学家高斯、科学家维纳也都是在儿童时即显露出超群非凡的才华等。能力的早期表现在音乐、绘画领域最为常见。而我国著名画家齐白石则是大器晚成，40岁才表现出绘画才能，在他生活的后五十年表现出特别优异的艺术才能，物种学家达尔文也是50多岁才出成果。

三、学前儿童能力的培养

良好的素质是能力发展的重要前提，然而后天的环境和教育，特别是儿童早期的环境和教育将影响其一生的智力水平。

（一）正确了群儿童能力发展水平

要培养儿童能力，首先要对儿童能力发展的实际水平做个了解，我们可以通过日常的教育和生活接触，对儿童的能力水平做粗略的了解。但这种评定不精确，容易受评定者主观因素的影响，不能客观地反映出儿童能力发展的实际水平。

心理学研究者设计和制定了各种能力测验的材料，如音乐才能测验、绘画才能测验、智力测验等。智力测验常用于测定儿童的智力发展水平，传统上使用最多的是比纳—西蒙智力测验和韦克斯勒智力测验。每种智力测验都包含几组测量不同能力的题目，形式包含文字的和非文字的两种，测验所得结果经过计算、转换取得一个智力的数量指标，即智商（IQ），智商可以更直观地标示出某个儿童的智力水平在全体同龄儿童中的相对位置。

但是，目前的智力测验也存在不少问题，首先是受区域、文化、生活背景的制约，很难适应每个儿童。其次，测验过程容易受一些无关刺激的干扰，得出的结论不一定客观。针对智力测验的种种弊端，我国的心理学工作者正在致力进行研究与改善。因此，不要把智力测验看作万能的，不能"一测定终身"。要把日常观察和智力测验结合起来，综合采用多种方法去了解儿童能力的真实水平。

心理学家指出，测验的重点应该放在"最近发展区"，而不能仅仅放在儿童已有的发展水平，应重点考察儿童接受教育的能力，即"可教性"。

（二）根据儿童能力的个别差异因材施教

儿童能力存在着明显的个别差异，教师要针对儿童能力发展的特点注意因材施教，要及早发现超常儿童和有特殊才能的儿童，关注对英才的培养，做到早出人才、快出人才。对这些孩子，要注意让他们德智体全面发展，不要过早定向、专业化，教育他们不要骄傲自满、脱离集体、看不起别人，也不能要求过高过急，舆论压力太大会造成儿童不必要的精神负担。

对智力落后、学习有困难的儿童应该特别关心，要认真了解和研究他们落后的原因，属于病理范围的，应及早诊断、治疗，属于不良环境影响的，应帮助改善环境。总之，教师不要歧视他们，要鼓励家长与小朋友都来关心和帮助他们，要有信心和耐心，逐步促进他们能力的发展。

对于中常儿童要特别注意，因为他们人数最多，容易被忽视。教师要从每个儿童身上寻找闪光点，扬长避短，使每个儿童都能得到最好的发展。

（三）指导儿童掌握有关的知识技能

能力和知识技能有着密切的联系，能力是在掌握知识的过程中形成和发展的，离开了知识的掌握，能力就成了无源之水，无本之木；掌握了与能力有关的知识，能够促进能力的提高。例如，指导儿童掌握了丰富的词汇、说话时应该注意的要点以及正确的发音技能，可以促进儿童言语表达能力的提高。因此，对学前儿童来说，知识和智力教育都不可偏废。

学前期是掌握知识的最初阶段，教师要利用日常生活的每一环节对幼儿进行知识的传授。此外，知识学习的过程在很大程度上是成人和儿童通过语言交流来进行的，语言是交流的工具，也是思维的工具，给予儿童适当的语言刺激，开展良好的语言训练，促进语言的发展，可以使儿童更好地掌握知识，并在此基础上启迪智慧，推动能力的发展。

（四）创造条件，组织学前儿童积极实践

环境和教育的影响，必须通过儿童的实践才会起作用。儿童的各种能力是在实践活动中形成和发展的，要培养能力，就必须充分调动儿童活动的积极性和自觉性，让他们在不断的活动中得到锻炼。例如，小画家亚妮从小跟爸爸学画。家长外出，她就在家里画这画那。她喜欢猴子，就反反复复画猴子，4岁左右已能画出各种姿态不同的猴子。可见，她的画画能力也是在实践中练出来的。

首先，教师要创造民主和谐的活动环境，多表明肯定、鼓励、接纳、欣赏的态度，淡化教师的权威意识，这种高度的安全感和自由感能让儿童自由地去活动、去创造，更有利于儿童能力的发展和提高。其次，教师要组织丰富多彩的实践活动，活动时要给儿童巧设问题情境，活动中为儿童提供有趣的、多样的操作材料，引导儿童去思考、去操作、去探讨，激发儿童的想象力和探索能力。例如，儿童最喜爱游戏，可经常组织他们做游戏，让他们在游戏中积极活动，从而发展组织能力、创造能力、语言能力以及各种技能技巧。

（五）能力与其他个性品质的良好配合

能力作为个性的一个组成部分，与个性的其他部分的发展有密切的关系，能够相互促进。"勤能补拙"这句俗话说的就是良好的个性能促进能力的发展，现实生活中，我们往往也可以看到具有坚毅、果断、大胆、自信、勤奋等这些良好个性品质的人更具有开拓精神，比一般人更能积极地去锻炼和发展自己的能力；个性退缩，缺乏主见，即使有满腹才华也难以施展。同时能力的提高，又能促进个性的进一步发展和完善。现代社会是一个个性自由开放的年代，需要的是既有才华又有个性的人才。因此，我们不仅要发展儿童的能力，同时也要注意能力与其他个性的良好配合和发展。

第五节　学前儿童自我意识的发展

一、自我意识

个体自降生到这个世界上之后，对自我的疑问就不断地进行着："我为什么推球，球就动了，而不推，球就不动？""我是谁，我从哪里来？""我喜欢什么，不喜欢什么？""为什

么我在意爸爸妈妈的表扬?"诸如此类的关于自我的问题,不仅伴随着个体的成长不断得到丰富和发展,还促进了个体更加地了解并掌握自己的发展与变化。那么什么是自我呢?自我就是自我意识。

自我意识是指个体对自己所作所为的看法和态度(包括对自己存在以及自己对周围的人或物的关系的意识)。自我意识是组成个性的一个部分,是个性形成水平的标志,也是推动个体发展的重要因素。人们常说的自尊心、自豪感、自信心等都是自我意识的具体表现。自我意识从形式上可以分为自我认识、自我体验和自我监控。

自我认识是自我意识的认知成分,指的是个体对自己身心状态及活动的认识和评价,包括自我观察、自我分析和自我评价。孔子说"吾日三省吾身",这里的"省"就有自我观察的意思。自我分析是在自我观察的基础上对自身各方面情况加以综合分析,找出自己个性中本质的特征,找出有别于他人的重要特点。自我评价是建立在自我观察和自我分析的基础上,对自己思想、个性等各方面做的价值判断。

自我体验是自我意识的情感成分,是主观的"我"对客观的"我"所持有的情绪体验,自尊、自信、自卑、自责等都是自我体验的表现形式。

自我监控是自我意识的意志成分,表现为个体对自己行为、活动和态度的调节、控制和监督,它体现了一个人自我意识的能动性。自我监督是一个人以其良心或内在的道德行为准则对自己的言行进行监督,在某种程度上,它就是一个人内心的"道德法庭"。

成熟的自我意识至少表现在三个不同的层次上:第一层是对自己的机体及其状态的意识,如对觉醒状态的意识、对健康状况的意识等;第二层是对自己的外部行为以及人际关系的意识;第三层是对自己的知、情、意等心理活动的意识,如自我评价、自我体验、自我控制等。如果一个人的自我意识不能获得发展,那么,其个性的发展就难以实现。同时,自我意识的充分发展,保证着个体正确地认识世界,并使自己成为一个能动的力量与周围环境相互作用。

知识链接

学前儿童自我意识发展的阶段和特点

学前儿童自我意识的发展是随年龄的增长而发展的,自我意识各因素的发生具有时间性。如自我评价发生在 3~4 岁,自我体验发生于 4 岁左右,自我控制发生的年龄为 4~5 岁。

1. 自我感觉的发展(1岁前):儿童由1岁前不能把自己作为一个主体同周围的客体区分开到知道手脚是自己身体的一部分,是自我意识的最初形式,即自我感觉阶段。

2. 自我认识的发展(1~2岁):孩子会叫妈妈,表明他已经把自己作为一个独立的个体来看待了。更重要的是,孩子在15个月之后已开始知道自己的形象。

3. 自我意识的萌芽(2~3岁):自我意识的真正出现是和儿童言语的发展相联系的,掌握代名词"我"是自我意识萌芽的重要标志,能准确使用"我"来表达愿望标志着儿童自我意识的产生。

4. 自我意识各方面的发展(3岁以后):自我评价、自我体验、自我调节逐渐发展起来。

二、学前儿童自我意识的发展

（一）学前儿童自我认识的发展

现实生活中，每一个人都很在意"我是一个什么样的人"这个问题，幼儿园的小朋友在意自己每天能否得到老师的表扬，并把它作为我是否是个好孩子的标准。那么，它是如何发展的呢？

1. 对自己身体的认识

儿童认识自己，比认识外部世界更复杂。几个月大的孩子还没有自我意识，还不能把自己的身体与周围世界区别开来，如我们常见到孩子小的时候总喜欢把手指往口里塞，吃得津津有味，就像吃棒棒糖一样，那是因为孩子还没意识到那是属于他自己身体的一部分。

1岁之后的孩子在成人的教育下，逐渐认识身体的各部分，如妈妈问："你的眼睛在哪里？"孩子能指着自己的眼睛，"你的小手在哪里？"孩子会摇摇小手。对自己身体的认识，既是儿童认识自我存在的开端，也是认识物我关系的开始。

2岁左右的孩子开始意识到自己身体的内部状态，比如，会说："宝宝饿了""宝宝要喝水"，这是自我意识最初的表现。

2~3岁时，儿童开始掌握"你""我"这些代名词，不像以前总是把自己叫作宝宝，或叫自己的名字，儿童在3岁左右，会用人称代词"我"来表示自己，说明他开始意识到了自己心理活动的过程和内容，开始从把自己当作客体转化为把自己当作一个主体的人来认识，这是自我意识发展中的一次质变和飞跃，是自我意识发展中的一个重要转折。

2. 对自己行动的认识

1岁左右的时候，孩子从偶然动作中开始能把自己的动作和动作对象区分开来，并且逐渐体会到自己的动作带来的变化，如孩子无意中把玩具往地上扔，听到发出的响声，由此体会到了自己的动作和发出声响的关系，所以就喜欢摔打玩具，并从这些动作中感受到自己的力量。

1岁以后的孩子有了最初的独立性，喜欢什么都要自己来，拒绝成人的帮助，吃饭抢着自己吃，爬楼梯喜欢自己爬。

皮亚杰用实验法研究幼儿对自己爬行动作的意识，发现4岁儿童虽然会爬，但并不能意识到自己是怎么运动的，5~6岁开始能意识到自己的行动。

教师要注意培养儿童对自己动作的意识，这样可以促进其自我调节和自我监督的发展。

3. 对自己心理活动的意识

对自己心理活动的意识，比对自己动作和身体的意识更为困难。因为动作和身体是具体可见的，而内心活动是看不见、摸不着的，需要有较高水平的思维作为支持。

儿童在3岁左右时开始能意识到自己的内心活动，常常表现自己的主张，如果成人的要求不符合儿童意愿时，他会说"不""偏不"。

4岁开始出现对自己的认识活动的意识，慢慢地可以根据要求来管理自己的行动，如在上课时能根据老师的要求，眼睛看老师的演示，注意停止无关行为，并按一定要求进行操作。

(二) 自我评价发展的特点

1. 从依从性发展到独立性

幼儿初期，由于认知水平的限制，加之对成人权威的尊重与服从，幼儿常常依从于成人对他的评价，简单重复成人的评价。例如，问一个幼儿："你是不是班上最乖的孩子？"幼儿答："不是。因为老师经常批评我，说我不是乖孩子。"这种评价不是出于自发的需要，而是成人的要求。

2. 从片面、表面性发展到全面、深刻性

由于认识水平低，幼儿的自我评价常常是片面的和表面的。他们往往善于评价别人，不善于评价自己。在评价自己的行为时，他们容易更多地看到自己的优点，不大容易看到自己的缺点，而且这种评价也往往局限于一些具体行为的评价上。例如，他们在回答好孩子的原因时说："我不骂人。"到了幼儿晚期，幼儿开始从多个方面进行评价，出现向对内心品质评价过渡的倾向。例如，同样在回答好孩子的原因时会说："我是好孩子，客人来了我主动问客人好，上课发言积极，帮老师收拾积木。"

3. 从情绪性、不确定性的主观评价到客观性评价

幼儿初期的孩子往往不从事实出发，而从情绪出发进行自我评价，带有明显的主观性。例如，问孩子谁画得好时，绝大多数孩子都会说自己画得好，而事实并非如此。但随着年龄的增长，特别是在良好的教育下，幼儿的自我评价逐渐趋向于客观。例如，大班幼儿想说自己好，又觉得不好意思，于是说："我不知道我做得怎么样。"或者说："我不说。"

(三) 自我体验发展的特点

1. 从低级向高级发展，由生理性体验向社会性体验发展

幼儿初期，幼儿的自我体验从低级向高级发展，由生理性体验向社会性体验发展。幼儿的愉快和愤怒往往是生理需要的表现。委屈、自尊、羞愧则是社会性体验的表现。E·N·库尔茨卡娅等人关于羞愧的实验表明，5~6岁的幼儿能对自己的错误行为感到羞愧。有些研究还表明，在幼儿阶段，各年龄组由愉快到羞愧的百分数成一种递减趋势，反映出幼儿自我体验由低级向高级发展的趋势。

2. 易受暗示性

幼儿自我体验最明显的特点就是易受暗示性，且幼儿年龄越小，表现越明显。如问幼儿，如果做捂眼睛贴鼻子游戏时，你私自拉下毛巾，被老师发现，你会觉得怎样？3岁的幼儿只有3.33%的人有自我体验，而在暗示后（你做了错事，觉得难为情吗？），有26.67%的幼儿有自我体验。这就要求在现实中多采用积极的暗示，使幼儿逐渐树立自信心，并逐渐学会体谅他人的心情。

3. 随着年龄的增长而逐渐丰富

幼儿的自我体验有一定的顺序性。其中愉快感和愤怒感发展得比较早，而自尊和委屈发展得较晚。

(四) 自我控制发展的特点

幼儿自我控制能力的发展和其品质的发展水平密切相关。自我控制能力主要表现在独立性、坚持性和自制力的发展。3~4岁的幼儿坚持性和自制力都很差，3岁左右，孩子开始闹"独立"，什么事情都想自己来，这是儿童独立性的表现，随着年龄的增长，独立性也有发展，到了5~6岁，幼儿的自制力、坚持性都有更大的发展。但是总的来说，幼儿的自控能力还是比较弱的。

三、促进自我发展的策略

（一）在自我评价中树立信心

1. 多给幼儿具体而真诚的赞美

经常得到父母和教师赞美的幼儿，往往会对自己产生一种积极的看法，能比较有自信地面对各种问题，敢于尝试和面对失败，能比较努力地去解决问题。例如，在绘画活动中，尽管有的孩子的作品很难与美联系在一起，教师却独树一帜地寻找其长处，总能从新的角度去赞美每一幅作品。例如，"某某小朋友用了那么多的颜色，漂亮极了！""某某最爱干净了，画纸上一点儿也没弄脏。""某某画得很认真。"……这样可以让不同层次的孩子都能获得成功的体验，增强其自信心。

2. 多给幼儿公正而客观的评价

成人的评价是幼儿自我评价的主要依据。例如，有的幼儿认为自己不行，自己笨，问其原因，竟然是"老师说我不行""爸爸骂我笨"，因此教师应从幼儿的实际出发，客观、公正地评价幼儿。例如，对一些能力强的孩子，不能认为他们事事都行，而应告诉他任何人都会有不懂和不会的地方，也有比别人厉害的本领。而一些能力弱的孩子，要经常鼓励他们，找出他们的闪光点。

3. 多给幼儿提供自我评价和评价他人的机会

例如，通过谈话活动"我觉得自己哪些地方进步了""我看到谁的哪些进步""我最欣赏的人"等，引导幼儿关注自己和同伴的优点，用欣赏的眼光，主动发现每一个人的长处，摆脱自我为中心。

（二）在自我体验中享受成功

1. 鼓励幼儿自主探索，体验成功的快乐

儿童来到这个世界伊始，就怀着强烈的好奇心和良好的动机，用他们独特的方式去探究周围世界。例如，一名幼儿偷偷往兔子窝里扔巧克力，认为兔子吃萝卜会厌烦；一个男孩戴上爸爸的眼镜，想变成什么都懂的人。这些看似幼稚，其实是主动探索的事，成人不应该呵斥、制止，而应尽量放手让他们去探索、体验快乐。例如，种蚕豆时，幼儿不知道是大头向上种，还是小头向上种，教师故意装作不知道，请众多幼儿一起探索，分别用大头、小头向上不同的方法种。过了几天，蚕豆长出来了，挖出来仔细观察：发现小头向上种的蚕豆是"u"形长出来的，而大头向上种的蚕豆却是笔直向上长出来的，于是，大家为找到了正确的种法而欢呼雀跃。这样幼儿不仅有了成功的体验，还学会了种植的方法，减少了对成人的依赖，也有效地促进了独立性的发展。

2. 创设表现机会，获得成就感

充分认识幼儿各方面能力的实际情况后，尽量为幼儿创设能够充分表现自己的机会，给予幼儿实现成功的机遇，使他们享受胜利的欢乐和成功的乐趣。例如，让幼儿轮流做小老师、区域中的负责人、值日生、礼貌宣传员等，帮助老师为大家服务。在这个活动中，幼儿不管能力强弱，都有机会为同伴服务，在不同的角色中丰富自我的体验，使其在一些积极的角色中领悟到人我的关系。又如，举办小小画展、小小故事会、小小播音员等，为每个孩子提供展示自己的"舞台"，使他们发挥出应有的潜力，体验到成功和喜悦。

（三）在自我调节中增进交往

1. 在日常生活中增强自我约束力，提高同伴交往的质量

同伴交往是人际交往的重要形式，是幼儿学习社会交往的初始阶段。日常生活中，多提供轻松、自由、有趣味的活动，鼓励幼儿多与同伴交往。交往中，引导幼儿使用礼貌用语，教育幼儿学会分享、轮流、协商、合作等技能。例如，要求孩子放弃"以自我为中心"，站在他人角度思考问题，关心理解他人的心情；学会自我控制、宽容忍让、重新认识、评价自己，调整自己的言行。幼儿的自我意识正是借助于一次次的误会、争吵、和好、共享而得到不断改进的。这样，幼儿才能在与人、事、物、境相互作用中逐步提高交往能力，他们的自我意识也随之建立和形成。

2. 通过游戏等活动提高幼儿自我控制力

游戏是幼儿最喜欢的活动，游戏的规则帮助幼儿逐步摆脱以自我为中心，而向社会合作发展。在游戏中幼儿可以逐步摆脱"以自我为中心"，以愉快的心情兴趣盎然地再现现实生活。例如，在"医院"的游戏中，当"病人"的幼儿希望快些轮到自己看病，好快些结束无聊的"静坐"等候。而当"医生"的幼儿必须要坚持给病人看病，病人没看完病就不能离开岗位，这对培养幼儿自我调节能力起很大作用。老师需要有意识地利用游戏来培养儿童的这些品质。如玩"超市"游戏时，平时坚持性、自制力较差的幼儿常常被选为"营业员"，"营业员"必须坚守岗位，只能眼睁睁地看着其他孩子去购物，去娃娃家玩，而自己却不能去。这对"营业员"的心理会引起动机冲突，他需要以最大的毅力克制自己，最终因坚守岗位受到好评。这种感受会强化幼儿掌握控制、自我调节的行为，甚至会迁移到别的活动中去。

第六节 学前儿童的个体差异

一、学前儿童个体差异类型

不同年龄阶段的幼儿之间有差异，同一年龄阶段的不同幼儿之间也有差异，导致这些差异出现的原因是多种多样的，具体来看，主要集中在遗传和生理方面、环境和教育方面以及幼儿自身的心理和幼儿活动方面。

每个幼儿的发展水平、速度和方向各不相同，其差异表现在许多方面，如气质、性格、智力、性别、学习类型等。

（一）气质类型差异

人的气质具有天赋性，刚出生的新生儿即表现出明显的气质差异，这说明人的气质受遗传因素的影响。气质具有很大的稳定性，但由于受到环境因素的影响，人的气质也可以发生

或多或少的变化。气质的类型可以分为：胆汁质、多血质、黏液质、抑郁质。

（二）性格差异

性格的个别差异表现在性格的特征差异和类型差异两个方面。

1. 性格的特征差异

关于性格的特征差异，心理学家一般是从以下四方面进行分析：

一是对现实态度的性格特征，包括对社会、集体、他人的态度；对劳动、工作和学习的态度；对自己的态度等。不同个体在这几方面存在着很大的差异。

二是性格理智特征，是指人在感知、记忆、思维、想象等认识过程中所表现出来的习惯化了的行为方式。

三是性格的情绪特征，是指个体在情绪活动时的强度、稳定性、持续性以及主导心境等方面表现出来的个别差异。

四是性格的意志特征，主要表现在个体对自己行为的控制和调节方面的性格特征，如自觉性、果断性、自制力以及坚韧性等方面的特征。

2. 性格的类型差异

性格的类型是指一个人身上所有的性格特征的独特结合。根据不同的划分标准，性格类型可分为外向型与内向型、独立型与顺从型，以及理智型、情绪型与意志型等。

（1）依据个人心理活动倾向于外部还是内部分类，具体如下：

① 外向型。这种类型的人心理活动倾向于外部，经常对外部事物表示关心，开朗、活泼、善于交际。

② 内向型。这种类型的人心理活动倾向于内部，一般表现为沉稳、反应缓慢、适应困难、较孤僻等。

（2）依据一个人独立或顺从的程度分类，具体如下：

① 独立型。这种类型的人善于独立地发现问题，不易被次要因素干扰，在紧急情况下不慌张。

② 顺从型。这种类型的人独立性差、易受暗示，经常不加批判地接受别人的意见，照别人的意见办事，在紧急、困难的情况下表现得惊慌失措。

（3）依据性格的特征差异分类，具体如下：

① 理智型。这种类型的人以理智衡量一切，并支配行动。

② 情绪型。这种类型的人情绪体验深刻，举止行动受情绪支配。

③ 意志型。这种类型的人具有明确的目标，行为主动。

研究性格的差异能帮助我们进一步理解性格的本质，深入了解儿童性格特征的特点，充分调动儿童的积极性，因材施教，帮助儿童培养良好性格，克服不良性格。

（三）智力差异

1. 智力与智力测量

智力是指人认识、理解客观事物并运用知识、经验等解决问题的能力，包括记忆、观察、想象、思考、判断等。

为了对人的聪明程度做定量分析，心理学家创造了许多测量的工具，这些测量工具被称为智力量表。世界上最著名的智力量表是斯坦福—比纳量表。该量表最初由法国人比纳和西蒙于 1905 年编制,后来经斯坦福大学的推孟做了多次修订而闻名于世。我国有它的修订版。

1936 年,美国心理学家韦克斯勒编制了另一套智力量表,包括学龄前智力量表、儿童智力量表和成人智力量表,该套量表仍采用智商的概念但这里的智商是以同年龄组被测试的总体平均数为标准确定的,称为离差智商。离差智商假定同年龄组测量成绩总平均数为 100,用个人实际得分与总平均数比较,确定其在同龄组内所处的相对位置,以此判定其智力水平。

2. 智力差异

由于智力是个体先天禀赋和后天环境相互作用的结果,因此,个体智力的发展存在明显的差异。

(1) 智力发展水平的差异。

心理学家通过大量研究得到一个共同的结论,人们的智力水平呈常态分布,即智力水平属于中等程度的人占大多数,智力水平极高与极低的人很少。一般认为,IQ 超过 140 的人属于天才,他们在世界总人口中所占的比例不到 1%。

(2) 智力类型的差异。

1963 年,美国哈佛大学心理学家加德纳提出了多元智力理论。加德纳认为,智力应该是指在某种社会或文化环境的价值标准下,个体用以解决自己遇到的真正的难题或生产及创造有效产品所需要的能力,智力不是一种能力,而是一组能力。因此,他认为人类的智力应该包括以下 8 种类型:

言语——语言能力;
音乐——节奏智力;
逻辑——数理智力;
视觉——空间智力;
身体——动觉智力;
自知——自省智力;
交往——交流智力;
自然——观察智力。

尽管每个人都是这种智力的组合,但是这 8 种智力在每个人身上的表现形式、发展程度是不同的。例如,有的孩子对音乐有特殊的敏感性和兴趣性,表现出艺术的发展优势;有的孩子对艺术形象有深刻的记忆表象,并对颜色有很强的敏感性,表现出对绘画或手工的兴趣和发展优势;有的孩子不善于表达,却很会下棋或进行富有创造性的建构活动;有的孩子很爱听故事,爱看书,也会讲故事。幼儿的这些发展方向或优势领域的差异是客观存在的,教师必须尊重这种差异、善于发现幼儿的智力类型,并积极利用和发展他们的优势智力,使幼儿获得充分的学习和发展的信心。

(四) 性别差异

在婴幼儿期,女孩的身体发育通常比男孩更早一些。在智力上一般没有显著差异,有差异的是特殊智力,如数学能力、言语能力等。当然,这种差异不仅仅来自于遗传,也有后天的影响。两三岁的儿童开始渐渐有了性别意识,知道自己是男孩还是女孩。男女性别差异主要是因为社会习俗对男女的态度不同。例如,大人常让男孩玩汽车、仿真枪等玩具,让女孩玩娃娃、毛绒玩具等。而且,如果幼儿的表现符合社会期待,大人就比较满意,对幼儿进行鼓励,如果不符合对男孩和女孩的期待,大人就会加以制止。

（五）学习类型差异

学习类型又叫学习风格或学习方式。它主要包括认知风格、学习策略、内外控制点、焦虑、兴趣、态度等。学习类型概念最初由邓恩夫妇提出。

现在已经知道的学习类型有五种，即视觉型、听觉型、肢体型、书面型和群体互动型。具体如下：

（1）视觉型：学习内容以图形式出现时，学习得最好。
（2）听觉型：通过音乐和谈话学习得最好。
（3）肢体型：能全身运动、体验和实验时，学习得最好。
（4）书面型：喜欢阅读，喜欢从书本上学习知识，偏好自己阅读，不愿意别人解释。
（5）群体互动型：偏好讨论和需要大家一起参与活动，喜欢交换意见。

幼儿的个体差异除了表现在以上所述的几个方面外，还有认知风格的差异、兴趣差异、需要差异、能力差异、速度差异等。教师应当具体分析幼儿表现为哪一种类型，同时弄清楚幼儿在哪方面存在差异，然后有针对性地进行教育，做到有的放矢。

二、个体差异形成原因

遗传因素和环境因素是影响个体发展的两大因素。遗传因素是由遗传基因规定的个体内在因素，如神经系统、感觉运动器官以及机体功能条件。环境因素是外在因素，分为两个方面：自然条件和社会环境。自然条件是个体维持生命所必需的条件，如地理条件、气候变化和食物结构；社会环境是个体生活其中的社会生活条件和教育条件，包括社会、家庭和学校等各种条件。

遗传因素是个体发展的基础和内在根据，环境因素是个体发展的外因条件。遗传因素可以使人的发展达到某个上限，环境因素导致个体在遗传因素的可变范围内达到实际发展水平和高度。许多研究表明，教育训练、文化环境、营养状况和个体的情绪状态等因素都对个性的形成和发展起着重要作用。

由此可见，遗传和环境这两大因素对个性形成与发展的作用是无法分离的。两者相互作用使个体的个性得到发展。没有环境，遗传的作用没有办法体现出来；而没有遗传作为个性发展的最初基础，环境再好也无法对个体的发展产生影响。因此，在遗传和环境对个性的形成和发展交互的动态影响过程中，任何差异都会导致个性形成与发展的不同，并最终导致个性差异的出现。

三、针对个性差异的适应性教学

（一）适应性教学

适应性教学源于美国的发展适应性教学主张，它是美国幼儿教育协会在 1987 年的"符合孩子身心发展的专业幼教"声明中提出的，它认为，幼儿教学包括两方面的适宜，年龄适宜与个别差异适宜。

（二）适应性教学法的主要方式

1. 资源利用模式

资源利用模式是指在教学过程中充分利用幼儿的长处和优点，以求人尽其才，在传统的大班教学下,很难使每一幼儿都能各尽所长。因此,教师要多开展区域活动,发展幼儿的优势领域。

2. 治疗模式

治疗模式是指针对幼儿某一方面的能力缺陷,给予幼儿针对性教育。例如,补偿教育就是为促进社会经济地位不利、没有机会享受正规教育、丧失良好教育权利的儿童进行的教育。补偿教育是以"文化剥夺理论"为基础的,它认为经济上处于贫困状况的儿童,之所以在学校中难以获得学业上的成功,是由其在语言、认知、社会性以及情感等方面存在的能力不足或缺陷造成的。造成这种能力不足的根本原因是他们受社会和文化背景限制。所以,补偿教育的目的是通过向这些所谓的文化欠缺的儿童提供特殊的教育计划以弥补他们在语言、阅读、认知、社会性以及情感等方面的不足。

3. 补偿模式

补偿模式通常是指幼儿如果在某一方面有所不足,可以改由另一方面的强项去补偿,以求"失之东隅,收之桑榆"。每个幼儿均有不同的学习表现,存在着个别差异。具体在教育教学中,那些在某些智能比较占优势的幼儿,在与他们求知方式吻合的学习活动中取得成功后,会很自觉地协助那些在该项智能较为弱势的,或对学习活动提不起兴趣的幼儿,采取不厌其烦的态度去帮助他们进行活动。教师要把握好幼儿好学的心理,提供有效的学习环境及材料,让幼儿的学习潜能萌发出来。

4. 个别化教育方案

个别化教育方案最先用于特殊儿童的干预和矫正,由于对幼儿个体差异与发展的关注,它逐渐在幼儿教育领域中应用,即为每个幼儿的发展提供个别化、适宜的教育方案。

个别化教学的特色在于它是一种"评价—教学"的过程,即先了解、鉴定每一个儿童的学习情况与特殊需要,然后为其提供适当而且必需的教学。个别化教学的策略大体有三种,即通过调整儿童的学习速度适应其需求,为不同的学习设计、提供不同程度的多样性教材;适当调整教师的角色,减少教师的权威色彩,以温馨、尊重、包容的态度面对儿童,启发儿童主动学习;在个别化教育方案中最常用的是档案袋评价,即为每个幼儿设立相应的学习档案袋,根据其不同的学习特点进行个别化指导。

5. 性向与教学处理交互作用模式

这一理论也被称为"教学相适"理论,由克隆巴赫提出。其主要观点是教学配合儿童的性向,教师对不同性向的儿童,应提供不同的教育措施,以发挥最大的教学效果。其教育启示是:没有任何一种效果与教材可以适合所有儿童,教师不应该轻易放弃儿童,而是采用适宜的教学方法。

练一练

一、选择题

1. 采取适当教育措施,培养儿童用于进取、豪放的品质,防止任性、粗暴,这主要是针对( )。

  A. 胆汁质的孩子   B. 多血质的孩子
  C. 黏液质的孩子   D. 抑郁质的孩子

2. 幼儿期儿童性格的典型特点是（　　）。
   A. 模仿性强　　　B. 喜欢交往　　　C. 好奇好问　　　D. 活泼好动
3. 2岁半的豆豆还不会自己吃饭，可偏要自己吃；不会穿衣，偏要自己穿。这反映了幼儿（　　）。
   A. 情绪的发展　　　　　　　　　B. 动作的发展
   C. 自我意识的发展　　　　　　　D. 认知的发展
4. 有的幼儿擅长绘画，有的善于动手操作，还有的很会讲故事，这体现了幼儿（　　）。
   A. 能力类型的差异　　　　　　　B. 能力发展早晚的差异
   C. 能力发展速度的差异　　　　　D. 能力水平的差异
5. 有的幼儿遇事反应快，容易冲动，很难约束自己的行为，这类幼儿的气质类型比较倾向于（　　）。
   A. 抑郁质　　　B. 多血质　　　C. 胆汁质　　　D. 黏液质
6. 幼儿意识到自己和他人一样都有情感、有动机、有想法，这反映了幼儿（　　）。
   A. 社会认知的发展　　　　　　　B. 感觉的发展
   C. 情感的发展　　　　　　　　　D. 个性的发展
7. 根据孩子的不同气质，在教育上可以采取有针对性的教育措施。对（　　）的孩子，应着重培养机智、敏锐和自信心，防止疑虑、孤僻。
   A. 黏液质　　　B. 多血质　　　C. 胆汁质　　　D. 抑郁质
8. 目前对创造力和智力的关系较为一致的看法是（　　）。
   A. 智力高者必定有高创造性
   B. 高创造性者智力未必高
   C. 高智力是高创造性的必要而非充分条件
   D. 高智力是高创造性的充分必要条件

二、简答题

1. 学前儿童气质发展的特点有哪些？如何针对学前儿童气质的特点，采取适宜的教育措施？
2. 怎样培养幼儿良好的性格？

三、阅读材料，回答问题

强强是幼儿园大班的孩子，无论参加什么活动，他都十分积极主动，精力旺盛。强强平时做事很急，想干什么就立即行动，想要的东西也必须马上得到，否则会坐立不安。强强做事有闯劲，但时常马马虎虎。强强待人大方，热情直率，爱打抱不平。他喜欢别人听从他的支配，否则便大发脾气，甚至动手打人。事后虽也后悔，但到时总是难以克制。

（1）根据强强的上述行为表现，你认为他基本上属于什么气质类型？为什么？
（2）谈谈应如何根据幼儿4种不同的气质类型特点，有针对性地进行教育。

第九章

学前儿童的身心发展

【学习目标】

1. 掌握婴幼儿身体发展的年龄阶段特征。
2. 了解不同时期儿童身体生长发育的特点。
3. 掌握儿童动作发展的规律,了解儿童动作发展的顺序,理解儿童动作发展的特点。
4. 学会处理幼儿身心发展中易出现的问题。

案例引入

月月是个刚满三岁的小女孩,妈妈说她马上要去幼儿园了。她正在家里玩耍,玩了一会儿,她肚子饿了,要吃点什么。妈妈正在忙家务,她就自己来到厨房,想拿橱柜上面的点心吃,可是够不到。于是她搬来自己的小椅子,站在了椅子上,爬到了橱柜上面,拿到点心盒,打开盒盖,拿出点心,高兴地吃了起来。

回想三年前,月月出生时体重才3.3千克,身长50厘米。每天几乎就是睡觉吃奶,连头都抬不起来。可是现在,她的身高已经有100厘米,体重有15千克,能够充满自信地爬高爬低,动作连贯地拿到自己想要的点心。

第一节 学前儿童心理发展的年龄特征和一般趋势

学前儿童心理发展的年龄特征是指学前儿童在各年龄阶段中具有的一般的、典型的、本质的心理特征。

学前儿童心理发展的年龄特征具有稳定的可变性。这是因为每一阶段儿童表现出来的典型特征是共同的、普遍的,表现出稳定性;同时,不同的社会和教育条件会使儿童心理发展的特征有所变化,这就构成了儿童心理发展的可变性。因此,年龄特征是稳定性和可变性的辩证统一。

一、婴儿期的年龄特征（0~1岁）

（一）新生儿期（0~1个月）

1. 心理发生的基础：本能动作（无条件反射）

过去人们认为孩子刚出生时是无能的，什么也不会。可是近年来的研究发现儿童先天带来了应付外界刺激的许多本能，天生的本能表现为无条件反射。无条件反射是先天的、与生俱来的反射。它是在种族发展过程中建立并遗传下来的，是那些为数有限的、固定的、直接刺激作用于一定的感受器引起的恒定的活动，基本上是皮层下中枢的活动。

知识链接

先天的无条件反射

吸吮反射：奶头、手指或其他物体，如被子的边缘碰到了新生儿的脸，并未直接碰到他的嘴唇，新生儿也会立即把头转向物体，张嘴做吃奶的动作，这种反射使新生儿能够找到食物。

眨眼反射：物体或气流刺激眼毛、眼皮或眼角时，新生儿会做出眨眼动作，这是一种防御性的本能，可以保护自己的眼睛。

怀抱反射：当新生儿被抱起时，他会本能地紧紧靠贴成人。

抓握反射：又称达尔文反射，物体触及掌心时，新生儿立即把它紧紧握住。

巴宾斯基反射：物体轻轻地触及新生儿的脚掌时，他本能地竖起大脚趾，伸开小趾，这样，5个脚趾形成扇形。

迈步反射：又称行走反射，大人扶着新生儿的两腋，把他的脚放在桌子、地板或其他平面上，他会做出迈步的动作，好像两腿协调地交替走路。

游泳反射：让婴儿俯伏在小床上，托住他的肚子，他会做出游泳的姿势。如果让婴儿伏在水里，他会本能地抬起头，同时做出协调的游泳动作。

巴布金反射：如果新生儿的一只手或双手的手掌被压住，他会转头张嘴；当手掌上的压力减去时，他会打哈欠。

儿童先天带来的本能动作有不同的性质，有些对新生儿维持生命和保护自己有现实意义。有许多天生带来的无条件反射，在婴儿长大到几个月时会相继消失，如果过了一定年龄还继续出现，反而是婴儿发育不正常的症状。例如，6个月以后的婴儿，不再出现巴宾斯基反射，物体接触脚掌时，代之以脚掌向内弯起，而不是成为扇形。

2. 心理的发生：条件反射的出现

虽然儿童出生时已有多种无条件反射，但是，无条件反射对适应人间生活有很大的局限性。因为，第一，无条件反射的种类或数量毕竟很有限；第二，无条件反射只能对固定的刺激做出固定的反应，不足以应付外界变化多端的刺激。

条件反射的出现，使儿童获得了维持生命、适应新生活需要的新机制。条件反射既是生理活动，又是心理活动。条件反射的出现，可以说是心理发生的标志。

儿童出生后不久，就能够建立条件反射。孩子所获得的一切知识和能力，如一切学习，都是条件反射活动。又如，妈妈每次给孩子喂奶，都是把他抱在怀里，经过多次强化，被抱起来喂奶的姿势和奶头在嘴里吃奶的无条件反射相结合，新生儿就形成了对吃奶姿势的条件反射。

由此可见，孩子从新生儿期开始，就在各种生活活动中学习、发展各种心理能力。正因为这样，从孩子出生时起就要注意对他的教育。

(二) 婴儿早期（1~6个月）

这个阶段心理发展的突出表现为视听觉的发展，在此基础上婴儿依靠定向活动认识世界，眼手动作逐渐协调。

1. 视觉、听觉迅速发展

满月以后，婴儿的眼睛更加灵活了。例如，他的视线可以追随着物体移动，而且会主动寻找视听的目标；会积极地用眼睛寻找成人，还会主动寻找成人手里摇动着的玩具。2~3个月以后，婴儿对声音的反应也比以前积极了。他听见说话声或铃声时，会把身体和头转过去，用眼睛寻找声源。他也会凝神地倾听洗衣机脱水的声音等。半岁内的婴儿认识周围事物主要靠视听觉，因动作刚刚开始发展，能直接用手、身体接触到的事物很有限。

2. 手眼协调动作开始发生

手眼协调动作，是指眼睛的视线和手的动作能够配合，手的运动和眼球的运动协调一致，即能抓住看到的东西，这是手眼协调的主要标志。

3. 主动招人

这是最初的社会性交往需要。婴儿早期的孩子，往往主动发起和别人的交往。哭常常是婴儿最初社会性交往需要的体现。孩子哭时把他抱起来，他就不哭了，但是一哭就抱他也不是最好的方法。摇摇小床，对他说说话，都可以满足他的需要。从3个月开始，婴儿不但会用哭来招惹成人的注意，也会用笑来吸引人，喜欢别人和他玩。这时出现了最初的亲子游戏，亲子游戏可以满足婴儿的社会性交往需要。婴儿即使是饿了、困了，亲子游戏也能够使他在短暂时间内停止哭闹，亲子游戏也可以通过不同渠道开发孩子的智力。

4. 开始认生

婴儿5~6个月开始认生。这是儿童认知发展和社会性发展过程中的重要变化，表现了儿童感知辨别能力和记忆能力的发展；表现了儿童情绪和人际关系发展上的重大变化，出现对人的依恋态度。

(三) 婴儿晚期（6~12个月）

这一阶段的明显变化是动作灵活了，表现为身体活动范围比以前扩大了，双手可模仿多种动作，逐渐出现语言萌芽，亲子关系、依恋关系更加牢固。

1. 身体动作迅速发展

抬头、翻身（在半岁前学会）、坐、爬、站、走等动作形成。这时期为婴儿准备一些适宜的玩具，对于促进他的动作发展有重要的作用。

2. 手的动作开始形成

从半岁到1岁，儿童的手的动作日益灵活，其中最重要的是五指分工动作发展起来了。

所谓五指分工，是指大拇指和其他四指的动作逐渐分开，而且活动时采取对立的方向，而不是五指一把抓，五指分工动作和眼手协调动作是同时发展的，这是人类拿东西的典型动作。五指分工动作和手眼协调动作同时发展。

3. 言语开始萌芽

这时发出的音节较清楚，能重复、连续。这一时期的婴儿已能听懂一些词，并按成人说的去做一些动作，如成人说："欢迎"，他拍拍手；说"谢谢"，他拱拱手。

4. 依恋关系发展

分离焦虑，即亲人离去后长时间哭闹，情绪不安，是依恋关系受到障碍的表现。开始出现用"前语言"方式和亲人交往，孩子理解亲人的一些词，做出所期待的反应，使亲人开始理解他的要求。

二、幼儿前期的年龄特征（1~3岁）

幼儿前期（1~3岁），也称先学前期或先幼儿期。这个时期是真正形成人类心理特点的时期，表现在儿童在这个时期学会走路，开始说话，出现思维，有了最初的独立性，这些都是人类特有的心理活动。因此可以说，人的各种心理活动是在这个时期才逐渐齐全的。心理学认为：1~3岁是儿童心理发展的一个重要的转折期，期间出现了许多对人的发展有重要影响的事件。

1. 言语的形成

随着与成人交往的日益发展，婴儿主要的交际工具——身体接触、表情等渐渐显得不太适用了，而言语交际的优越性越来越明显。这种变化促进了幼儿言语的迅速发展。如果说，婴儿期是掌握本族语言的准备期，那么，幼儿前期则是初步掌握本族语言的时期。在短短的两三年里，儿童不仅能理解成人对他说的话，而且能够运用口语比较清楚地表达自己的意思，同时，还能根据成人的言语调节自己的行为。言语的形成和发展也促进了心理活动有意性和概括性的发展。

2. 思维的萌芽

思维是高级的认识活动，是智力的核心。幼儿的思维在实物活动中出现了，使他们的整个心理活动发生了巨大的变化。它的发生，不仅意味着儿童的认识过程已基本形成，同时也引起原有的低级认识过程的质变：知觉不再单纯反映事物的外部特征，也开始反映事物的意义和事物之间的关系，成为"理解性的知觉"，即思维指导下的知觉；记忆的理解性增强了，有意性也出现了；情绪情感逐渐深刻，意志行动产生了；儿童的心理开始具有最初的系统性。但幼儿的思维总是在动作中进行的，离不开对事物的感知和自身的动作，具有直觉行动性。

这时孩子出现了最初的概括和推理。比如，能够把性别不同、年龄不同的人加以分类，主动叫"爷爷奶奶"或"哥哥""姐姐"。与此同时，想象也开始发生。2岁左右，孩子已经能够拿着物体进行想象性活动，出现游戏的萌芽。比如，拿着一块长形的小积木，他会放在头上擦，想象着用梳子梳头。

3. 自我意识的萌芽

自我意识就是个体对自己所作所为的看法和态度。幼儿在与他人的交往中，在与客观事物的相互作用中，通过"人"与"我"和"物"与"我"的比较，逐渐认识到作为客体的外部世界与作为主体的自己之间的区别，从而形成对自己的认识，这也就是我们所说的"透过他人的眼睛看自己"。2岁左右，孩子知道"我"和他人的区别，在语言上逐渐分清"你""我"，在行动上要求"自己来"。掌握代名词"我"是自我意识萌芽最重要的标志。

三、幼儿期的年龄特征（3~6岁）

（一）幼儿初期（3~4岁）的心理特点

3岁，对于多数儿童来讲，是生活上的一个转折年龄。从3岁起，儿童开始离开父母进入幼儿园过集体生活，生活范围扩大，心理发生了很多变化。

处于幼儿初期的幼儿心理具有以下特点。

1. 行为具有强烈的情绪性

小班幼儿的行动常常受情绪支配，而不受理智支配。情绪性强，是整个幼儿期儿童的特点，年龄越小越突出。小班幼儿情绪性强的特点表现在很多方面。高兴时听话，不高兴时说什么也不听。如果喜欢哪位老师，就特别听那位老师的话。小班幼儿的情绪很不稳定，很容易受外界环境的影响，看见别的孩子都哭了，自己也莫名其妙地哭起来。老师拿来新玩具，马上又破涕为笑。

2. 爱模仿

3~4岁幼儿的模仿性非常突出，模仿现象较多，一方面是由于他们的动作认识能力比以前有所提高；另一方面是由于他们主要是模仿一些表面现象。再大一些的幼儿的模仿则已经开始逐渐内化。小班幼儿看见别人玩什么，自己也玩什么；看见别人有什么，自己就想有什么。所以，小班玩具的种类不必很多，但同样地要多准备几套。在教育工作中，要多为儿童树立模仿的榜样。教师常常是幼儿模仿的对象，因此，教师应该时刻注意自己的言行举止，为孩子们树立好榜样。

3. 思维仍带有直觉行动性

思维依靠动作进行，是幼儿前期儿童的典型特点，小班幼儿仍然保留着这个特点。由于小班幼儿的思维还要靠动作，因此，他们不会计划自己的行动，只能是先做后想，或者边做边想。小班幼儿的思维很具体、很直接。他们不会做复杂的分析综合，只能从表面去理解事物。因此，对小班幼儿更要注意正面教育，讲反话常常会适得其反。对幼儿提要求也要注意具体，最好说"眼睛看着老师"，因为幼儿不容易接受这种一般性的抽象的要求。

（二）幼儿中期（4~5岁）的心理特点

4~5岁属于幼儿中期，幼儿在这一时期主要表现为以下心理特点。

1. 爱玩、会玩，活泼好动

幼儿都喜欢游戏。但小班幼儿虽然爱玩却不大会玩，大班幼儿虽然爱玩，也会玩，但由于学习兴趣日益浓厚，游戏的时间相对少了一些。中班的幼儿明显比小班的幼儿活泼好动，动作灵活，头脑里主意也多。

活泼好动的特点在幼儿中期更为突出的原因是：第一，中班幼儿经过一年的集体生活，对生活环境已经比较熟悉，也习惯了幼儿园的生活制度；第二，4~5岁的幼儿在心理上进一步成熟，特别是神经系统进一步发展，兴奋和抑制过程都有较大提高。

2. 思维具体形象

中班幼儿的思维可以说是典型的幼儿思维，他们较少依靠行动来思维，但是其思维过程还必须依靠实物的形象做支柱。中班幼儿常常根据自己的具体生活经验理解成人的语言。为了让幼儿明白教师说的话，必须注意了解幼儿的水平和经验，避免说过于抽象的语言。语言教学中，应尽量用形象的解释来帮助儿童理解新词。

3. 开始接受任务

对小班幼儿布置任务，一般需要结合他们的兴趣。严格地说，小班幼儿还不能理智地按任务的要求行动。如前所述，小班幼儿的行动往往受感情支配，常常是无意性的。中班幼儿开始能够接受严肃的任务。在实验室进行的一些比较单调的任务，都只能从4岁开始。4~5岁幼儿的有意注意、有意记忆、有意想象等过程都比3岁幼儿有较大发展，且自我控制发展迅速。在坚持性行为的实验里，4~5岁幼儿的坚持性行为发展最为迅速，其增长程度比3~4岁和5~6岁都大。在日常生活中，4岁以后的幼儿对于自己所担负的任务已经出现最初的责任感。小班幼儿完成值日任务常常还是出于对完成任务过程的兴趣，或对所用物品的兴趣。中班幼儿开始理解到值日工作是自己的任务，对自己或别人完成任务的质量开始有一定要求。

4岁以后幼儿之所以能够接受任务，和他们思维的概括性和心理活动有意性的发展有密切关系。由于思维的发展，他们的理解力增强，能够理解任务的意义，由于心理活动有意性的发展，幼儿行为的目的性、方向性和控制性都有所提高，这些都是接受任务的重要条件。

4. 开始自己组织游戏

游戏是最适合幼儿心理特点的活动。小班幼儿已经有游戏活动，但是他们还不大会玩，需要成人领着玩。4岁左右是游戏蓬勃发展的时期。中班幼儿不但爱玩而且会玩，他们能够自己组织游戏，自己规定主题。他们不再像小班幼儿那样，出现许多平行的角色。他们会自己分工，安排角色。中班幼儿游戏的情节也比较丰富，内容多样化。在沙坑里玩沙，能够发展起钻地洞的游戏；搭积木时，搭好了"动物园"后，玩动物园游戏。在游戏中不但反映日常生活的事情，还经常反映电视电影里的故事情节。

中班幼儿在游戏中逐渐结成同龄人的伙伴关系。他们不再总是跟着成人，而是用更多的时间和小朋友相处，一同游戏，只有遇到困难的时候才求助成人，或者是请求帮助解决活动中的实际障碍，或者是请求判断是非，有时则是要求成人对他们的成功加以肯定。

可见，从4~5岁开始，幼儿的人际关系发生了重大变化，同伴关系开始打破亲子关系和师生关系的优势地位，开始向同龄人关系过渡，当然，这时的同伴关系还只是最初级的，结伴对象很不稳定，成人的影响仍然远远大于小朋友的影响。

（三）幼儿晚期（5~6岁）的心理特点

5~6岁属于幼儿晚期，这一时期幼儿主要表现为以下心理特点：

1. 好学、好问

好奇是幼儿的共同特点，但大班幼儿的好奇与小、中班有所不同。小、中班幼儿的好奇心较多表现在对事物表面的兴趣上。他们经常向成人提问题，但问题多半停留在"这是什么""那是什么"上。大班幼儿不同，他们不光问"是什么"，还要问"为什么"。问题的范围也很广，天文地理，无所不有，希望成人给予回答。

好学、好问是求知欲的表现。甚至一些淘气行为也反映幼儿的求知欲。家长或教师都应该保护幼儿的求知欲。不应该因嫌麻烦而拒绝回答孩子的提问。对类似破坏玩具的行为也不要简单地训斥了事，而应该加以正面引导，一面耐心讲道理，一面向幼儿介绍一些简单的机械原理，满足他们渴求知识的愿望。

2. 抽象概括能力开始发展

大班幼儿的思维仍然是具体形象的，但已有了抽象概括性的萌芽。由于大班幼儿已有了抽象概括能力的萌芽，所以，也可以进行一些简单的科学知识教育，引导他们去发现事物间的各种内在联系，促进其智力发展。

3. 个性初具雏形

大班幼儿初步形成了比较稳定的心理特征。他们开始能够控制自己，做事也不再随波逐流，显得比较有"主见"。儿童在幼儿晚期对人、对己、对事开始有了相对稳定的态度和行为方式，有的胆小害羞，有的活泼，有的文静，有的自尊心很强，有的有强烈的责任感，有的显现出绘画才能等。

对于幼儿最初的个性特征，成人应当给予充分的注意。幼儿园教师在面向全体幼儿进行教育的同时，还应该因材施教，针对各人的特点，长善救失，使儿童全面健康地发展。

4. 开始掌握认知方法

6岁幼儿出现了有意地自觉控制和调节自己心理活动的方法，在认知活动方面，无论是观察、注意、记忆过程，还是思维和想象过程，都有了方法。4岁前幼儿往往不会比较两个或几个图形的异同，而5岁以后幼儿则能较好地完成任务。因为他们已经掌握了对比的方法，把图形或图形的相应部分一一对应地进行比较。注意的活动中，5~6岁幼儿能够采取各种方法使自己不分散注意。

大班幼儿进行有意记忆时，也运用各种方法。例如，在"跟读数字"测验中，幼儿一边听任务，一边默默地跟着念。在识记图片时，暗暗地以手指的活动帮助。在识记字形或其他不熟悉形状时，自行做各种联想，使无意义的形状带有一定意义，以帮助记忆。用思维解决问题时，大班幼儿会事先计划自己的思维过程和行动过程。例如，在"迷津"测验中，一些大班幼儿先用视线尝试着走出迷宫，然后拿起笔来一气呵成。在绘画活动中，小班幼儿毫不思索就动手去画，大班幼儿则要求想一想。他们在头脑中先构思以确定有意想象的目标，做出行动的计划，然后基本上按预定计划去行动。5~6岁幼儿不仅在认知活动中能够采取行动计划和行动方法，在意志行动中也往往用各种方法控制自己。

四、婴幼儿心理发展的基本趋势

（一）从简单到复杂

儿童最初的心理活动，只是非常简单的反射活动，以后越来越复杂化。这种从简单到复杂的发展趋势又表现在以下两个方面。

（1）从不齐全到齐全。儿童的各种心理过程在出生的时候并非已经齐全，而是在发展过程中逐步形成的。比如，头几个月的孩子不会认人，1岁半之后才开始真正掌握语言，逐渐出现想象和思维。各种心理过程出现和形成的次序,服从由简单到复杂的发展规律。

(2)从笼统到分化。儿童最初的心理活动是简单的,后来逐渐复杂和多样化。例如,婴儿的情绪最初只有笼统的喜怒之别,之后逐渐分化出愉悦、喜爱、惊奇、厌恶等各种各样的情绪。

(二)从具体到抽象

儿童的心理活动最初是非常具体的,以后越来越抽象和概括化。儿童思维的发展过程就典型地反映这一趋势。幼儿对事物的理解是具体形象的。比如,他们认为儿子总是小孩,不理解"长了胡子的叔叔怎么能是儿子呢?"成人型的思维方式——抽象逻辑思维在学前末期才开始萌芽。

(三)从被动到主动

儿童心理活动最初是被动的,主动性逐渐得到发展。这种趋势主要表现如下:

(1)向有意发展。新生儿的原始反射是本能活动,是对外界刺激的直接反应,完全是无意识的。随着年龄的增长,儿童逐渐开始出现自己能意识到的、有明确目的的心理活动,然后发展到不仅意识到活动目的,还能够意识到自己的心理活动进行的情况和过程。例如,大班幼儿不仅知道自己要记住什么,而且知道自己是用什么方法记住的。这就是有意记忆。

(2)受生理制约发展到自己主动调节。随着生理的成熟,儿童心理活动的主动性也逐渐增长。比如,两三岁的孩子注意力不集中,主要是生理不成熟所致,随着生理的成熟,心理活动的主动性逐渐增长。四五岁的孩子在某些活动中注意力集中,而在某些活动中注意力容易分散,表现出个体的主动选择与调节。

(四)从零乱到成体系,对事物的态度由不稳定到稳定

儿童的心理活动最初是零散杂乱的,心理活动之间缺乏有机的联系。比如,幼儿一会儿哭、一会儿笑、一会儿说东、一会儿说西,都是心理活动没有形成体系的表现。正因为不成体系,心理活动非常容易变化。随着年龄的增长,心理活动逐渐有了系统性,有了稳定的情绪,出现每个人特有的个性。

第二节 学前儿童身体发育与动作发展的规律和特点

一、学前儿童身体的发展

人体的生长发育不是直线上升,而是呈波浪式的,发展的速度是不等速的,有时快些,有时慢些,交替着进行。

(一)婴幼儿身体发展的年龄阶段特征

下面按照婴儿期、幼儿早期、幼儿期这几个时期,分别介绍婴幼儿身体发展的年龄阶段特征。

1. 婴儿期

婴儿期是孩子一生中生长发育最快的时期。

(1) 体重。

在正常养护条件下，前3个月，婴儿每月平均增重可达700~800克，以后逐渐减慢，后半年每月平均增重400~450克，全年平均每月增加500~600克。因此，婴儿出生后4~5个月时，体重可达出生时的2倍，1岁时可达出生时的3倍或稍多。

总体来说，1岁以内婴儿体重增长很快，但此期间婴儿的体重增长不平衡，前6个月体重增长快，后6个月体重增长比前6个月慢一些。

(2) 身高。

1岁以内婴儿身高增长很快，前3个月每月可增长3~3.5厘米，以后增长速度逐渐减慢，婴儿期平均每月身高增长2~3厘米。前半年大约可增长16厘米，后半年增长8~9厘米。1岁时的身高约为出生时的1.5倍，1周岁时身高在75厘米左右，但因每个婴儿的先天差异和后天养育环境不同，相互之间也有一定的区别。

(3) 头围与胸围。

婴儿期1~3个月内头围增长最快，约可增加5~6厘米。以后增长速度逐渐变慢，1岁时，男孩的头围约46厘米，女孩约45.5厘米。头围的大小和脑的发育密切相关，脑发育不全时，头围增长缓慢；脑积水可使头围增长过快。胸围在第一年增长最快，6个月后胸围与头围大致相等，1岁时胸围可比头围大。以后，胸围和头围的差距逐渐增加。

(4) 骨骼与牙齿。

① 骨骼。新生儿的脊柱是直的，而且很柔软。婴儿期脊柱的增长很快，后来则慢于身长增长的速度。孩子出生后3个月能抬头时，颈部的脊柱向前凸出，形成第一个弯曲。6个月婴儿会坐起时，胸部脊柱向后凸出，形成第二个弯曲。到1岁婴儿会行走时，腰部脊柱向前凸出，形成第三个弯曲。

② 牙齿。正常儿童在5~10个月长出2颗下中切牙，在6~14个月时长出4颗上切牙及2颗下侧切牙。到1岁时应长出8颗牙。

(5) 其他方面。

① 视觉。2个月时，婴儿能协调地将两眼固定在物体上，并能注视目光前约25厘米处物体的运动。婴儿3个月时，可以用视觉分辨自己熟悉的人。5个月时，对自己熟悉的事物有了视觉分辨能力。在婴儿6个月以后到1岁期间，视觉开始分辨颜色，认识物体。

② 听觉。婴儿在2个月时，听到声音时能把头或眼睛转向发出声音的方向，3个月以后婴儿能够向传来声音的方向寻找声源，并逐渐能分辨不同的声音和音调。9个月时，婴儿逐渐可以根据不同的声音来调节、控制自己的行动，学会倾听声音，并对不同声音做出不同的反应，而不是立即寻找声音的来源。这说明婴儿期的听觉和视觉之间开始逐渐建立起协调关系。

2. 幼儿早期

(1) 体重。

幼儿早期是指1~3周岁阶段，这两年中幼儿的身体发育比第一年稍慢，2岁以后，体重增加更慢，也很不均匀。在正常的养育条件下，2~3岁儿童体重平均每月增加180克。至2周岁时体重大约在12.5千克，体重可达出生时的4倍。在儿童出生的第三年身体发育速度较前两年稍慢，年体重增加约2 000克，3岁时体重大约在14.5千克。

(2) 头围。

幼儿出生的第二年全年头围仅增长约 2 厘米，5 岁时约达 50 厘米。5.5 岁时约达 53～54 厘米，已与成人头围大致相似。

(3) 牙齿。

在正常发育情况下，幼儿在 10～17 个月时，萌出 4 颗第一乳磨牙。18～24 个月期间，萌出 4 颗尖牙。20～30 个月时，萌出 4 颗第二乳磨牙。2.5 岁时应该出 20 颗乳牙，儿童到 3 岁时乳牙已经出齐，咀嚼能力也有了明显的提高。乳牙共 20 颗，上下各 10 颗，从中线向外依次为中切牙、侧切牙、尖牙、第一乳磨牙和第二乳磨牙。出牙的早晚及牙生长的速度是体格发育的指标，而出牙的顺序比出牙的早晚更为重要。

(4) 运动能力。

儿童 2 周岁时开始出现了积极活动的情况，每天能够积极活动 4～5 个小时。在 2～3 岁期间，儿童的下肢生长较快，身体比例和体形比较匀称。骨骼的骨化过程仍在继续，儿童的运动能力和身体的耐力进一步提高，可以连续从事一项活动达几十分钟，幼儿早期，脑实质的增长变慢，但脑的机能分化增强。

3. 幼儿期

幼儿期是指 3～6 岁的幼儿园教育阶段，也称学龄前期。这时期幼儿体格发育较慢，各项生理指标发育比较平衡。在这个阶段的身体发育过程中，儿童的脂肪会进一步下降，肌肉组织进一步增强和发展，但此时的肌肉仍然显得瘦弱无力，以后肌肉会不断生长和增强，儿童的体格会逐渐健壮起来。

幼儿期的体格具有较成熟的外观，上下肢比较苗条，上身狭窄成锥形。幼儿期身高的增加超过了体重的增长，体重增加逐渐从第 3 年的 2 300 克减慢到第 5 年的 2 000 克，身高的增长逐渐从第 3 年的 8.9 厘米减慢到第 5 年的 6.4 厘米。幼儿期的颅骨长度有所增加，下巴更加突出，上颌加宽，为恒齿的生长提供了空间。面部的发育使幼儿期的面部更加成熟，面貌特征更加明显。

二、学前儿童身体发育的特点和规律

（一）学前儿童身体发育的特点

学前儿童身体发育具体有以下三个特点。

1. 身长中心点随着年龄的增长下移

婴幼儿身长的增长主要是下肢长骨的增长。刚出生时，婴儿的身体比例不协调，下肢很短。小儿身长的中点位于脐以上。随着年龄的增长，下肢增长的速度加快，身长的中点逐渐下移，1 岁时身长中点移至脐；6 岁时移至下腹部；青春期身长的中点近于耻骨联合的上缘。两上肢左右平伸时两中指间的距离叫指距，主要代表两上肢长骨的增长。出生时指距约 48 厘米。上肢长骨增长的情形与身长相似，在一生中指距总比身长略短，见图 9-1。

2. 体围发育的顺序是由上而下，由中心而末梢

体围是指绕身体某个部位周围线的长度。通常由头围、胸围、腰围、臀围等指标组成。但对婴幼儿的体围测量一般只测量其头围、胸围、腰围等。婴幼儿身体发育的顺序是由上而下，由中心而末梢。头部最先发育、然后是躯干、上肢，最后才是下肢。2 个月时的胎儿头

第九章 学前儿童的身心发展

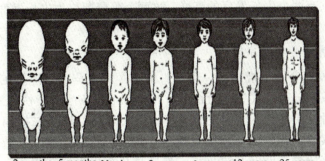

图 9-1 身长中心总变化

长相当于身长的 1/2，婴儿出生时头长约为身长的 1/4、而到成人时头长仅为身长的 1/8，这说明头的发育最早。头脑是人整个身体的"司令部"，它的成熟程度直接影响和制约着整个身体的生长发育。婴幼儿手的发育较早，在其会走路以前几乎已经掌握了手的各种功能。如在婴儿刚刚学会爬的时候，主要是靠手的力量向前爬行，而此时腿部还不会与手的力量相互协调。婴儿下肢的发育较晚，主要是在会直立行走后，才开始逐渐发育的。婴幼儿四肢的发育，无论是骨骼、肌肉、血管和神经，都是按先中心后末梢的顺序进行的。

3. 婴幼儿各器官系统的发育不平衡，有先后快慢的差别

婴幼儿各器官系统的发育呈现不平衡的特点，其神经系统最先发育成熟；而生殖系统到儿童期末才加快发育，当其生殖系统发育成熟也就是性成熟的时候，就会让人感觉到孩子一下子长大并进入青春期了。儿童肌肉的发育有两个高峰，一个是在 5、6 岁以后，另一个是性成熟期以后。肺的发育要在青春期才完全成熟。婴儿出生后的几个月内，心脏大小基本维持原状；2~3 岁时，它的重量迅速增加到出生时的 3 倍，以后生长速度减慢，到青春期又激增到出生时的 10 倍。

（二）学前儿童身体发育的规律

身体发育规律就是大多数正常人在身体生长发育过程中所表现出的规律。幼儿身体发育的规律主要有以下五点。

1. 幼儿身体发展是连续性和阶段性的统一

幼儿发育从幼稚到成熟不是间歇式、跳跃式的过程，而是个连续的过程。在这个连续的过程中，又分为若干阶段，这些阶段之间相互联系，前一个阶段是后一个阶段发育的基础，后一个阶段是前一个阶段发育的延续，如果前面阶段出了问题，就会影响后面阶段的发育。例如，婴儿动作的发育是一个连续的过程，又可分为不同的阶段，民间总结为"二抬四翻六会坐，七滚八爬周会走"。也就是说，婴儿两个月会抬头，四个月会翻身，六个月会坐，七个月会滚，八个月会爬，一周岁会走。抬头、翻身、坐、滚、爬、走这些动作是婴儿动作发育连续过程所分的几个阶段，如果没有让婴儿在爬的阶段得到锻炼，婴儿就较难掌握走路的方法，走路时容易摔倒。

2. 幼儿身体发育的速度是波浪式的

幼儿身体发育的速度不是匀速的，也不是加速的，而是有快有慢，呈波浪式的。在人的

生长发育过程中，共有两个生长发育的高峰。这两个高峰期称为生长发育的突增期。第一个突增期在2岁以前，第二个突增期在青春期。

3. 幼儿身体发育是具有程序性的

0~6岁幼儿的发育有两个规律，一个是头尾律，一个是正侧律。在胎儿时期，头颅最先发育。出生时，头围已达成人头围的65%。出生以后，头颅继续快速发育，然后是躯干，最后才是四肢。这种从头部到下肢的发育规律称为头尾律。从"二抬四翻六会坐，七滚八爬周会走"的动作发育程序来看，也能发现这一规律。所谓正侧律是指从人体中部到人体边缘的发展：婴儿开始拿东西时是满把抓，然后是几个指头拿东西，后来可以用两个指头拿，最后能用指尖拿东西，这就是发育的正侧律。从出生到发育成熟，人体各部的增长具有这样的规律：头颅增长一倍，躯干增长两倍，上肢增长三倍，下肢增长四倍。经过这样的增长，新生儿从一个巨大的头颅、较长的躯干、短小的四肢的不均衡体型发育成为一个较小的头颅、较短的躯干、较长的四肢、体型较为均衡的成人。

4. 各系统的发育是不均衡的但又是统一协调的

（1）神经系统的发育。由于是全身各系统发育的基础，神经系统的发育在胎儿时期和出生后一直是领先的。

（2）淋巴系统的发育。由于儿童时期机体对疾病的抵抗力较弱，免疫细胞的功能较差，淋巴系统通过自己的迅速发育以提供更多的淋巴细胞，弥补免疫细胞功能的不足，保护机体。随着身体器官的成熟和免疫系统功能的加强，淋巴系统在10岁以后又逐渐退缩到较低水平。因此，淋巴系统的发育趋势是最初几年发育较快，后又逐渐萎缩至成人水平。

（3）一般系统的发育。包括身体外形以及内脏各系统（呼吸系统、消化系统、泌尿系统、肌肉等）的发育，存在两个发育的高峰期，身高和体重的变化趋势就是这些系统的发育趋势。

（4）生殖系统的发育。由于身体其他系统的发育尚未成熟，生殖系统的发育没有意义。所以，在幼儿时期，这一系统基本没有发育。

可见，各系统的发育是不均衡的，但这种不均衡恰恰是机体整体协调发展的需要。

5. 生长发育是有个体差异的

尽管每一个儿童在发育过程中都存在上述的发育规律，但由于遗传和环境的不同，每个人在发育的过程中或发育结束时，都存在着胖瘦、高矮、智愚、强弱等方面的差异；没有任何两个人的发育是完全一样的。

三、学前儿童动作发展的特点和规律

（一）学前儿童动作发展的特点

儿童在出生后便有无条件反射（本能）的某些动作，其最初的动作是不随意的，以后再逐步发展为有目的的随意动作。动作大体上分为全身性的大运动和手的精细动作。

1. 大运动

（1）抬头。新生儿在俯卧时头能稍稍抬离床面，2~3个月能举头与床面呈45度，3~4个月能与床面呈90度，4~5个月可俯卧抬头，双手撑持，两眼向前直视。在新生儿仰卧时，拉其双手要其坐起来时，其头滞后，3个月才能挺起头来。

（2）坐。坐的发展要靠腰肌功能的发育。1个月的新生儿腰肌无力，扶坐时颈至腰部呈半圆形弯曲状，3~4个月呈弧形，5个月依靠垫子可直腰，但不能持久坐，6个月可用手臂支撑着坐，7个月可独立坐稳并可在坐时进行如转身、双手玩玩具、举手接物或拍手等活动。

（3）爬。新生儿俯卧位时可出现反射性匍匐动作，至1个月时，新生儿在前庭翻正反射和上肢支撑反射条件下即可出现全身贴在床面的匍匐动作。4~5个月时可用肘部支撑起上身，保持数分钟。7~9个月时能够用手支撑起腹部与膝部共同努力在原地打转转，有时甚至后退，这可能是因上肢发育快于下肢，故出现往后退的现象。约1周岁时，新生儿可以用手和膝支撑着身体很好地爬行，到18个月能爬台阶及小梯子。

（4）站立和行走。新生儿有踏步反射，5~8个月时能扶着站立片刻；10~13个月，即可扶着小床栏独站或巡走；13~15个月可以独立行走；17~19个月能往后退走几步；到了2岁，可以向前跑；4.5~5岁在快跑时手臂已能配合摆动。

（5）跳。儿童在18个月时能上台阶，表示身体重心可移至一只脚；2岁可并足跳下台阶，并足原地跳或往前跳一步；3.5~4.5岁能独脚跳1~3步；5岁可独立10秒钟；6岁能蹦跳及奔跑。至此，大运动已与青少年相差无几。

2. 手的精细动作

（1）捏弄。新生儿3个月后便可出现有意识的握物；4个月开始把物品送往口中；5~8个月可用手掌大把抓物；8个月可用拇指和其他3指捏起小物件；9个月可用拇指和食指对捏，拿起小丸；15个月左右可用勺子取食；18个月可搭2.5立方厘米的积木2~3块，可用杯子喝水；2岁搭5~6块积木；2岁半会自己脱短袜；3岁能搭8块积木；3岁半会解扣、披衣、穿鞋，用2块积木搭桥；4岁半开始会自己穿脱简单衣物。

（2）涂抹、画线。1~2岁的婴幼儿只会胡乱画圈，即涂鸦；2岁能涂出线条和无规则的交叉线等；3岁半左右，儿童能够画出似圆不圆的"太阳"；4岁会画出交叉成线的十字；5岁可画方形和有点像样的房子等；6岁可画三角形。

儿童动作的发展在3岁以前已基本完成，以后只是向更准确、更有组织、更匀称协调的方向发展。

(二) 幼儿动作发展的规律

儿童身体的动作和手的动作发展是有客观规律的，每个儿童动作发展的顺序大致相同，时间也大致相近。其规律如下：

1. 从整体动作到局部的、准确的、专门化的动作

儿童最初的动作是全身性的、笼统的、弥散性的。比如，满月前儿童受到痛刺激后，边哭喊边全身乱动，以后，儿童的动作逐渐分化，向着局部化、准确化和专门化的方向发展。

2. 从上部动作到下部动作

儿童最先学会抬头，然后俯撑、翻身、坐和爬，最后学会站和走。这种发展趋势可称为"首尾规律"。

3. 从中央部分的动作到边缘部分的动作

儿童最早出现的是头的动作和躯干的动作。然后是双臂和有规律的动作，最后才是手的

精细动作。这种发展趋势可称为"近远规律",即靠近头部和躯体的部分先发展,然后是远离身体中心部位动作的发展。

4. 从大肌肉动作到小肌肉动作

从四肢动作看,先是学会臂和腿的动作,即活动幅度较大的所谓"粗动作",以后才逐渐学会手和脚的动作,特别是手指的"精细动作"。这种发展趋势可以称为"大小规律"。

5. 从无意动作到有意动作

儿童动作发展的方向是越来越多地受心理、意识支配,动作发展的规律也服从于儿童心理发展的规律——从无意向有意发展的趋势。

第三节 学前儿童身心发展中易出现的问题

一、幼儿身体发展中的常见问题

(一)发育迟缓

发育迟缓是指在生长发育过程中出现速度放慢或顺序异常等现象,发病率在 6%~8% 之间。在正常内外环境下儿童能够正常发育,一切不利于幼儿生长发育的因素均可不同程度地影响其发育,从而造成儿童生长发育的迟缓。

1. 病因

影响儿童生长发育速度、导致发育迟缓的因素有很多。
(1)不良饮食习惯或饮食不均衡导致的营养不足。
(2)全身疾病引起的矮小。
(3)家族性矮小和体质性生长发育迟缓。
(4)精神因素。
(5)先天性遗传、代谢性疾病。
(6)甲亢、垂体性侏儒,先天性卵巢发育不全,小于胎龄儿,特发性矮小等。

2. 症状

(1)体格发育落后。如果身高、体重、头围的测量值全部都偏低,就表明孩子的发育出现了全面的迟缓,应该向小儿科医师进行详细咨询,以确认是否需要做进一步的检查。如果只是某一项指标出现偏低那就表示孩子可能出现了部分的发育迟缓,可进一步检查脑神经或内分泌等项目以了解孩子的生理发展是否受到了影响。
(2)运动发育落后。如大运动和精细运动技能发育迟缓,像蹦跳和搭积木等。
(3)语言发育落后。语言交流技能发育迟缓,包括与理解力相关的"接受能力"和与说话相关的"表达能力"。
(4)智力发育落后。如自理技能发育迟缓,像如厕训练和穿衣服等。
(5)心理发展落后。社交技能学习掌握迟缓,如眼神交流以及与其他人一起玩耍等。
儿童多有体格发育、运动发育及智力发育落后等症状,但也可以某一方面突出。

3. 预防

(1)合理营养,全面均衡饮食,培养良好的饮食习惯,促进食欲。

（2）若因全身疾病引起矮小，则应积极治疗原发疾病。

（3）因家族性矮小和体质性生长发育迟缓的，可通过各种调养，充分发挥生长潜力，可酌情使用生长激素。

（4）改善生活环境，使儿童得到精神上的安慰和生活上的照顾。

（5）对于先天性遗传、代谢性疾病，应根据情况进行特殊治疗。

（二）肥胖症

儿童体内的脂肪积聚过多，体重超过按身高计算的平均标准体重20%，或者超过按年龄计算的平均标准体重加上两个标准差以上，即为肥胖症。超过标准体重20%～30%者为轻度肥胖症，超过30%～50%者为重度肥胖症，超过50%者为高度肥胖症。

1. 病因

（1）进食过多，营养过剩。

人工喂养的婴儿，容易喂哺过量，胖娃娃远比母乳喂养的多见。喂牛奶要加糖往往糖加得多，引起婴儿口渴而啼哭，若误把渴当饥，又喂牛奶，可致多食。已进入幼儿园的孩子，一早一晚常在家里加餐。节假日则点心、巧克力、花生米等零食不断，每日摄入热量超过他们的消耗量。

（2）运动过少。

大多数小胖子平时不爱运动，运动过少就更胖，形成恶性循环。饮食与运动不能达到热量的收、支平衡。

（3）遗传。

父母有一方肥胖的，子女肥胖的可能性有32%～34%；父母双方均肥胖的子女肥胖的发生率上升为50%～60%；另外，72%的胖孩子，父母中至少有一人也有肥胖。而且目前已经找到多种与肥胖有关的遗传的基因。

（4）心理因素。

受到精神创伤或心理异常的幼儿可有异常的食欲，导致肥胖症，对于幼儿的肥胖应该从多方面找原因，有针对性地进行治疗。

进食过多、运动过少和遗传是导致肥胖的三大关键因素，其中，进食过多和运动过少是主要诱因。

2. 症状

（1）食欲旺盛，食量超常，偏食。

（2）懒动，喜卧，爱睡。

（3）体格发育较正常小儿迅速。体重明显超过同龄同身高者。脂肪成全身性分布，以腹部为主。

3. 危害

肥胖易导致扁平足，肥胖的小儿易感疲乏，易患高血脂。小儿肥胖还会造成高脂血症，成为动脉硬化的发病基础。

体型肥胖除了给儿童带来身体上的危害外，还有可能给儿童带来种种心理问题，如因肥胖遭到他人的取笑、因肥胖四肢活动不灵活等，易使儿童产生孤独、自卑等消极情绪。

4. 预防

(1) 避免婴儿哺乳量过多。

婴儿从出生到1岁，体内脂肪的增长很快。在这期间哺乳量过多，或辅食中谷类过量，都可能使婴儿体内的脂肪细胞数目猛增，成为胖娃娃。正确判断婴儿的饥饱，避免过食。哺乳量与辅食量足，婴儿能安静入睡。夏天，婴儿可因口渴而啼哭，不要把渴当成饥饿，应在两次喂食物之间喂些水。监测体重；定期测体重，若超重，应及时采取措施。

(2) 避免幼儿陷入多食、少动的怪圈。

幼儿不光要吃好、睡好还要有一定的活动量。吃好睡足不能代替运动，特别是胖娃娃，要让他们在跑、跳、蹦、攀、爬、钻、掷等活动中找到乐趣，使他们喜欢运动，使热量的收支平衡。

（三）佝偻病

佝偻病是3岁以下幼儿的常见疾病，因缺乏维生素D，使得体内的钙、磷不能被正常吸收和利用，致使骨骼生长发育不良，严重者会导致骨骼畸形。因此，佝偻病又称维生素D缺乏性佝偻病。

1. 病因

(1) 胎儿期储存不足。胎儿通过胎盘从母体获得维生素D储存于体内，满足出生后一段时间的需要，母孕期维生素D缺乏的早产婴儿或双胞胎婴儿出生后早期体内维生素D不足。

(2) 接触日光不足。人体所需维生素D除一小部分来自食物外，主要由皮肤接受紫外线照射后产生。而婴幼儿室外活动少，维生素D生成不足。

(3) 摄入不足。天然食物维生素D含量少，如乳类、禽蛋黄、肉类等含量较少；谷类、蔬菜、水果几乎不含维生素D。

(4) 疾病的影响。慢性腹泻等胃肠道疾病还导致肠道对钙、磷的吸收减少；胆道疾病、脂肪代谢障碍，这些都会影响机体对维生素D的摄取。

2. 症状

(1) 多汗。缺钙引起的多汗是特指的，不是所有的多汗都是缺钙，夜间睡觉特别是睡熟以后多汗，就是典型的缺钙。白天吃奶时或活动时出汗多是正常的，不是缺钙。

(2) 夜惊。晚上睡觉突然惊醒、哭闹，甚至尖叫。

(3) 烦躁。患佝偻病的幼儿易激怒、烦躁，对周围环境缺乏兴趣。

(4) 枕秃。枕秃是宝宝的后脑勺有一圈光秃秃的"不毛之地"。

(5) 各种骨骼的改变。宝宝存在不同的骨骼变形，如肋骨外翻、肋骨下缘翘起等。其他的骨骼变形有鸡胸、漏斗胸、X型腿、O型腿、串珠肋、"手镯"和"脚镯"，这些是比较严重的佝偻病才会出现的症状。

3. 预防

佝偻病使小儿抵抗力降低，容易引发肺炎及腹泻等疾病，影响小儿生长发育。因此，必须积极防治。预防佝偻病要从胎儿期就开始，1岁以内的婴儿是预防的重点对象。

(1) 健康教育采取积极综合措施，宣传维生素D缺乏的正确防治知识。

(2) 围产期孕母应多做户外活动，食用富含钙、磷、维生素 D 以及其他营养素的食物。妊娠后期适量补充维生素 D，有益于胎儿储存充足的维生素 D，以满足胎儿出生后一段时间内生长发育的需要。

(3) 婴幼儿期预防的关键在于日光浴与适量维生素 D 的补充。出生 2～3 周后即可让婴儿坚持户外活动，冬季也要注意保证每日 1～2 小时的户外活动时间。研究显示，每周户外活动 2 小时，仅暴露面部和手部也可维持婴儿维生素 D 浓度在正常范围内。

（四）营养性贫血

营养性贫血是指因机体生血所必需的营养物质，如铁、叶酸、维生素 D 等物质相对或绝对地减少，使血红蛋白的形成或红细胞的生成不足，以致造血功能低下的一种疾病。多发于 6 个月至 2 岁的婴幼儿、妊娠期或哺乳期妇女以及胃肠道等疾病所致营养物质吸收较差的患者。

1. 病因

营养性贫血是因缺乏造血所必需的铁、维生素 B12、叶酸等营养物质所致。

缺铁性贫血是在较长时间内，储存铁逐渐耗尽，血清蛋白和血清铁下降而形成的。在儿童快熟生长过程中，铁的需要量增加而饮食中缺少，摄入不足，或铁的吸收不良，或失血，尤其是慢性失血，都可引起缺铁性贫血。

巨幼红细胞性贫血主要是由缺乏维生素 B12 和叶酸所引起的，维生素 B12 和叶酸缺乏的原因主要有两个：一是维生素 B12、叶酸量摄入不足，胎儿及婴儿期生长发育迅速，维生素 B12 及叶酸消耗量增加，若维生素 B12 及叶酸先天储存不足、后天摄入不足或出现吸收和利用障碍，影响维生素 B12 与叶酸的代谢或利用；二是其他疾病的影响，胃肠道疾患、急性感染病等均会影响机体对维生素 B12 和叶酸的吸收和利用。

2. 症状

(1) 面色蜡黄，疲乏无力。
(2) 注意力不集中，易激动，烦躁不安或萎靡不振。
(3) 可有呼吸暂停现象，俗称"背过气"，常在大哭时发生。
(4) 精神神经症状，如表情呆滞、嗜睡、对外界反应迟钝等。
(5) 智力发育和动作发育落后甚至倒退，如原来已会坐、会爬、会笑等，病后又不会了。

3. 预防

虽然营养性贫血对婴幼儿的危害很大，但完全可以预防，关键是建立科学的喂养观。

(1) 需要特别注意婴幼儿的饮食搭配要合理，按时添加辅食，避免长时间单纯母乳喂养。
(2) 要注意含铁食物如动物血、肝脏、各种瘦肉等的添加，注意富含维生素 B12 和叶酸的食物以及富含维生素 C 食物的添加，如新鲜蔬菜和水果。
(3) 小儿还应多食豆类、菌类、粗粮以及海带、紫菜等食品。
(4) 及时治疗各种感染性疾病。

（五）弱视

弱视是眼部无明显器质性病变，视力经矫正低于 0.9。它是儿童发育过程中常见的视觉发育障碍性疾病,发病率为2%~4%。儿童时期发生的这些眼病对儿童视力发育危害极大,许多眼部疾病如果不能在儿童时期治愈,将造成眼睛的终身残疾。

1. 表现

弱视本质是双眼视觉发育紊乱,可分为斜视屈光参差、高度屈光不正、视觉剥夺等弱势类型。

(1) 弱视眼患者立体视觉模糊,不能准确地判断物体的方位和远近。

(2) 无法形成立体觉。由于大脑只能得到单侧健康眼输入的视觉信号,大脑无法形成立体的像,将导致患者没有立体觉想象能力。

(3) 弱视儿童常有自卑和自闭心理。因弱视还可引起斜视,如豆豆眼就是内斜视,影响美观和身心健康。

2. 影响因素

(1) 斜视性弱视。小儿弱视一般与斜视有关,两者相互影响。患有斜视的小儿为了克服斜视引起的视觉紊乱及浮现,视中枢主动抑制斜视眼的视觉,久而久之形成弱视。

(2) 视觉剥夺性弱视。由于某种原因长时间遮盖过某只眼睛,该眼因缺少光刺激而致视觉发育停顿形成弱视。

(3) 较高度远视、近视和散光,或者双眼屈光度相差比较明显。

(4) 先天性白内障、重度眼睑下垂以及先天的视中枢及视神经发育不良等。

3. 预防

(1) 小儿入园后,至少每年普查一次视力,发现视力不正常,应及时通知家长到医院请眼科医生检查治疗。

(2) 注意及时纠正小儿的不良坐姿,如发现经常用歪头偏脑的姿势视物,或有斜视,应及时去医院检查诊治。

(六) 龋齿

龋齿是残留在牙齿上的食物,在口腔细菌的作用下产生酸,使牙釉质脱钙,形成龋洞。

1. 病因

(1) 口腔中细菌的破坏作用。

(2) 牙齿牙缝中的食物残渣。

(3) 牙齿结构上的缺陷,如牙釉质发育不良、牙齿排列不等。

2. 危害

牙齿的正常结构受到破坏,对幼儿来说,不仅使牙齿的咀嚼功能无法正常发挥,影响牙周围组织,引起身体其他部位的疾病,还会造成恒牙萌出异常。

(七) 肺炎

1. 病因

肺炎可由病毒或细菌引起,多发生于冬春寒冷季节及气候骤变时,通风不畅、营养不良、佝偻病患儿均易发生肺炎。

2. 症状

一般有发热、咳嗽、气喘等症状。重者可面色发灰、鼻翼翕动、呼吸困难、精神差。

3. 护理

（1）室内空气要新鲜，温湿度适宜。
（2）选择营养丰富、易于消化的流质、半流质食物。

4. 预防

（1）同上呼吸道感染。
（2）对上呼吸道感染患儿，要防止因病情向下蔓延而导致的继发性肺炎。

二、幼儿心理发展中的常见问题

（一）自闭症倾向

1. 病因

专家认为，这与先天生物学因素及后天环境因素均有关，生物学因素主要指孕期和围产期对胎儿造成的脑损伤，如孕母病毒感染、先兆流产、宫内窒息、产伤，等等。

环境因素主要是由于成人忙于工作，孩子生活环境中缺乏丰富的和适当的刺激，父母没有经常与孩子交流，也未及时教给其社会行为，使长期处于单调环境中的儿童易于用重复动作或其他的方式进行自我刺激，而对外界环境不发生兴趣。

2. 症状

（1）言语发育障碍。自闭症儿童往往开始讲话比别人晚，经常沉默不语。不主动与人交谈，不会使用手势、面部表情等肢体语言来表达自己的需要和喜怒哀乐。

（2）社会交往障碍。自闭症儿童表现出逃避与别人对视、缺乏面部表情及肢体语言、对人态度冷漠、对别人呼唤不理不睬、害怕时也不会主动寻求保护等。

（3）行为异常，兴趣奇特。自闭症儿童常以奇异、刻板的方式对待某些事物，如着迷于旋转锅盖、单调地摆放积木，有的甚至出现自我伤害，如反复挖鼻孔、扣嘴、咬唇、吸吮等动作，对一般儿童喜欢的玩具、游戏、衣物不感兴趣，往往对一般儿童不喜欢的玩具或物品非常感兴趣。

3. 预防与矫治

对于自闭症的治疗，至今还没有发现十分有疗效的方法，但是，及早发现和及时治疗还是有明显效果的，常见治疗除了药物外，主要是耐心的心理治疗，通过家庭、幼儿园和社会的共同努力，幼儿能在不同程度上恢复正常的行为能力。

（1）多关心孩子的情感需要。有的家长误认为孩子只是被动地接受成人给予的一切刺激，实际上，即使是新生儿也会对母亲和周围人的情感和态度主动做出反应。家长应该满足婴幼儿丰富的情感刺激需要，与幼儿建立良好的依恋关系。

（2）刺激和发展儿童的智力和心理活动。首先，以家庭为基础，要训练和教育家长，特别是母亲，要给孩子以丰富的情感，经常吸引他对外界刺激的注意和兴趣，安排一些能促进儿童言语和动作发展的机会和条件。其次，托儿所和幼儿园应积极创造各种条件和机会去激发儿童的智力发展，教师要多与儿童接触谈话，组织各种活动，如游戏、讲故事、表演歌舞、逛公园和动物园等，激发孩子对周围自然世界的兴趣。

（二）口吃

口吃为常见的语言节奏障碍，它并非生理上的缺陷或发音器官的疾病，而是与心理状态有着密切关系的语言障碍。

1. 病因

（1）精神创伤或心理紧张。
（2）模仿。
（3）成人的教育方式不当。

2. 症状

（1）发音障碍。常在某个字音、单词上表现停顿、重复、拖音等现象，说话不流畅。
（2）肌肉紧张。说话时唇舌不能随意活动。
（3）伴随动作。常有摇头、跺脚、挤眼等动作。
（4）常伴有其他心理异常，如易兴奋、易激怒、胆小、睡眠障碍等。

3. 矫治

（1）正确对待小儿说话时不流畅的现象。幼儿说话时发生"口吃"，周围的人应采取无所谓的态度，不加批评，不必提醒"你结巴了"，不使幼儿因说话不流畅而感到紧张和不安。
（2）消除环境中可致幼儿精神过度紧张、不安的各种因素。
家庭和睦、教育方法合理、生活有规律都可使幼儿的"口吃"成为一时的现象。
（3）成人用平静、柔和的语气和幼儿说话，使他也效仿这种从容的语调，放慢速度，使说话时呼吸正常。对年龄较大的儿童可教他慢慢地、有节奏地说话、朗读。

（三）多动症

儿童多动症又称"轻微脑功能失调"或"注意缺陷障碍"，是一种以注意障碍为最突出表现、以多动为主要特征的儿童行为问题。

1. 病因

造成多动症的原因很多，幼儿先天体质缺陷、铅中毒、食物过敏、放射作用、轻度身体器官异常，还有心理的紧张刺激、感觉综合失调等诸多因素都可能导致儿童多动症。

2. 病症

（1）活动过多是多动症的主要特征。学龄前期表现为多动、好哭闹、不安静，随着年龄增长，活动量增多，干事情不能专心。患有多动症的儿童与一般儿童的好动不同，他们的活动是杂乱的、无组织和无目的的。
（2）注意力不集中是多动症儿童突出的、持久性的临床特征。多动症儿童在玩玩具时常常是一分钟热度，从来没有耐心将一个活动做完。他们不能专注于一件事，容易从一个活动转向另一个活动。
（3）多动症儿童的另一个特征是冲动性行为。他们的行为先于思维，不经过思考就行动，如乱翻东西、突然哭闹、离座奔跑、抢别人东西或攻击别人等。
（4）多动症儿童的其他不良行为表现有好打架、不顺从、恃强欺弱、好发脾气、纪律性差等。他们情绪不稳，爱惹是生非，所以，老师和家长都对他们感到棘手。

(5) 学习困难也是多动症儿童的表现之一，虽然他们没有智力问题，但是他们的智力发展不平衡，有时这方面能力强，另一方面的能力却很差。因此，他们常常需要特殊辅导。

3. 预防和矫治

(1) 药物治疗。包括兴奋剂药物，如右旋苯异丙胺和利他林；镇静剂药物，如氯丙嗪和硫利达嗪；还有维生素。药物治疗要严格遵守医生的指导进行。

(2) 饮食治疗。近年来有研究发现，限制西红柿、苹果、橘子、人工调味品等含甲醛、水杨酸类食品的摄入，对儿童多动症的治疗有明显效果。

(3) 对多动症儿童还要注重心理治疗，消除各种紧张因素，严格作息制度，增加文体活动；同时可进行行为疗法，对患儿进行特殊训练，重点在于培养和发展患儿的自制力、注意力，如视觉注意力训练、听觉注意力训练、动作注意力训练等活动。

(四) 攻击性行为

1. 病因

(1) 一些心理专家认为，儿童的攻击性行为是通过观察别人的攻击行为模式而学习来的，并由于这类行为所造成的环境后果而得以维持，就是说"模仿"和"强化"是儿童攻击性行为发生、发展和维持的重要机制。

(2) 还有一些心理学家认为，攻击性行为是儿童对于挫折的反应，常常是由于儿童想要达到的行为目标受阻而引起的，是宣泄紧张、不满情绪的消极方式。

2. 症状

这类行为在儿童身上并不少见。当儿童遭受挫折时，显得焦躁不安，采取打人、咬人、抓人、踢人、冲撞别人、抢夺别人的东西、掷东西以及其他类似的方式，引起别人与其争斗。

3. 预防和矫治

(1) 成人要以身作则，讲究文明用语，不要随便口吐脏话和动手打人，更不能将自己的气往孩子身上撒。

(2) 对孩子的攻击行为不能反应过度，尤其不可采用武力的方式对儿童进行教育。不能在儿童情绪激动时强迫他接受教育，以暴制暴，而应转移他的注意力，当他情绪平静下来时，耐心加以引导。

(3) 多给儿童成功的机会，减少挫折感。

(4) 适当地采取惩罚方法。

(5) 对儿童自控能力的提高，要及时给予表扬和鼓励。

练一练

一、选择题

1. 婴儿手眼协调的标志性动作是（　　）。
   A. 无意触摸到东西　　　　　　B. 伸手拿到看见的东西
   C. 握住手里的东西　　　　　　D. 玩弄手指
2. 婴儿喜欢将东西扔在地上，成人拾起来给他后，他又扔在地上，如此重复，乐此不疲,这一现象说明婴儿喜欢（　　）。
　　A. 手的动作　　　　　　　　B. 重复连锁动作
　　C. 抓握动作　　　　　　　　D. 玩东西
3. 婴儿手眼协调动作发生的时间是（　　）。
　　A. 2~3个月　　B. 4~5个月　　C. 7~8月　　D. 9~10个月
4. 人出生头2~3年心理发展成就的集中表现是（　　）。
　　A. 手眼协调动作　　　　　　B. 独立性的出现
　　C. 坚持性的出现　　　　　　D. 分离焦虑的出现
5. 下列属于4~5岁幼儿特征的是（　　）。
　　A. 模仿　　　　　　　　　　B. 个性初具雏形
　　C. 情绪作用大　　　　　　　D. 开始接受任务
6. 儿童动作的发展是从上部运动发展到下部运动,这表明动作的发展规律是（　　）。
　　A. 首尾规律　　B. 大小规律　　C. 近远规律　　D. 小大规律
7. 学前儿童先会走、跑,后会灵活地使用剪刀,这说明儿童动作发展具有（　　）。
　　A. 整体局部规律　　B. 首尾规律　　C. 大小规律　　D. 近远规律
8. 儿童的发展从身体的中部开始,越接近躯干的部位,动作发展越早,而远离身体躯干的肢端动作发展较迟,这是儿童动作发展中的（　　）。
　　A. 从上至下的规律　　　　　B. 由近而远的规律
　　C. 由粗到细的规律　　　　　D. 由头至尾的规律
9. 幼儿患佝偻病主要是缺乏（　　）。
　　A. 维生素B1　　B. 维生素C　　C. 维生素D　　D. 维生素E
10. 矫正幼儿口吃的重要原则性方法是（　　）。
　　A. 密切关注　　　　　　　　B. 严格要求其改正
　　C. 让幼儿多说话　　　　　　D. 解除紧张
11. 鹏鹏是个胖嘟嘟的小孩,他妈妈总怕他在幼儿园吃不饱。老师在与鹏鹏妈妈交流时,要特别提到如下几项内容,除了（　　）。
　　A. 食物烹调以清蒸、水煮为主　　B. 孩子不吃饭的时候,强迫喂饭
　　C. 孩子主体锻炼时,要给予鼓励　　D. 经常督促孩子运动

二、简答题

1. 1~3岁儿童心理发展有哪些主要特征?
2. 3~4岁儿童心理发展有哪些主要特征?
3. 简述学前儿童身体发育的规律。

三、论述题

论述儿童动作发展的规律。

第十章

学前儿童发展理论

【学习目标】

1. 熟练掌握皮亚杰的认知发展阶段理论。
2. 理解维果茨基的心理发展理论的主要思想内容。
3. 熟练掌握柯尔伯格的道德认知发展阶段理论的主要内容。
4. 熟练掌握弗洛伊德和埃里克森的人格发展阶段理论的思想内容。
5. 理解行为主义学派主要代表人物的心理发展理论思想。

案例引入

雷鑫宇是班上一个比较调皮的小男孩,特别是做操时总是乱跑,爱跟其他的男孩子开玩笑。刚开始我总是很生气地批评他,把他叫回原来的位置,但没过一分钟他就又跑了。有一次他又是这样,当我正要批评他时突然灵机一动:孩子都是喜欢老师表扬的,我为什么不用奖励小星星的办法去鼓励他呢?于是我来到他身边,微笑地告诉他:"鑫宇,如果你能认真地做操,黄老师等下就奖励你一颗漂亮的小星星!"果然,他乖多了,不仅没乱跑,还做得很认真,当我奖给他小星星时他甭提多开心了!而且以后只要我说要表扬他,他都会表现得很好。

希望通过本章的学习,同学们能通过某位心理学家的发展理论知识解释案例中老师的行为和雷鑫宇小朋友的变化。

第一节 皮亚杰的认知发展理论

皮亚杰(Jean Piaget,1896—1980),瑞士心理学家,发生认识论创始人。他先是一位生物学家,获得自然博士学位,他在研究了生物学之后,又研究认识论,发现在认识论和生物学之间有一条可以连接起来的纽带,这就是心理学,于是他开始致力于构造智力心理学的研究。他最感兴趣的问题是儿童的认识是怎样一步一步发展起来的;儿童在思考问题时,心理究竟发生了哪些变化。在国际心理学界,是他首次全面系统地提出了儿童认知发展理论。皮亚杰一生共发表500多篇论文和60多部著作,主要有《结构主义》《儿童心理学》《发生认识论》等。

一、皮亚杰发生认识论的基本思想

对于认识的发生发展,皮亚杰既不赞同遗传决定论,也不认可认识只是环境塑造的观点,他有自己的看法。皮亚杰指出人类的思维是以"图式"进行组织的。所谓图式就是表征行为和动作的有组织的心理模式,是人类认识事物的基础。对于婴儿,图式代表具体的行为,如吮吸、伸手以及每一个单独的行为。对于年长儿童,图式变得更加复杂和抽象,如骑自行车或打游戏所涉及的一系列技巧。

皮亚杰认为儿童对世界理解的发展可以由两个基本原理进行解释:同化和顺应。同化是指将现有的心理模式运用到新情境中去。例如,小明最喜欢的玩具是塑料小锤,他经常拿小锤来敲木块。后来,他得到一个生日礼物,是一个玩具扳手。如果他用扳手来东西,就是把扳手同化到了已有的知识结构中。顺应是通过修正已有的观念以适应新的要求。例如,小孩子通常认为数多的纸币代表更多的钱,他可能愿意要两张1元的纸币,而不愿意要一张10元的纸币。当他开始花钱买东西的时候,就不得不调整多和少的概念,这样,新的观念产生了,以顺应新的要求。儿童在认识事物的时候,总是试图用原有的图式去同化它,如获得成功,认识上暂时获得平衡;如不成功,儿童便做出顺应,调整原有的图式或创立新的图式去同化新事物,直到达到认识上的平衡。所以,平衡是指同化作用和顺应作用两种机能的平衡。不过儿童认识上的每一次平衡都是暂时的,是另一较高水平平衡运动的开始。这样儿童不断地建构新知识,形成新的认知结构,从而不断适应环境。

皮亚杰指出,影响儿童认知发展的四个基本因素是成熟、经验、社会环境和起自我调节作用的平衡过程。

(一) 成熟

成熟指的是机体的成长,特别是神经系统和内分泌系统的成长。这一因素是儿童心理发展的必要条件。没有这个条件,儿童的心理不可能得到发展,但有了成熟这一条件,还不足以使儿童心理得到发展,还需要以下各因素。

(二) 经验

经验即个体对物体做出动作中的练习和习得经验。儿童通过与外界物质环境接触获得知识。皮亚杰指出有两类不同的经验:物理经验和数理逻辑经验。通过这两类经验,儿童分别建构两种知识:物理知识和数理逻辑知识。物理知识来自于儿童通过感官直接与物体接触时获取的直接经验,如在摆弄石子的过程中认识石子的颜色、重量、大小等。数理逻辑知识来自于儿童在和物体的相互作用过程中抽象出来的经验,如在摆弄石子的过程中认识到石子的数量与它的排列方式无关、与计数的先后次序无关等。皮亚杰认为,知识来源于动作,而非来源于物体。

(三) 社会环境

社会环境主要是指儿童的教育、学习、训练等社会作用和社会传递。其中,儿童自身的主动性是其获得社会经验的重要前提。皮亚杰指出,即使在主体似乎非常被动的社会传递如学校教学的情况下,如果缺少儿童主动的同化作用,这种社会化作用仍将无效。皮亚杰认为社会环境产生的作用,要比物质环境更大,因为社会环境向儿童提供了一个现成的交际工具——语言,语言对儿童心理的发展有重大影响。

(四)起自我调节作用的平衡过程

皮亚杰认为只有上述三个因素还不够,还必须有一个内部机制把它们整合起来,这就是通过同化、顺应达到适应的平衡过程。正是由于平衡过程,个体才有可能以一种有组织的方式,把接收到的信息联系起来,从而使认知得到发展。

二、皮亚杰的认知发展阶段理论

作为发生认识论的组成部分,人们耳熟能详的当属皮亚杰的认知发展阶段理论。皮亚杰认为,所有儿童的思维发展都要经过一系列明显的阶段。他根据自己多年的实验研究和系统的观察,归纳出不同年龄阶段的儿童认知发展的主要特征和变化规律,并将儿童的认知发展划分为四个主要的发展阶段,即感知运动阶段、前运算阶段、具体运算阶段和形式运算阶段。

(一)感知运动阶段(0~2岁)

这一阶段儿童最初只是天生的反射来适应环境,以后在外界影响下,逐渐有整合的动作反应,并开始协调感觉、知觉和动作之间的共同活动。这一阶段的主要成就是开始认识客体的永久性,末期出现因果性的最初观念。该阶段又被分为六个亚阶段,每个亚阶段的主要特征,如表10-1所示。

表10-1 各亚阶段特征表

亚阶段	年龄	特征	例子
亚阶段1 简单反射	出生至第1个月	决定婴儿与世界交互作用的各种反射是他们认知生活的中心	吮吸反射使婴儿吮吸放在嘴唇的任何东西
亚阶段2 最初的习惯和初级循环反应	第1个月至第4个月	婴儿开始将个别的行为协调成单一的、整合的活动	婴儿可能将抓握一个物体和吮吸这个物体结合起来,或者一边触摸,一边盯着看
亚阶段3 初次循环反应	第4个月至第8个月	在这期间,婴儿主要的进步在于,将他们的认知区域转移至身体以外的世界,并且开始对外面的世界产生作用	一个婴儿在婴儿床上反复拨弄拨浪鼓,并且以不同的方式摇晃拨浪鼓以观察声音如何变化。该婴儿表现出调整自己有关摇拨浪鼓的认知图式的能力
亚阶段4 次级循环反应的协调	第8个月至第12个月	婴儿开始采用更具计划性的方式引发事件,将几个图式协调起来生成单一的行为,他们在该阶段理解了客体永存	婴儿会推开一个已经放好的玩具,使自己能拿到另一个放在它下面,只露出一部分的玩具

(续表)

亚阶段	年龄	特征	例子
亚阶段5 三级循环反应	第12个月至第18个月	婴儿反展出皮亚杰所说的有目的的行为的改变，这样的行为将带来想要的结果。婴儿像是在执行微型实验来观察结果，而不仅仅是重复喜欢的活动	婴儿不停地改变扔玩具的地点，反复扔一个玩具，每次都会仔细观察玩具掉在哪里
亚阶段6 思维的开始	第18个月至2岁	主要成就在于心理表征能力或象征性思维能力的获得。皮亚杰认为只有在这个阶段，婴儿才能想象出他们看不到的物体可能在哪里	婴儿甚至能够在头脑中勾画出看不到的物体的运动轨迹，婴儿如果看一个球滚到某个家具下面，他们能够判断出球可能出现在另一边的什么地方

从表10-1中我们似乎可以得出，处在感觉运动阶段的婴儿只要到了某个特定年龄，就会自然地进入下一亚阶段，实际并非如此。进入某阶段的确切时间反映了婴儿身体的成熟水平和婴儿所处社会环境性质之间的交互作用。这一阶段后期，儿童的感觉运动智慧开始向表象过渡。

（二）前运算阶段（2~7岁）

在前运算阶段，儿童将感知动作内化为表象，建立了符号功能，可凭借心理符号（主要是表象）进行思维，从而使思维有了质的飞跃。例如，有两个装有同样多水的杯子，将其中一个当着幼儿的面倒入另外一个高而细的杯子里，幼儿会认为那个细高的杯子里的水多。但儿童的思维中直觉成分很大，很少使用推理和逻辑，具体特点如下。

1. 泛灵论

所谓泛灵论是指儿童相信，世界上凡是运动中的物体跟他自己一样，是有生命、有意识的，如风知道它自己的吹动、太阳知道它自己的转动等。前运算阶段的儿童无法区别有生命和无生命的事物，常把人的意识动机、意向推广到无生命的事物上。

2. 自我中心思维

不能考虑其他人观点的思维是自我中心思维。学前儿童不明白其他人有着和自己不同的视角。自我中心思维有两种形式：缺乏他人会从不同物理角度看待事物的意识，以及不能意识到他人或许持有和自己不同的想法、感受和观点。例如，皮亚杰在一次实验中，让儿童挑选自己和对面木偶所看到的图片。结果发现儿童可正确地选择自己所看到的图片，但是年龄较小的儿童不能正确选择对面的木偶所看到的图片。前运算阶段的儿童经常自言自语，也是他们自我中心思维的表现，因为他们意识不到别人会对自己的自言自语行为产生反应。

3. 不能理顺整体和部分的关系

通过要求儿童考察整体和部分关系的研究发现，儿童能把握整体，也能分辨两个不同的类别。但是，当要求他们同时考虑整体和整体的组成部分的关系时，儿童多半会给出错误的答案。如向幼儿展示 12 朵花，其中 6 朵玫瑰花，6 朵雏菊花。要幼儿指出这儿有几朵花，几朵玫瑰花，几朵雏菊花，幼儿都能做出正确回答。而当问幼儿"花多还是玫瑰花多"，幼儿却回答"一样多"。如向幼儿展示的花内玫瑰花较多，则他们回答"玫瑰花多"。这说明他们的思维受眼前的显著知觉特征的局限，而意识不到整体和部分的关系，皮亚杰称之为缺乏层级类概念（类包含关系）。

4. 思维的不可逆性

思维的可逆性有两种情况：一种是反演可逆性，认识到物体改变了形状或方位还可以改变回原状或原位，如把胶泥球变成香肠形状，幼儿会认为，香肠变大，大于球状了，却认识不到香肠再变回球状，两者就一般大了；另一种是互反可逆性，即两个运算互为逆运算，如 A = B，则反运算为 B = A；A > B，则反运算为 B < A。幼儿难以完成这种运算，他们尚缺乏对这种事物之间变化关系的可逆运算能力。从皮亚杰作为研究者和一个四岁男孩的谈话中，我们可以看到思维缺乏可逆性是什么样子：

研究者：你有兄弟吗吗？
男孩：有。
研究者：他叫什么名字？
男孩：吉姆。
研究者：吉姆有兄弟吗？
男孩：没有。

这个例子说明该男孩的思维具有不可逆性特点，知道自己有兄弟叫吉姆，而不知道自己也是吉姆的兄弟。

5. 缺乏守恒

守恒是指物体的量与物体的知觉特征如排列、外在形状等无关的知识。守恒的类型有数量守恒、长度守恒、体积守恒、质量守恒等。前运算阶段的儿童认识不到在事物的表面特征发生某些改变时，其本质特征并不发生变化。不能守恒是前运算阶段儿童的重要特征，他们通常被事物的表面现象所蒙蔽。皮亚杰设计了大量相关实验来考察儿童思维的守恒情况。数量守恒实验是给儿童呈现两排砝码或糖果，前后排列一致，让他们回答两排砝码或糖果的数量是否一样多，幼儿一般回答说一样多。实验者把其中的一排扩大或缩小间距，改变其外在形态，然后再让幼儿回答这两排的数量是否一样多。长度守恒实验是先向幼儿呈现两根相等的直线，移动其中一根，然后问幼儿移动后的两根直线是否相等。体积守恒实验是给儿童呈现两个一样的杯子，将水装至两个杯子的同一高度水平，让幼儿明白两个杯子中的水一样多，然后将其中的一杯水倒入一个较高或扁平的杯子中，问幼儿两杯水是否一样多。质量守恒实验是先向幼儿呈现两个一样质量的泥球，改变其中一个泥球的形状，然后问幼儿两个泥球的质量是否相等。一系列的守恒实验表明，处于前运算阶段的幼儿还不能理解不变性原则，还没有获得守恒概念。

（三）具体运算阶段（7～11、12 岁）

具体运算阶段相当于儿童的小学阶段，时间大致从 7 岁到 12 岁。在这一阶段，智力活动具有守恒性、可逆性，儿童掌握了群体运算、空间关系、分类和序列等逻辑运算能力，较之前一阶段，智力活动的性质有了本质上的改变。当然，从前运算思维到具体运算思维的转变不是一夜之间发生的。在儿童确定处于具体运算阶段的前两年中，其思维在前运算和具体运算之间来回地摇摆，如他们一般能够正确回答守恒问题，但不能说出为什么。而儿童一旦完全采用具体运算思维，他们就展现出很多认知进展。但由于这一阶段的儿童运算还离不开具体事物的支持，只能把逻辑运算应用于具体的或观察所及的事物，而不能把逻辑运算扩展到抽象概念中，如不能理解自由意志或决定论这样的概念，因此称为"具体运算"。

（四）形式运算阶段（11、12 岁以后）

形式运算阶段是人们已经发展出抽象思维能力的一个阶段。皮亚杰认为个体从进入青春期开始，11、12 岁，就进入形式运算阶段。这一阶段的儿童已经不局限于现实的事物，而能设想各种可能性。他们能从周围环境中的事物概括出其中的原则，并能提出假设来。需要注意的是，尽管皮亚杰指出儿童进入青春期后就可以进入形式运算阶段，但直到 15 岁左右，儿童才会完全进入形式运算阶段，而且个体之间的差异还很大。一些证据表明，相当一部分人在很晚的年龄才具有形式运算的能力，而有些人甚至一直都没有获得形式运算能力。例如，大部分研究表明，只有 40%～60% 的大学生和成人能够完全掌握形式运算思维。青少年儿童在使用形式运算上的差异与他们的成长环境有关系。

三、对皮亚杰认知发展理论的评价

皮亚杰是 20 世纪最有影响的认知发展心理学家，他的认知发展理论已经成为一个完整的心理学体系的核心，对世界各国的儿童心理发展学领域都产生了深远的影响，为描述儿童心理发展的一般图景提供了重要的理论依据，并促进了许多课堂教学改革。皮亚杰的理论揭示了儿童认知发展过程中的质的演变，对正确认识儿童心理发展做出了杰出贡献。此外皮亚杰强调主客体相互作用的动作是心理发展的起源、同化与顺应是心理发展的两种机制等都充满了辩证色彩，这种辩证的观点也为辩证唯物主义提供了重要的佐证。

当然任何一种理论都不是尽善尽美的，皮亚杰的理论也是如此，也受到多方面的质疑和批评，具体如下：

第一，皮亚杰在研究认知中过多地强调了生物学因素的作用，在一定程度上贬低了环境和教育的作用，贬低了语言的作用。

第二，由于皮亚杰所采用的测量认知能力的任务容易使多个变量混淆起来，影响了结果的真实性，多数评论者认为他低估了某些能力出现的年龄。现在普遍认为，婴儿和儿童出现更复杂能力的年龄早于皮亚杰所提出的年龄，如我国有研究证明大部分 5～6 岁幼儿能在直观水平上解决类包含的问题。

第三，皮亚杰关于思维和认知的观点过于狭隘。而霍华德·加德纳的多元智能理论就指出人具有多种智力，而且这些智力彼此不同并相互独立。

第四，一些发展学家还认为形式运算并不能代表思维发展的终结，更具思辨性的思维要到成年早期才能出现，如有心理学家提出了后形式思维。

第二节　维果茨基的心理发展理论

维果茨基（Lev Semenouich Vygotsky，1896—1934）是苏联早期杰出的心理学家，社会文化历史学派的创始人，他在心理学的许多方面都做出了巨大的贡献，在儿童心理发展的研究上享有盛誉。他短暂的一生，留下180多种著作，被赞为心理学界的莫扎特。维果茨基非常重视社会文化在儿童心理发展中的作用。他认为如果不考虑儿童成长于其中的社会文化背景，那么就无法对儿童心理发展进行全面的理解。

一、社会文化历史在儿童心理发展中的作用

为了全面地理解儿童的心理发展，维果茨基从人与动物心理的本质区别出发，将心理机能划分为两大类，一类是低级心理机能，一类是高级心理机能。维果茨基认为，所谓低级心理机能，是依靠生物进化而获得的心理机能，它是在种族发展的过程中出现的，如感觉、知觉、机械记忆、不随意记忆、形象思维、情绪、冲动性意志等心理过程均属低级心理机能。低级心理机能伴随着有机体的自身结构，特别是神经系统的发展而发展。高级心理机能包括随意注意、词的逻辑记忆、抽象思维、高级情感、创造想象和意志等，它们具有一系列不同于低级心理机能的特点，如它们是随意的、主动的，并有自觉的目的，有思维的参与，反映水平是抽象的、概括的，其实质在于以语言和符号为中介，受社会历史发展规律制约，为人类所特有。

儿童的高级心理机能起源于社会文化，起源于与周围人的交往。高级心理机能不是生物学上形成的，乃是内化了的社会关系。例如，儿童自我控制能力的发展最初是在成人的言语调节下开始的，父母告诉孩子"饭前要洗手""吃饭时不要说笑"，儿童照着做了。慢慢地儿童在饭前、饭中也会告诫自己说"饭前要洗手""吃饭时不要说笑"，儿童的自我控制能力水平提升。最后儿童把这些告诫内化到自己的头脑中，进行不出声的告诫，自我调控能力进一步发展。

维果茨基指出："人的心理的实质乃是移置在内部并成为个性的机能及其结构形式的社会关系的总和。"用这一观点来考察儿童的心理发展时，我们必须重视环境和教育的作用。不同儿童的心理发展水平的不同，在很大程度上取决于他们的社会交往质量。

二、教学与儿童的心理发展

维果茨基相信儿童会主动地去发现新的规则，学习新的知识，但根据高级心理机能社会起源论，儿童个体的心理发展是在社会交往中，特别是在与比自己年长或同辈中更有知识经验的社会成员的交往中实现的。而教学作为一种特殊的成人与儿童之间的交往方式，势必在儿童的发展中扮演着非常重要的角色。维果茨基曾明确地指出"作为交往和它的最系统的形式便是教学""教学可以定义为人为的发展"。但维果茨基这里所指的教学概念更宽泛，不仅仅指狭义的课堂教学，甚至从儿童出生那天起，成人与儿童便开始了教学上的交往。儿童许多最重要的发现都是在熟练的教师的指导下完成的。

知识链接

安妮和爸爸玩拼图

四岁的安妮收到一份生日礼物——拼图。她试着自己来玩，却没有任何进展。这时她爸爸进来了，坐在她身边，给了她一些建议。他说最好是先把角拼起来，然后指着角上的一块粉红色的区域说："我们再来找一块粉红色的。"当安妮看起来很泄气时，爸爸把可以拼在一起的两块拼图放得很近，这样安妮就可以注意到它们。当安妮成功时，他就鼓励她。当安

妮慢慢知道拼图的诀窍时，他就离开了，让她自己独立完成。

教学如何才能促进儿童的心理发展？教师怎样指导儿童才更有效？在研究教学与儿童发展的关系时，维果茨基提出了著名的"最近发展区"理论。

（一）最近发展区理论

早在20世纪30年代，维果茨基就提出了"最近发展区概念"。为了使教学更好地促进儿童的发展，教学任务就应该具有适当的难度，教学任务过于容易，教学就成了发展的尾巴，对儿童的发展没有积极的促进作用。教学任务过难，教学不会引发儿童学习的积极性，导致儿童产生畏难、厌恶的情绪，也不会促进儿童的发展。维果茨基认为，良好的教学是使教学任务落在儿童最近发展区内的教学。这样的教学至少要确定儿童的同种发展水平：一种是儿童在独立活动中所达到的解决问题的水平；另一种是借助成人的帮助或在与有能力的同学合作中所达到的解决问题的水平。这两种水平之间的差异就是最近发展区。在最近发展区内提供适宜的指导，儿童就能够理解并掌握某项新技能。

最近发展区概念认为，即使两个儿童在没有相助的情况下都能够实现同样程度的发展，但如果一个儿童得到了帮助，他就会比另外一个儿童进步更大。进而，维果茨基认为在儿童具有高级的心理机能之前，这种机能通常存在于儿童与他人的交流与合作中。例如，一个3岁的儿童在和同伴的游戏互动中，表现出了他平时听故事时所缺少的集中注意的能力。有一天，该儿童和几个同伴一起在幼儿园玩。一个同伴坐在一张椅子上，扮成教师的样子在"读故事给小朋友们听"。其他几个同伴假装是学生，全神贯注地听"教师"读书。这个爱动的儿童竟然也能安静地坐在那里，时间有四五分钟。可见，在他的"最近发展区"内，他能保持几分钟的注意力，但是他需要的是一种特殊的帮助，即同伴和游戏。

最近发展区概念的提出，可以使我们更科学全面地看待儿童的发展水平。我们不仅要看儿童的现有发展水平，还要看儿童的最近发展区。例如，甲、乙两个儿童都正确给出了两个点和数字9相加的答案，如果仅从运算结果看，两个儿童的现有发展水平相同，但实际上两个儿童的运算过程却大不一样。甲是以点为基数，将数字9转化为点，再逐一加上去，得出正确结果；乙是将点转化为数，对抽象的数字做加法运算，得出正确答案。可见，两个儿童的现有发展水平是不同的。在教师或他人的指导帮助下，甲可能实现以大数为基础，将点逐一加到大数上面，得出正确结果，乙可能很快学会100以内的加减运算。可见这两个儿童的最近发展区是不一样的。

维果茨基最近发展区理论是对之前教学与发展关系观点的批判，提出只有走在发展前面的教学才是好教学。教学只有不断地创造最近发展区，才能促进儿童心理发展，成为儿童心理发展的源泉。

（二）学习的最佳期限

在教学过程中，究竟如何体现最近发展区的重要思想，做到教学走在发展的前面呢，维果茨基对此又提出了学习最佳期限问题。他认为，这个问题可以说明发挥教学最大作用的途径，对于儿童而言，任何广义的教学都与年龄相联系，只有达到一定的成熟，才能使某学科的学习成为可能，但若超过学习的最佳年龄，其效果只能事倍功半。可见，能使某学科的学习成为可能，但若超过学习的最佳年龄，学习期限应该分为最晚期限和最早期限。维果茨基认为，若脱离学习的最佳期限，过早或过迟的学习均不利于发展，成为儿童智力发展的障碍。例如，我们不能教 1 岁的孩子学写字，也不能等儿童到了 6 岁才开始学数数。这两种情况对儿童的发展都是有害的、不利的。教学需以成熟为前提，但更重要的是应使教学建立在正在开始但尚未形成的心理机能之上，走在心理机能形成之前。

三、对维果茨基心理发展理论的评价

维果茨基关于儿童心理发展的社会文化学说越来越具有影响力，这是因为越来越多的学者认识到社会文化因素在儿童心理发展中的重要性。在当今多元文化并存的背景下，维果茨基的理论能帮助我们更好地理解儿童发展的规状。他的最近发展区理论在教育教学中受到了普遍重视，并成为教育教学改革的行动指南。但他的理论也存在着某些不足，如最近发展区概念被认为过于宽泛，定义非常不精确，不好实施。他也没有说明基本的认知过程是如何发展的。

第三节　柯尔伯格的道德发展理论

柯尔伯格（L. Kohlberg，1927—1987），美国心理学家，1958 年获芝加哥大学博士学位，1968 年起任哈佛大学教授，从事道德认知发展研究。他提出的道德认知发展阶段理论在学术界具有极大的影响力，是美国、德国等国家对儿童进行道德教育的依据，他的思想主要集中在三卷本的《道德发展文集》里。

一、柯尔伯格的道德认知发展阶段理论的主要内容

柯尔伯格认为人的道德观是习得的，而且道德发展在一定程度上取决于儿童思维和推理能力的发展，所以道德认知是儿童认知发展的主要内容，是道德情感、道德意志和道德行为的前提。而道德判断又是道德认知的核心成分，所以他所研究的道德认知发展主要集中于道德判断的发展。道德判断是个人根据道德原则对行为正确或错误进行的判断，即道德评价。

在现实生活中，人们经常会处在左右为难的情境。医生面对得了绝症、痛苦异常的患者，是让患者继续忍受下去，还是接受他的请求施以安乐死？好朋友面对重要的考试，请你帮他作弊，你会不会帮助他？柯尔伯格从儿童面对道德两难问题的反应入手，分析出了道德判断的结构，并以此为标准将儿童的道德认知发展划分为三个水平六个阶段。他的研究方法被称作道德两难故事法。为了研究儿童的道德认知发展情况，柯尔伯格编了一些道德两难故事，讲给不同年龄阶段的儿童听，其中最有名的就是海因茨偷药的故事。欧洲有个妇女患了癌症，生命垂危，医生说只有本城一个药剂师新研制的药能救她，但这种药很贵。病人的丈夫海因茨到处借钱也没凑够。海因茨恳求药剂师将药便宜点卖给他，或者允许他赊账，但遭到药剂师的拒绝，海因茨没有别的办法，只好偷走了药剂师的药。故事讲完后请儿童回答"你认为海因茨应该这么做吗？为什么？"等一系列问题，以此考察儿童的道德推理过程。根据儿童判断的理由，柯尔伯格关于儿童道德认知发展的理论早在他 1958 年的博士论文里就已经提出，后来他不断地修正，一直到 20 世纪 80 年代初发表了他最新的、最全面的也是他生前最后一次修正的道德发展阶段模型。柯尔伯格认为儿童道德认知发展经历的三个水平分别是前习俗水平、习俗水平和后习俗水平，每一个水平他还区分出两个阶段。

（一）前习俗水平

这一水平上的儿童已具备关于是非善恶的社会准则和道德要求，但他们是从行动的结果及与自身的利害关系来判断是非的。

阶段1，惩罚与服从的定向阶段。这个阶段的儿童坚持规则是为了避免惩罚。为了服从而服从。例如，赞同偷药的儿童可能会说，"如果他让他的妻子死掉，就会陷入麻烦。他将会因为没有花钱去救她而遭到谴责。他和药剂师都会因他妻子的死而受到调查"反对偷药的儿童可能会回答，"他不应该偷药，因为可能会被抓住、被送进监狱。"

阶段2，奖赏取向阶段。这一阶段的儿童首先考虑的是准则是否符合自己的需要，有时也包括别人的需要，并初步考虑到人与人的关系，但人际关系常被看成是交易的关系对自己有利的就好，不利的就不好，好坏以自己的利益为准，赞成偷药的儿童可能会说，"如果他碰巧被抓了，他可以把药还回去，判刑也不会太重。如果只是服一个小小的刑期，而且在他出去后妻子仍健在的话，对他不会造成太多麻烦。"反对偷药的儿童可能会说，"他不应该偷药，因为偷了药他不会得到任何好处，因为他妻子可能在他出狱之前就死掉了。"

柯尔伯格发现大多数9岁以前的儿童及大多数犯罪人的道德发展都处在前习俗水平。1973年，柯尔伯格在与其他同事合著的《矫正中的公正社区观点手册》一书中报告指出，大部分犯罪人的道德发展处在第1或第2阶段，而大部分的非犯罪人的道德发展处在第3或第4阶段。

（二）习俗水平

这一水平上的儿童在处理道德问题时把自己当作社会的一员，他们感兴趣于成为社会的好公民来取悦他人，这是和儿童的思维发展特点相吻合的。随着儿童自我中心性思维的降低，儿童能够从认知上考虑他人。

阶段3，人际关系的定向阶段或好孩子定向阶段。这个阶段的儿童认为一个人的行为正确与否，主要看他是否为别人所喜爱，是否对别人有帮助或受别人称赞。赞成偷药的儿童可能会说，"如果他偷了药，没有人会认为他很坏，但是如果他没有去偷药，他的家人会认为他是个没有人性的丈夫。如果他让妻子死掉，他再也不能面对任何人。"不赞成偷药的儿童可能会说，"不只是药剂师会认为他是个罪犯，任何人都会这样想。如果他偷了药，他就会觉得他让自己和家人都蒙了羞，再也不能面对任何人了。"

阶段4，维护权威或秩序的道德定向阶段。这一阶段的儿童意识到了普遍的社会秩序，强调服从法律，使社会秩序得以维持。儿童遵守不变的法则和尊重权威，并要求别人也遵守。有人也把这一阶段称为好公民定向阶段。赞成偷药的儿童可能会说，"如果他还有一点荣誉感，就不会仅仅因为害怕去做唯一能够救妻子的事情而让她去死。如果他对妻子没有尽责，他就会觉得自己导致了她的死亡而感到内疚。"不赞成偷药的儿童可能会说，"他很绝望，当他偷药的时候他可能并不知道他做错了，但是当他被送进监狱时他就会知道这一点。他会因为自己的不诚实和违法的行为而感到内疚。"柯尔伯格发现没犯罪的青少年和大多数成人的道德发展处在习俗水平。

（三）后习俗水平

这一水平上的人们超越他们所处社会的特定规则来思考普遍的道德原则。在成年人达到该推理水平者不到25%。

阶段5，社会契约的定向阶段。在前一阶段，个人持严格维持法律与秩序的态度，刻板地遵守法律与社会秩序。而在本阶段，个人看待法律较为灵活，认识到法律、社会习俗仅是一种社会契约，是可以改变的，而不是固定不变的。一般来说，这一阶段是不违反大多数人的意愿和幸福的，但并不同意用单一的规则来衡量一个人的行为。道德判断灵活了，能从法律上、道义上较辩证地看待各种行为的是非善恶。赞成偷药的儿童可能会说，"如果他没有偷药，他将会失去自尊而不是得到他人的尊重。如果他让妻子死去，那将是出于恐惧而不是理性。所以他将会失去自尊，很可能也会失去其他人的尊重。"不赞成偷药的儿童可能会说，"他不应该去偷药，药剂师应该受到谴责，但还是应该保持对他人权利的尊重。"

阶段6，普遍的道德原则的定向阶段。这个阶段认为好的行为是由自我选定的道德准则、个人的良心决定的。这些准则是抽象的、伦理的，而不是具体的道德指令。公正、尊严和平等被赋予很高的价值。在判断道德行为时，不仅考虑到适合法律的道德准则，同时也要考虑到未成文的具有普遍意义的道德准则。道德判断已经超越了某些规章制度，更多地考虑道德本质，而非具体的准则。赞成偷药的儿童可能会说，"如果他没有偷药，让妻子死掉，那么他以后会因此常常谴责自己，因为他没有遵从自己的良知标准。他应该偷药，接着去自首，他也许会受到惩罚，但是他挽救了一个人的生命，值得。"不赞成的儿童可能会说，"如果他偷了药，将不会被其他人责备，但是他自己会谴责自己，因为他没能遵从自己的良心和诚实的准则。"

柯尔伯格认为尽管实际达到后习俗水平的个体相当少，但儿童的道德发展以固定的顺序普遍按照从低级到高级的上述阶段进行。他说："逐步发展的阶段顺序是不变的，这种顺序代表着道德概念一种普遍的内在逻辑次序。"而每一个阶段，儿童的道德判断和推理存在质的差异，但却具有结构的整体性，表现为道德认知与道德行为的一致性。柯尔伯格承认儿童的道德发展是螺旋式上升的，前一阶段的思想总是融汇或整合进下一阶段的思想中，并且为下一阶段所取代，新的阶段总是从前一阶段中发展出来。

二、柯尔伯格的道德阶段发展理论在教育中的应用

柯尔伯格根据自己的儿童道德发展理论，对儿童道德教育问题进行了研究和实践。

（一）道德教育的目的

柯尔伯格认为发展是道德教育的根本目的，而这种发展是通过阶段发生的。柯尔伯格反对传统道德教育仅仅将传递社会主流价值观作为教育的目的。道德教育的目的是促进儿童进入道德发展的高一级阶段。儿童道德成熟的标志在于他能否做出正确的道德判断并形成他自己的道德原则的能力，而不是只具备跟从他周围成人的道德判断的能力。柯尔伯格的道德教育目的可以细分为三个目标：其一，提高儿童的道德判断和推理能力，促进儿童沿着三水平六阶段发展顺序一步一步地向上发展；其二，使儿童将新获得的较高的道德判断和推理能力加以普遍化；其三，促使儿童在面临各种真实的道德问题时，也能按自己已经获得的较高阶段的能力去实践，指导自己的道德行为。

（二）道德教育的内容

柯尔伯格认为公正是道德教育的主要内容，他认为公正首先是关心全人类的价值和平等以及人类关系中的互惠，是一个根本的和普遍的原则。而传统道德教育的内容却是诸如诚

实、责任、友谊、服务等人们普遍赞同的品格。柯尔伯格引用苏格拉底的观点说，美德不是多个而是一个，它的名字叫公正。与公正相比，道德的其他特征就次要得多了。

柯尔伯格认为公正不是一个具体的行为准则，公正是道德原则，是道德教育的总纲和最终目标，并贯穿于道德发展过程的始终。在道德认知发展的第1阶级，公正是以眼还眼以牙还牙；在第2阶段，公正是你对我好，我也对你好；在第3阶段，公正意味着依他人的期望和自己的社会角色行事；在第4阶段，公正体现在对社会秩序和权威的尊重和维护；在第5阶段，持公正观念的人会用生命来捍卫和尊奉自愿和理智前提下所制定的契约；第6阶段，公正成为普遍的伦理原则，任何理智者应当具备遵守此原则的个人义务感。

（三）道德教育的方法

柯尔伯格反对传统德育的灌输方法，主张道德教育的认知冲突法和角色扮演法。

柯尔伯特认为道德两难问题可以引起儿童认知上的冲突，使他们对自己目前的思想方式产生不满，并寻求一种更完整、更高级的道德思想方式，最终在教师的支持和澄清以及与其他儿童的讨论中，解决矛盾，实现道德判断水平的提升，虽然柯尔伯格认为道德两难问题可以用来提升儿童的道德推理水平，但是一次只能提升一个阶段。他从理论上指出，与推理水平比自己高一个，至多高两个的人相互作用，可促使儿童从一个阶段发展到下一个阶段，要想实现教育目的，教师必须首先努力确定儿童道德推理发展的大致阶段，给儿童呈现一个两难问题，依此确定其发展水平。一旦道德推理水平被确定教师就可以引导儿童讨论另一个两难问题：教师通过引申更高一个水平的讨论提高儿童的道德推理能力。如此的过程需要很长一段时间。

柯尔伯格十分重视道德教育中角色扮演的作用。他认为儿童仅仅接受他人的劝告或者是作为一个没有相互交流作答小组的一员，是绝对不会引起道德交流的，儿童从自我中心向考虑别人的感情、观点和动机的转化是道德认识发展的关键，一个儿童扮演其他人的角色技能与道德判断水平有直接的联系，道德认识由低级向高级发展要以重要的角色扮演的技能增长为前提。

三、对柯尔伯格理论的评价

柯尔伯格的道德发展理论是建立在他几十年潜心研究和科学探索基础上的，为儿童道德判断的发展提供了很好的解释，其理论价值和实践价值都是多方面的。柯尔伯格的道德发展理论促进了道德现象科学化的研究，推动了认知科学的发展，促进了道德教育的科学化。正如世界道德教育界最权威的学术刊物《道德教育杂志》对他的评价："他对道德发展和学校道德教育实践所做出的贡献是无与伦比的，在他数十年所致力的这些领域中，他超过了他同时代的所有人。"但柯尔伯格的理论在受赞扬的同时，也受到了来自各方面的批评。

第四节　精神分析学派的心理发展理论

精神分析是现代西方心理学的主要流派之一。根据该理论自身的发展，又分为精神分析理论和新精神分析理论。二者的代表人物分别为弗洛伊德和埃里克森，他们在发展心理学方面都有一套完整的理论。

一、弗洛伊德的心理发展观

弗洛伊德是奥地利著名的精神病学家，精神分析学派的创始人。他 1856 年出生于摩拉维亚的一个犹太商人家庭，1860 年家庭迁至奥地利维也纳。弗洛伊德自幼聪颖，兴趣广泛。1881 年，弗洛伊德获医学博士学位。1895 年，他和布洛伊尔合著的《癔病研究》一书的出版，标志着精神分析学派的诞生。此后，他笔耕不辍，先后出版了《梦的解析》《性学三论》《日常生活中的心理病理学》等多部著作。

（一）人格理论以及人格发展观

在人格理论形成的初期，弗洛伊德区分了意识、前意识和潜意识。后期，弗洛伊德引进本我、自我和超我的概念。本我，是人格的驱动力量，包含所有的本能，如饥、渴、性等，本我完全是潜意识的，受快乐原则支配，追求的目标是满足的最大化和压力的缓解。本我通过两种手段满足需要：其一是反射行为，如打喷嚏、从痛苦的刺激中退缩就是典型的反射行为；其二是愿望的满足，即本我想象出某种对象的意象来满足目前的需要。

在心理发展中，年龄越小，本我作用越重要，婴儿几乎全部处于本我状态。儿童随着年龄的增长，不断地扩大和外界的交往，以满足自身增加的需要和欲望，并维持一种令其舒适的紧张水平。在本我需要和现实世界不断接通有效而适当的联络时，自我就从儿童的本我中逐渐发展出来。

自我，是意识结构中间层。它既能意识到本我的需要，也能认识到现实世界的要求。自我在个体外在的现实世界和内在的原始本我之间起着缓冲器的作用。弗洛伊德曾将自我与本我的关系比作骑士与马的关系。马提供能量，而骑士则指导马朝着他想去游历的方向前进。这就是说，自我不能脱离本我而独立存在，然而，由于自我联系现实、知觉和操作现实，于是能参考现实来调节本我。这样，自我遵循现实原则进行操作，现实地解除个体的紧张状态以满足其本我需要，而不是以想象的方式满足需要。因此，自我并不妨碍本我，而是帮助本我最终获得快乐的满足。

如果人格结构中只有本我和自我，那么人类和其他动物的区别就不大了。然而，由于人格结构中超我的存在，就使得人类行为相当复杂了。

超我，是人格结构中的最高部分，是由于个体在生活中接受社会文化道德规范的教养而逐渐形成的。超我有两个重要部分：一是自我理想，即要求自己行为符合自己理想的标准；二是良心，是规定自己行为免于犯错的限制。因此，超我是人格结构中的道德部分，支配超我的是完美原则。

弗洛伊德认为，在通常情况下，本我、自我和超我是处于协调和平衡状态的，从而保证了人格的正常发展。如果三者失调乃至平衡被破坏，就会产生神经症，危及人格的健康发展。

（二）心理性欲发展阶段说

心理性欲发展阶段理论是弗洛伊德关于心理发展的主要理论。弗洛伊德认为整个躯体是性快感的源泉，在不同的发展阶段，性快感集中于躯体的不同部位。据此，弗洛伊德将儿童心理发展分为五个阶段：口唇期、肛门期、前生殖期、潜伏期、生殖期。

1. 口唇期（0~1岁）

口唇部位是出生后第一年儿童的性快感集中部位，儿童通过不断吮吸、咀嚼、吞咽等口唇部位动作获得愉快感，如果口唇需要没有被满足或被过度满足，都会在这一发展水平上引起固着，儿童成年后会表现出口唇期人格。固着是指那些童年时期没有得到解决的心理冲突。固着若发生在口唇阶段早期，过度满足进食要求或过度关照所致的固着会产生口唇期—依赖型人格。这类人非常容易轻信、被动，总是要求得到他人的关注，表现出过度的饮食，酗酒、接吻或吸烟，还倾向于依赖和上当受骗。固着若发生在口唇阶段的晚期，那时牙齿已经开始出现，会导致口唇期—攻击型人格，这种攻击性经常是以撕咬的形式表现出来。具有这种人格倾向的成人，喜欢争论并刻意地挖苦人，疑心很重，甚至盘剥他人。

2. 肛门期（1~3岁）

1~3岁儿童的性兴趣集中到肛门区域。这一阶段的固着会引起肛门期人格。在肛门阶段的初期，快感主要来自排便之类的活动，这时的固着会导致成年时出现肛门—排出型性格。这样的人倾向于慷慨、散乱或浪费。在肛门阶段的后期，即在大小便训练之后，快感来自能够控制大便。此时的固着容易使人成长为肛门—滞留型性格，这样的人成年后倾向于收藏、吝啬、守秩序而且可能是完美主义者。

3. 前生殖期（3~6岁）

这个时期的儿童意识到两性器官上的差异，抚摸生殖器（手淫）可产生快感。此期的性感区是生殖器，性器期还指幼儿对异性的父母一方的恋爱。在弗洛伊德看来。男孩的爱情对象是自己的母亲，由于爱母便仇父。男孩对母亲的潜意识性爱称为恋母情结；女孩的爱情对象是父亲，把母亲作为多余的而置于一边，称为恋父情结。儿童希望自己取代同性父母一方，由于儿童惧怕自己的同性父母一方的惩罚，便必须压抑这种情结，而被迫与他们认同。此时，超我便产生了。继而在认同同性父母一方的过程中，形成与各自性别相符的性别角色行为及价值观和性格。

> **知识链接**
>
> #### 恋母情结的由来
>
> 弗洛伊德理论中的恋母情结来自于古希腊一个古老的传说：俄狄浦斯是国王拉伊俄斯之子。俄狄浦斯出生后，先知预言国王一定会被儿子俄狄浦斯杀掉。国王于是叫奴隶将俄狄浦斯杀死，可是俄狄浦斯大难不死，被另一个国王波吕玻斯当作亲生儿子养大。俄狄浦斯长大后，先知告诉他，他将犯杀父娶母之罪。俄狄浦斯非常害怕，离开了以为是他亲生父亲的波吕玻斯，出外流浪。在流浪的途中，他与人抢路而发生争吵，一怒之下杀死了对方。而被其杀死的正是他的亲生父亲拉伊俄斯，然而他并不知道。他来到他亲生父亲的国家，破解了怪物斯芬克斯之谜，被拥立为该国国王，并娶寡居的王后即他的母亲为妻。当得知真相时，王后自缢而亡，俄狄浦斯刺瞎了自己的双眼。

4. 潜伏期（6~11岁）

随着建立较强的抵御恋母情结的情感，儿童进入潜伏期。弗洛伊德认为，儿童进入潜伏期，其性的发展便呈现一种停滞的或退化的现象，儿童的性欲被移置为替代性的活动，如学习和体育等。其性欲对象为年龄相仿的同性别者，并有排斥异性的倾向。潜伏期是一个相当平静的时期。

5. 生殖期（11 或 13 岁开始至成人）

生殖期从青春期开始贯穿一生。从年龄上讲，女孩大约从 11 岁，男孩大约从 13 岁开始进入青春期。此后，性的欲望变得强烈以至于无法彻底被压抑，注意的焦点集中到同龄异性身上。如果前面各期发展正常，此期最终将以约会和结婚达到高潮。

（三）对弗洛伊德理论的评价

弗洛伊德精神分析理论的影响是深远的，这种影响可以从研究者对他的理论的赞扬和批评中领略到。

柏林（E. G. Boring）曾对弗洛伊德在心理学史上的地位做了高度评价。他认为："从弗洛伊德身上，我们看到一个具有伟大品质的人，他是一个思想领域的开拓者，思索着用一种新的方法去了解人性……谁想在今后三个世纪写出一部心理学史而不提弗洛伊德的姓名，那就不可能自诩为一部心理学通史。"由此可见弗洛伊德对整个心理学领域的影响。

然而，人们对弗洛伊德理论的批评也从未间断过，批评主要有：第一，他过分强调了性在人的发展中的作用，忽略了社会、文化、意识、教育对人的重大作用，以及遗传因素和社会生活条件对人格的影响。第二，其资料收集的方法缺乏严格控制的实验，只是来自于他本人对病人的观察，以病人群体推论正常人群的效度颇值得质疑。

二、埃里克森的人格发展阶段理论

埃里克森（ERIK. H. Erikson，1902—1994）是美籍德裔儿童精神分析医生，也是美国著名的心理学和精神分析专家，师从弗洛伊德的女儿安娜·弗洛伊德，于1950年在《儿童与社会》著作中提出了著名的心理社会性发展理论。埃里克森认为心理社会性发展包括人与人之间的相互了解和相互作用的变化，以及我们作为社会成员对自己的认识和理解。可见，与弗洛伊德不同，埃里克森强调个体和他人的社会交互作用，认为社会和文化都在挑战和塑造着我们。埃里克森的理论指出，发展变化贯穿终生，我们在生命的每个阶段都要面对一种特有的发展危机或矛盾，危机的解决标志着前一阶段向后一阶段的转化。一旦某一阶段的特征危机得到积极的解决，将促使个体形成积极的人格特征，有助于发展健全的人格；否则，个体就会形成消极的人格特征。埃里克森依据个体不同时期所面对的主要发展危机将人的心理发展划分为八个阶段，每一个阶段都以这个阶段产生的危机来命名。

（一）基本信任对基本不信任（0~1.5 岁）

这个阶段的儿童对成人的依赖性最大，如果照顾他的成年人尤其是母亲能满足他的需要，使儿童感到舒适、安全，儿童就会形成基本的信任感。如果母亲的爱抚和照料有缺陷，婴儿将产生不信任感。不信任的基本态度可能导致儿童以后发展中的不安全感、猜疑和与他人建立关系时的困难。埃里克森认为一定比率的不信任感有利于儿童躲避危险，但是信任感应当超过不信任感，该阶段的危机才会顺利渡过。如果成功解决了本阶段的发展危机，儿童的人格中便形成了希望的品质，这种儿童敢于冒险，不怕挫折和失败，容易成为易于信赖和满足的人。如果危机不能成功解决，儿童的人格中便形成了恐惧的特质，这种儿童胆小懦弱，易成为不信任他人，苛刻无度的人。

（二）自主对羞耻、怀疑（1.5~3 岁）

在这一阶段，儿童自控能力增强，表现出爬行、触摸、探索和自己动手的愿望。自主意味着个人能按自己的意愿行事的能力。此时的儿童能控制自己的大小便,反复使用"我""我的"等字眼,凡事想亲力亲为,表现出强烈的自主意愿。但儿童在笨手笨脚的尝试中经常会出现各种意外,如把水洒一地、把饭弄一身、跌跤、尿床等。如果父母此时嘲笑孩子或包办代替,对孩子过度保护,会使孩子怀疑自己的能力,对自己的行为感到羞耻。因此,明智的父母可以通过鼓励孩子尝试新本领来培养孩子自主的意识,以开放的心态对待孩子,必要的时候给予适当的指导,给孩子做好榜样和示范。

本阶段危机如果成功解决,将会在儿童的人格中形成意志品质。埃里克森认为,所谓意志就是进行自由选择和自我抑制的不屈不挠的决心。如果不能成功解决危机,则形成自我怀疑的人格特征。

(三)主动对内疚(3~6岁)

这一阶段的儿童不只是简单地自控,他们开始表现出主动精神(如用彩笔在墙上画)。通过做游戏,儿童学习制订计划和执行任务,如果父母让孩子自由地做游戏、提问、运用想象和选择活动,就可以强化儿童的主动性,这为他将来成为一个有责任感、有创造力的人奠定了基础。如果父母总是严厉地批评孩子,不让他们玩游戏,不鼓励他们提问,会让孩子认为积极主动地参加活动是件错事,因而产生内疚感,倾向于生活在别人为他们安排好的狭隘的圈子里。

埃里克森认为,顺利度过前两个阶段的儿童已认识到自己是人,在这一阶段中,他们面临的问题是他们能成为什么样的人。在这个阶段,儿童检验了各种各样的限制,以便找到哪些是属于许可的范围,而哪些又是不许可的。为了帮助儿童顺利渡过该阶段的危机,父母一方面要鼓励儿童创造性地进行游戏活动,发展他们的主动性和目的性,另一方面还要培养儿童的规则意识,逐步使其明确是非善恶,将儿童的内疚感转化为良好的道德情感。

知识链接

碗打碎了

周末童童爸收拾储藏室,搬出了一套厨房用具。童童看了很兴奋,把所有的小碗拿出来摆在茶几上"开饭店",我们要收起来的时候他还不同意。童童自娱自乐地边玩边说,突然一个碗掉在地上碎了,童童吓得跑到我身边说:"妈妈,一个碗打了。"我抱住童童说,"没关系,只要没有伤害到我的宝宝,妈妈收拾一下就好了。"童童感激地说:"我爱妈妈!"

(四)勤奋对自卑(6~12岁)

在本阶段中,儿童进入学校,学习文化知识和基本技能。学习的成败会影响他们对能力的自信。如果在学习过程中,儿童因为自己富有成效的活动而得到赞扬,他们就会形成勤奋的倾向。如果儿童的努力总是被斥为添乱、幼稚和做得不到位,他们就会形成自卑的倾向。因此,勤奋感对自卑感构成了本阶段的发展危机。从这一阶段开始,对孩子的自我态度形成起作用的不仅仅是父母,教师、同学和家庭以外的成人也会起同等重要的作用。如果儿童获得的勤奋感胜过自卑感,他们就会获得能力这种美德。能力是由于爱的关注与鼓励而形成的,自卑感是由于儿童生活中十分重要的人物对他的嘲笑或漠不关心造成的。

（五）角色认同对角色混乱（12~18岁）

青少年时期通常是一个不安定的时期。青少年处在童年和成年之间，面临一些独特的问题。埃里克森认为，这个阶段的主要任务是要回答一个问题："我是谁？"心理和身体的成熟给青少年带来了新的感觉、新的躯体和新的态度。青少年必须根据自己的各种自我直觉、生活经历、文化环境和人际关系，来建立统一的角色认同感，即把自己所扮演的学生、运动员、工人、儿子（或女儿）、朋友、恋人等不同角色在自我感觉上整合起来，形成统一的自我。无法形成这种角色认同的人会陷入角色混乱的痛苦中，因为他们无法确定自己是谁，不知道该何去何从。

如果青年人在这个阶段中获得了积极的角色认同不是角色混乱或消极的角色认同（获得一定的社会文化所不予认同的、令人反感的角色）时，他们就会形成忠诚的美德，即使会遇到不可避免的矛盾，但也会忠于自己的内心誓言。这样，青少年最终能忠诚地献身于社会和职业。

（六）亲近感对孤立感（18~25岁）

成年后的主要冲突是亲近感对孤立感，在这个阶段中，个体感到自己在生活中有亲近他人的需要。确立了稳定的角色认同后，一个人便会准备与他人分享生活中的爱或深厚的友谊。埃里克森认为亲近感是一种关心他人并与他人同甘共苦的能力。婚姻或性关系并不一定说明关系亲密，很多成年人之间的婚姻关系只是表面的和有名无实的。一个人如果无法与他人建立亲密关系，会陷入深深的孤立感，即感到孤独和被遗忘。

青年如果能成功解决本阶段的发展危机，那么就会形成爱的品质；如果青年不能成功解决本阶段的发展危机，婚姻就会产生阻碍。

（七）繁殖对停滞（25~65岁）

在本阶段中，个体已经建立家庭，他们的兴趣开始扩展到下一代，而且他们也非常关心各自在工作和生活中的状态。在埃里克森看来，他们进入了繁殖对停滞的时期。此时，相应的发展任务便是：获得繁殖感，避免停滞感，体验关怀的实现。这里的"繁殖"是一个意义相当广泛的词，不仅指生儿育女、关怀、照料下一代，而且还指创造新事物和产生新思想。埃里克森更侧重于后者。有的人即使没有孩子，但是他们在其专业领域充分发挥自己的智慧和力量，最终有所作为，亦能获得繁殖感。

一旦一个人的繁殖感比停滞感高，那么这个人会以关心的美德离开这个阶段。他们能够放眼社会，关心他人的幸福，并愿意为此贡献自己的力量。无法做到的人将处于一种只关心自己需求和舒适的自我专注状态，从而使生活失去意义，郁郁寡欢。

（八）自我整合对悲观失望（65岁以后）

这是人生的最后阶段，是人们反省的时期。如果前面七个阶段积极的成分多于消极的成分，就会在老年期会聚成完美感，回顾一生觉得这一辈子过得很有价值，生活得很有意义。相反，如果消极成分多于积极成分，就会产生失望感，感到自己的一生失去了许多机会，走错了方向，想要重新开始又感到为时已晚，痛不欲生。于是产生了一种绝望的感觉，精神萎靡不振，马马虎虎混日子。

如果个人获得的自我整合胜过失望，那他或她就会获得超脱的智慧之感，可以以超然的态度来面对死亡。

如表 10-2 所示，可以更清楚地了解埃里克森的人格发展八个阶段及相应的发展危机和任务。

表 10-2　埃里克森的人格发展八个阶段及相应的发展危机和任务

人格发展阶段	年龄/岁	发展危机	发展任务
婴儿期	0~1.5	信任与不信任	发展信任感，克服不信任感，体验希望的实现
儿童早期	1.5~3	自主性对羞耻、疑惑	获得自主感，克服羞怯和疑虑，体验意志的实现
学前期	3~6	主动性对内疚感	获得主动感，克服内疚感，体验目的的实现
学龄期	6~12	勤奋感对自卑感	获得勤奋感，克服自卑感，体验能力的实现
青春期	12~18	角色认同对角色混乱	建立自我同一性，防止同一性混乱，体验忠诚的实现
成年早期	18~25	亲密感对孤独感	获得亲密感，避免孤独感，体验爱情的实现
成年中期	25~65	繁殖对停滞	获得繁殖感，避免停滞感，体验关怀的实现
成年晚期	65 岁以后	自我整合对失望	获得完善感，避免失望和厌倦感，体验智慧的实现

埃里克森的人格发展阶段理论把发展阶段延伸至个体的一生，有其合理性和积极意义，使每个阶段的人群为自己的发展设计提供了理论支持。同时该理论强调自我与社会的相互作用对人格形成的影响，使得人们更加重视家庭、学校及社会环境对儿童青少年的教育。这使得该理论更加具有实践价值，一定程度上实现了心理学的社会价值。但该理论也值得商榷，如理论的某些方面阐述得相当模糊，可操作性差，尽管对个体的过去可以进行较好的描述，但对个体的未来不能进行精确的预测。

总之，以弗洛伊德和埃里克森为代表的精神分析理论博大精深，值得我们终身去学习探索。

第五节　行为主义学派的心理发展理论

行为主义是 20 世纪上半叶风靡欧美心理学界的主要理论流派之一。行为主义学派认为，心理的本质是行为，理解心理发展的关键内容是可观测的行为和外部环境中的刺激，至于个体内部发生了什么，相对来说并不重要。他们强调发展模式的个人化，认为人们不会普遍经历一系列发展阶段，发展只是量的改变。华生、斯金纳、班杜拉的心理发展观分别代表了行为主义发展的三个阶段。

一、华生的心理发展思想

行为主义的创立人华生于1878年1月出生在美国加利福尼亚州，25岁时获得博士学位，1908年首次公开阐明了他的行为主义观点，1931年在《心理学评论》上发表题为《行为主义者心目中的心理学》一文，正式宣告行为主义的诞生。

对于遗传和环境在儿童心理发展中所起的作用，华生非常看重环境的作用，认为环境可以激发行为，忽视甚至否认遗传的作用。他坚信通过对构成环境的刺激进行仔细研究，就可以获得关于发展的全面理解。他认为是经验而不是遗传使人成为什么样的人，人类的行为都是后天习得的，环境决定了一个人的行为模式，无论是正常的行为还是病态的行为都是经过学习而获得的，也可以通过学习而更改、增加或消除。他曾说："给我一打健康而又没有缺陷的婴儿，把他们放在我所设计的特殊环境里培养，我可以担保，我能够把他们中间的任何一个人训练成我所选择的任何一类专家——医生、律师、艺术家、商界首领，甚至是乞丐或窃贼，而无论他的才能、爱好、倾向、能力或他的祖先的职业和种族是什么。"可见，华生相信，只要有效地控制个体所处的环境，就有可能塑造出任何行为。华生认为心理学不需要"本能"这个术语，因为被人们习惯称为本能的一切主要是训练的结果，属于人类的习得行为。尽管华生也承认人有与生俱来的构造上的差异，但是他同时声明构造上的遗传并不能证明技能上的遗传。总之，华生基本否认了遗传在儿童心理发展中的作用，被认为是环境决定论的代表人物。

二、斯金纳的心理发展理论

美国新行为主义的代表人物斯金纳生于1904年，中学时代的他擅长文学，而拙于科学，1928年注册进入哈佛大学学习心理学研究生课程，于1931年获得了博士学位，1974年成为哈佛大学名誉教授，1990年获得美国心理学会首次颁发的终生贡献奖。

（一）操作性条件反射与儿童行为的塑造

对于儿童心理的发展问题，斯金纳同华生一样强调环境的作用，但他强调环境对儿童行为的选择作用。斯金纳将人类的行为划分为答应性行为和操作性行为，认为答应行为只是人类行为的一小部分，通过经典条件作用形成，这类行为是被动的、由已知刺激引发的；而人类的大部分行为都是操作性行为，是主动的、有目的的，受行为结果的控制，通过操作条件作用形成。

斯金纳通过大鼠学会按压杠杆获得食物实验，说明了操作性条件反射形成的过程。将一饥饿的大鼠放在箱子中。开始时，大鼠四处溜达了一圈，用后肢撑着自己的身体站了起来，闻闻箱角处，又蹲坐着舔了舔自己的身体。鼠类总是闲不住，它用前肢搭到了杠杆上，好像是要观察一下箱子的顶部。突然间发生了一件事情，就在大鼠按下杠杆时，随着"咔嗒"一声响，托盘里出现一个食物团，大鼠吃掉食物。几经"天上掉馅饼"的好事之后，大鼠来到杠杆处，开始使劲嗅杠杆，然后把前肢搭在上面，又是"咔嗒"一声。啊，原来如此！很快，这只大鼠便形成了稳定的频繁按压杠杆的行为模式。在这一情境中，大鼠并没有习得一项新技能，它早就会按压杠杆。"奖赏"只改变了大鼠按压杠杆的频率。在操作性条件反射中，强化可被用于改变行为的频率，亦可被用于形成新的反应模式。

斯金纳认为可以通过操作条件作用来对儿童的行为进行塑造，形成儿童的适应行为，消除儿童的不适应行为。例如，一个婴儿刚开始学说话时，当他想要他最喜欢的娃娃时，他发出的声音有时是"哇"，有时是"嗒"，有时是"嘟"，最初他交替使用这三个词。为了加快他的学习，父母只在他正确说出"哇"时才能把娃娃给他，过了20天，婴儿完全学会说"哇"了。再如为了教一个最初不懂礼貌的6岁幼儿学说"请""谢谢"和"对不起"，对他的行为进行观察并加以塑造。最初，该幼儿看见自己喜欢的东西就去抢，根本不说"请"字，如果得不到就会生气。塑造过程中，当他说了"请"字，就用三种方式进行奖赏：一是让他得到想要的东西；二是给他糖或爆米花等他喜欢的食品；三是对他的文明行为给予表扬。后来，他每次想要什么东西的时候，大多会礼貌地先说"请"字。可见，儿童行为塑造成功的关键是伴随行为反应发生的强化。

（二）强化的类型与原则

强化可以说是斯金纳心理发展理论的核心概念，是指增强有机体某种反应重复发生可能性的任何事件。根据行为伴随物的性质，强化可以分为正强化和负强化。

正强化是指一个反应发生之后出现一个愉快的结果，以增加这一反应再次发生的可能性。例如，当婴儿偶尔发出"妈妈"的声音时，妈妈便亲吻、拥抱婴儿，婴儿再次发出"妈妈"的声音的可能性提高，一段时间后，便学会叫"妈妈"。负强化是一个反应发生之后可消除一个不愉快的事情，以增加这一反应再次发生的可能性。如一个四岁的幼儿感冒发烧头疼，在妈妈的帮助下服用了小二感冒药，服药后头疼等症状消失，再次感冒时，该幼儿服用感冒药的可能性增加。现实生活中正强化和负强化经常结合在一起。例如，当儿童需要吃饭时，食品的美味可以强化他吃东西的行为（正强化），消除饥饿感也可以强化他吃东西的行为（负强化）。斯金纳一直主张应该通过强化而不是惩罚来矫正行为，因为惩罚的目的是降低反应再次发生的可能性，而这种目的却很难实现，并会带来消极的副产品如恐惧减轻、攻击增加、使一种不良反应代替另一种不良反应，如一个儿童因做错事被打屁股而哭叫。

对于人类而言，有效的操作性强化物可以是多样的，可以分为一级强化物、二级强化物和反馈。一级强化物是自然形成的和非习得性的，具有生理基础，能产生舒适感和消除不适感，或能够满足即时的生理需要。例如，食物、水和性需要的满足都是一级强化物。一级强化物的作用是有限的，因为人或动物的基本需要很快就会得到满足。二级强化物包括金钱、赞扬、注意、赞同、成功、情感、成绩以及其他的奖赏。一些二级强化物可以与一级强化物建立联系，一些二级强化物具有代币物的功能，可用以交换一级强化物，一些二级强化物如注意与赞扬可以满足人类习得的需要。反馈指关于反应结果的信息，它对于人类的学习非常重要。斯金纳根据操作性学习和反馈的原理提出了程序教学理论，并设计了程序教学机，从而为儿童节省了大量的时间和精力。

在儿童心理发展中，欲使强化达到最佳效果，必须遵循下列原则：在儿童学习新的行为时，应该遵循即时强化原则。如果要培养儿童良好的行为习惯，就要在看到他们帮助别人和有礼貌后立即给予奖赏。即时反馈有两个作用：一是使行为和后果之间的联系更加明确；二是增加了反馈的信息价值。在儿童行为习得的早期阶段，要遵循针对性强化原则，要有针对性地强化每一个正确的反应。如果儿童的礼貌行为有的得到强化，有的得不到强化，他们则不会很快形成礼貌待人的行为；对那些复杂行为模式的塑造，要遵循渐进式接近强化原则，即对那些正在接近目标行为的各种过渡反应进行强化。无论是培养儿童整洁的习惯，还是让他们的礼貌行为进行强化，从而使儿童能够健康快乐地成长。

三、班杜拉的心理发展观

班杜拉，1925年生于加拿大，当代最著名的美国心理学家之一，现代社会学习理论的奠基人。班杜拉的社会学习理论是对传统行为主义的继承和批判，他以三元交互决定论为基础，提出观察学习对儿童心理发展的重要性。

（一）三元交互决定论

班杜拉反对传统行为主义者的环境决定论观点，认为人的行为（B）不是由环境（E）单一因素决定的，个人（P）自身因素包括期待、信念、目标、意志、情绪等主体因素同样影响人的行为。人的行为反过来也会影响环境和个人的思想信念、情感反应等。因此个人、环境与行为三种因素是交互决定的，共同起作用。所以，将该理论称为三元交互决定论。

在三元交互决定论中，行为是由个人因素及外在环境决定的，同时，人的行为也会影响和改造环境，行为的结果也会使个人的内在品质发生改变，个人的内在因素与环境也是交互影响的。

班杜拉的三元交互决定论摆脱了传统行为主义的机械决定观，在肯定环境对人发展作用的同时，也重视主体自身因素的作用，可以说是一种较为辩证的、完善的行为发展观。

（二）观察学习

为了具体说明人的思想和行为怎样受环境的影响，班杜拉提出了观察学习理论。所谓观察学习，是指人们通过观察他人的行为及行为的后果而间接进行的学习。由于观察学习理论主要关注的是个体社会行为的习得和个体社会化的历程，因此这一理论又称为社会学习理论。

1. 观察学习的经典实验

班杜拉的观察学习理论是建立在大量实验研究基础之上的。

在早期的一项研究中，他们首先让儿童观察成人榜样对一个充气娃娃拳打脚踢，然后把儿童带到一个放有充气娃娃的实验室，让其自由活动，并观察他们的行为表现。结果发现，儿童在实验室里对充气娃娃也会拳打脚踢。这说明，成人榜样对儿童行为有明显影响，儿童可以通过观察成人榜样的行为而习得新行为。

在稍后的另一项实验中，他们对上述研究做了进一步的延伸，目的是要了解以下两个问题：

（1）榜样攻击行为的奖惩后果是否影响儿童攻击行为的表现。

（2）儿童是否能不管榜样攻击行为的奖惩后果而习得攻击行为。

在实验中，把儿童分为三组，首先让儿童看到电影中的成年男子的攻击行为。在影片结束后，第一组儿童看到成人榜样被表扬；第二组儿童看到成人榜样受批评；第三组儿童看到成人榜样的行为既不受奖也不受罚。然后，把三组儿童都带到一间游戏室，里面有成人榜样攻击过的对象。结果发现，榜样受奖组儿童的攻击行为最多，榜样受罚组儿童的攻击行为最少，控制组居中。这说明，榜样攻击行为所导致的后果是儿童是否自发模仿这种行为的决定因素。但这是否意味着榜样受奖组的儿童比榜样受罚组的儿童习得了更多的攻击行为呢？为了回答这个问题,他们在上述三组儿童看完电影回到游戏室时,以提供糖果作为奖励要求儿童尽可能地回忆榜样行为并付诸行动。结果发现,三组儿童的攻击行为水平几乎一致。这说明,榜样行为所导致的后果只是影响儿童攻击行为的表现,而对攻击行为的学习几乎没有影响。

2. 观察学习与儿童社会化行为

社会化是儿童由一个自然人成长为社会人的过程。班杜拉认为,儿童期的社会化主要是通过观察学习进行的。

(1)性别同一性。

对自己是男性还是女性的知觉是儿童社会化的主要内容。到两岁时,儿童一致地给自己和周围的人贴上男性和女性的标签。性别差异在学前儿童身上已经明显地表现出来,如游戏种类的不同,男孩该更长时间地进行打闹游戏,女孩更愿意参加有组织的游戏和角色扮演,并且都表现出玩耍时的同性偏好现象。对此,班杜拉的观察学习理论认为儿童是通过观察他人来学习与性别相关的行为和预期的。儿童观察父母、教师、兄弟姐妹,甚至是同伴的行为,通过对他人因性别适宜的行为而获得奖励的观察,儿童表现出类似的和自己性别相适应的行为。另外,书籍和媒体,尤其是电视和视屏游戏,也在儿童的性别同一性中起着作用,儿童可能会模仿其中人物。

(2)攻击性行为。

儿童的攻击行为是一种社会行为,其性质以具体情境而定。班杜拉对儿童的攻击行为进行了长期深入的研究,前述经典实验表明儿童的攻击行为是观察学习的结果。班杜拉的研究表明,家庭成员尤其是父母往往是儿童攻击行为的榜样。当父母采取暴力手段解决问题时,儿童也倾向于采用同样的方法来处理自己生活中遇到的问题。社会环境也会影响儿童的攻击行为,生活在高犯罪率地区的儿童比那些生活在低犯罪率地区的儿童更有可能实施暴力行为。另外,大众传媒对儿童的攻击行为也产生影响,当然,儿童自身的特点,也会对他习得与表现攻击行为产生影响。

(3)亲社会行为。

亲社会行为具体是指分享、合作、帮助等利他行为。班杜拉认为,采用训练、斥责等方法对儿童的亲社会行为几乎没有效果。强制命令或许能一时奏效但效果难以持久。只有正面的榜样示范才对促进儿童亲社会行为的习得和表现有持久且有力的作用。

四、对行为主义学派心理发展观的评价

行为主义代表人物无论是华生、斯金纳还是班杜拉都非常重视环境在儿童心理发展中的作用,启示人们创设更好的家庭、学校、社会环境,以促进儿童的心理发展,并在相关理论的指导下,发展出一系列儿童行为矫正技术,行为主义心理学的影响可谓广泛。但与此同时,关于行为观点,其内部也存在争议。例如,华生和斯金纳将学习视为外部刺激的反应,唯一重要的因素就是可观测的环境特征,不去关注甚至否定人的意识把人和动物等同,班杜拉的观察学习理论是对激进行为主义的扬弃,强调要全面理解人类的发展,必须超越对外部刺激和反应的单纯研究。近几十年来,社会学习理论在许多方面,渐渐压倒了经典条件作用和操作条件作用理论。

练一练

一、选择题

1. 柯尔伯格发现大多数 9 岁以前的儿童及大多数犯罪人的道德发展都处在（　　）水平。
   A. 习俗　　　　B. 前习俗　　　　C. 后习俗　　　　D. 惩罚与服从定向
2. 弗洛伊德提出人格中的本我遵循（　　）原则。
   A. 现实　　　　B. 理想　　　　C. 至善　　　　D. 快乐
3. 弗洛伊德认为 1~3 岁儿童性快感部位集中区域是（　　）部位。
   A. 口唇　　　　B. 肛门　　　　C. 生殖器　　　　D. 手脚
4. 提出操作性条件反射的心理学家是（　　）。
   A. 华生　　　　B. 巴甫洛夫　　　　C. 斯金纳　　　　D. 桑代克
5. 按照埃里克森的观点，幼儿园小朋友的发展危机是（　　）。
   A. 自主对怀疑　　　　　　　　B. 主动对内疚
   C. 勤奋对自卑　　　　　　　　D. 基本信任对基本不信任

二、简答题

1. 简述皮亚杰认知发展阶段理论中前运算阶段儿童的思维特点。
2. 简述维果茨基的最近发展区理论。
3. 简述班杜拉观察学习的过程。
4. 简述埃里克森人格发展阶段理论的前三个阶段的内容。
5. 举例说明斯金纳提出的强化种类。
6. 简述柯尔伯格道德阶段发展理论的三水平六阶段。

三、论述题

1. 请结合实际论述皮亚杰认知发展阶段理论。
2. 试述班杜拉的观察学习对儿童社会化的影响。

参 考 文 献

[1] 关金艳. 幼儿心理学 [M]. 南京：河海大学出版社，2013.
[2] 韩洁，段传国. 学前心理学 [M]. 北京：航空工业出版社，2014.
[3] 陈帼眉. 学前心理学 [M]. 北京：人民教育出版社，2003.
[4] 程素云，王贵平. 幼儿心理学 [M]. 北京：中国传媒大学出版社，2014.
[5] 刘玉娟，岳毅力. 学前儿童发展心理学 [M]. 北京：北京出版社，2014.
[6] 许颖，张丽霞. 学前儿童发展心理学 [M]. 大连：大连理工大学出版社，2016.
[7] 汪乃铭，钱峰. 学前心理学 [M]. 上海：复旦大学出版社，2005.
[8] 陈帼眉. 幼儿心理学 [M]. 北京：北京师范大学出版社，1998.
[9] 李国祥. 幼儿心理学 [M]. 北京：人民邮电出版社，2015.
[10] 刘颖. 幼儿心理学实用教材 [M]. 北京：电子工业出版社，2013.
[11] 潘一. 心理学 [M]. 北京：北京出版社，2010.
[12] 孟昭兰. 普通心理学 [M]. 北京：北京大学出版社，1994.
[13] 王振宇. 学前儿童发展心理学 [M]. 北京：人民教育出版社，2004.
[14] 马云鹏. 教育科学研究方法导论 [M]. 长春：东北师范大学出版社，2003.
[15] 边玉芳. 儿童心理学 [M]. 杭州：浙江教育出版社，2009.
[16] 黄人颂. 学前教育学参考资料（下）[M]. 北京：人民教育出版社，1993.
[17] 朱智贤. 心理学大词典 [M]. 北京：北京师范大学出版社，1988.
[18] 周念丽. 学前儿童发展心理学 [M]. 上海：华东师范大学出版社，2011.
[19] 周兢. 汉语儿童的前语言现象 [J]. 南京：南京师大学报，1994（1）.
[20] 朱家雄，张萍萍，杨玲. 皮亚杰理论在早期教育中的运用 [M]. 北京：世界图书出版公司，1998.
[21] 刘维良. 幼儿心理健康教育 [M]. 北京：华文出版社，2004.
[22] 孟昭兰. 人类情绪 [M]. 上海：上海人民出版社，1989.
[23] 陈鹤琴. 儿童心理之研究 [M]. 北京：商务印书馆，1979.
[24] 莫雷. 教育心理学 [M]. 北京：教育科学出版社，2007.
[25] 章志光. 社会心理学 [M]. 北京：人民教育出版社，1998.
[26] 于涌. 幼儿语言发展与教育 [M]. 长春：东北师范大学出版社，1999.
[27] 周念丽. 学前儿童心理健康的社会生态学研究 [J]. 杭州：幼儿教育，2000（10）.
[28] 王坚红. 学前儿童发展与教育科学研究方法 [M]. 北京：人民教育出版社，1991.
[29] 陈向明. 质的研究方法与社会科学研究 [M]. 北京：教育科学出版社，2000.
[30] 陈向明. 在行动中学做质的研究 [M]. 北京：教育科学出版社，2003.
[31] 叶奕乾，何存道，梁宁建. 普通心理学 [M]. 上海：华东师范大学出版社，2004.
[32] 周欣. 儿童数概念的早期发展 [M]. 上海：华东师范大学出版社，2004.

［33］刘晶波. 师幼互助行为研究［M］. 南京：南京师范大学出版社，2003.
［34］大宫勇雄. 李季湄译. 提高幼儿教育质量［M］. 上海：华东师范大学出版社，2009.
［35］路海东. 教育心理学［M］. 长春：东北师范大学出版社，2002.
［36］秦金亮. 儿童发展概论［M］. 北京：高等教育出版社，2008.
［37］常青. 学前心理学［M］. 南昌：江西高校出版社，2009.
［38］李彩云，魏勇刚. 学前心理学［M］. 海南：南海出版社，2009.
［39］王振宇. 幼儿心理学［M］. 北京：人民教育出版社，2012.
［40］周念丽. 学前幼儿发展心理学［M］. 上海：华东师范大学出版社，2006.
［41］张文军. 学前儿童心理发展与评价［M］. 长春：东北师范大学出版社，2014.